上岗轻松学

数码维修工程师鉴定指导中心 组织编写

图解电子电路识图快速入门

主　编　韩雪涛
副主编　吴　瑛　韩广兴

（视频版）

机械工业出版社

本书完全遵循国家职业技能标准并按电子电路识图领域的实际岗位需求，在内容编排上充分考虑电子电路识图的特点，按照学习习惯和难易程度将电子电路识图划分为9章，即电子电路识读基础、基本放大电路的识读、脉冲电路的识读、电源电路的识读、音频电路的识读、遥控电路的识读、操作显示电路的识读、微处理器电路的识读、电子产品实用电路识读综合训练。

学习者可以看着学、看着做、跟着练，通过“图文互动”的模式，轻松、快速地掌握电子电路识图技能。

书中大量的演示图解、操作案例以及实用数据可以供学习者在日后的工作中方便、快捷地查询使用。

本书还采用了微视频讲解互动的全新教学模式，在重要知识点相关图文的旁边添加了二维码。读者只要用手机扫描书中相关知识点的二维码，即可在手机上实时浏览对应的教学视频，视频内容与本书涉及的知识完全匹配，复杂难懂的图文知识通过相关专家的语言讲解，可帮助学习者轻松领会，同时还可以极大地缓解阅读疲劳。

本书是学习电子电路识图的必备用书，也可作为相关机构的电子电路识图培训教材，还可供从事电子设备维修工作的专业技术人员使用。

图书在版编目（CIP）数据

图解电子电路识图快速入门 ：视频版 / 韩雪涛主编.
— 北京 ：机械工业出版社，2018. 4（2024.10重印）
（上岗轻松学）
ISBN 978-7-111-59657-8

Ⅰ. ①图… Ⅱ. ①韩… Ⅲ. ①电子电路－识图－图解
Ⅳ. ①TN710-64

中国版本图书馆CIP数据核字（2018）第073234号

机械工业出版社（北京市百万庄大街22号　邮政编码100037）
策划编辑：陈玉芝　王博　责任编辑：陈玉芝　韩静
责任校对：佟瑞鑫　　责任印制：单爱军
北京虎彩文化传播有限公司印刷
2024年10月第1版第6次印刷
184mm×260mm・10 印张・231千字
标准书号：ISBN 978-7-111-59657-8
定价：49.80元

凡购本书，如有缺页、倒页、脱页，由本社发行部调换

电话服务　　网络服务
服务咨询热线：010-88361066　　机 工 官 网：www.cmpbook.com
读者购书热线：010-68326294　　机 工 官 博：weibo.com/cmp1952
　　　　　　　010-88379203　　金 书 网：www.golden-book.com
封面无防伪标均为盗版　　教育服务网：www.cmpedu.com

编委会

主　编　韩雪涛

副主编　吴　瑛　韩广兴

参　编　张丽梅　马梦霞　韩雪冬　张湘萍

朱　勇　吴惠英　高瑞征　周文静

王新霞　吴鹏飞　张义伟　唐秀鸯

宋明芳　吴　玮

前言

电子电路识图技能是电工必不可少的一项专业、基础、实用技能。该项技能的岗位需求非常广泛。随着技术的飞速发展以及市场竞争的日益加剧，越来越多的人认识到电子电路识图的重要性，电子电路识图技能的学习和培训也逐渐从知识层面延伸到技能层面。学习者更加注重电子电路识图技能能够用在哪儿，应用电子电路识图技能可以做什么。然而，目前市场上很多相关的图书仍延续传统的编写模式，不仅严重影响了学习的时效性，而且在实用性上也大打折扣。

针对这种情况，为使电工快速掌握技能，及时应对岗位的发展需求，我们对电子电路识图内容进行了全新的梳理和整合，结合岗位培训的特色，根据国家职业技能标准组织编写构架，引入多媒体出版特色，力求打造出具有全新学习理念的电子电路识图入门图书。

在编写理念方面

本书将国家职业技能标准与行业培训特色相融合，以市场需求为导向，以直接指导就业作为编写目标，注重实用性和知识性的融合，将学习技能作为图书的核心思想。书中的知识内容完全为技能服务，知识内容以实用、够用为主。全书突出操作、强化训练，让学习者在阅读本书时不是在单纯地学习内容，而是在练习技能。

在内容结构方面

本书在结构的编排上，充分考虑当前市场的需求和读者的情况，结合实际岗位培训的经验进行全新的章节设置；内容的选取以实用为原则，案例的选择严格按照上岗从业的需求展开，确保内容符合实际工作的需要；知识性内容在注重系统性的同时以够用为原则，明确知识为技能服务的宗旨，确保本书的内容符合市场需要，具备很强的实用性。

在编写形式方面

本书突破传统图书的编排和表述方式，引入了多媒体表现手法，采用双色图解的方式向学习者演示电子电路识图的知识技能，将传统意义上的以“读”为主变成以“看”为主，力求用生动的图例演示取代枯燥的文字叙述，使学习者通过二维平面图、三维结构图、演示操作图、实物效果图等多种图解方式直观地获取实用技能中的关键环节和知识要点。

其次，本书还采用了数字媒体与传统纸质载体交互的全新教学方式。学习者可以通过手机扫描书中的二维码，实时浏览对应知识点的数字媒体资源。数字媒体资源与本书的图文资源相互衔接，相互补充，可充分调动学习者的主观能动性，确保学习者在短时间内获得最佳的学习效果。

扫描书中的“二维码”
开启全新微视频学习模式

在专业能力方面

本书编委会由行业专家、高级技师、资深多媒体工程师和一线教师组成，编委会成员除具备丰富的专业知识外，还具备丰富的教学实践经验和图书编写经验。

为确保图书的行业导向和专业品质，特聘请原信息产业部职业技能鉴定指导中心资深专家韩广兴，亲自指导，充分以市场需求和社会就业需求为导向，确保图书内容符合职业技能鉴定标准，达到规范性就业的目的。

本书由韩雪涛任主编，吴瑛、韩广兴任副主编，张丽梅、马梦霞、韩雪冬、张湘萍、朱勇、吴惠英、高瑞征、周文静、王新霞、吴鹏飞、张义伟、唐秀鸯、宋明芳、吴玮参加编写。

读者通过学习与实践还可参加相关资质的国家职业资格或工程师资格认证，获得相应等级的国家职业资格证书或数码维修工程师资格证书。如果读者在学习和考核认证方面有什么问题，可通过以下方式与我们联系。

数码维修工程师鉴定指导中心
网址：http://www.chinadse.org
联系电话：022-83718162/83715667/13114807267
E-MAIL:chinadse@163.com
地址：天津市南开区榕苑路4号天发科技园8-1-401 邮编：300384

希望本书的出版能够帮助读者快速掌握电子电路识图技能，同时欢迎广大读者给我们提出宝贵的建议！如书中存在问题，可发邮件至cyztian@126.com与编辑联系！

编　者

目录

前言

第1章　电子电路识读基础……1

1.1　电子电路中的图形符号……1
1.1.1　常用电子元器件在电子电路中的图形符号……1
1.1.2　常用电气部件在电子电路中的图形符号……9
1.2　电子电路的基本连接关系……13
1.2.1　串联电路的连接……13
1.2.2　并联电路的连接……15
1.2.3　混联电路的连接……16

第2章　基本放大电路的识读……18

2.1　晶体管放大电路的识读……18
2.1.1　共射极放大电路的识读……18
2.1.2　共基极放大电路的识读……21
2.1.3　共集电极放大电路的识读……24
2.2　场效应晶体管放大电路的识读……26
2.2.1　场效应晶体管放大电路的特征……26
2.2.2　场效应晶体管放大电路的识读分析……29
2.3　运算放大电路的识读……30
2.3.1　运算放大电路的特征……30
2.3.2　运算放大电路的识读分析……33
2.4　功率放大电路的识读……33
2.4.1　功率放大电路的特征……33
2.4.2　功率放大电路的识读分析……36

第3章　脉冲电路的识读……37

3.1　脉冲电路的功能特点与结构组成……37
3.1.1　脉冲电路的功能特点……37
3.1.2　脉冲电路的结构组成……44
3.2　脉冲电路的识读训练……45
3.2.1　键控脉冲产生电路的识读训练……45
3.2.2　时序脉冲发生器电路的识读训练……46
3.2.3　脉冲信号催眠器电路的识读训练……46
3.2.4　窄脉冲形成电路的识读训练……48
3.2.5　脉冲延迟电路的识读训练……48
3.2.6　1kHz方波信号产生电路（CD4060）的识读训练……49
3.2.7　可调频率的方波信号发生器（74LS00）电路的识读训练……49
3.2.8　锯齿波信号产生电路的识读训练……50
3.2.9　开关信号产生电路的识读训练……51
3.2.10　集成锁相环基准脉冲产生电路的识读训练……52
3.2.11　触发脉冲发生器电路的识读训练……53
3.2.12　阶梯波信号产生电路的识读训练……53
3.2.13　谐音讯响信号发生器电路的识读训练……54
3.2.14　警笛信号发生器电路（CD4069）的识读训练……54

第4章　电源电路的识读……55
4.1　电源电路的功能应用与结构组成……55
4.1.1　电源电路的功能应用……55
4.1.2　电源电路的结构组成……57
4.2　电源电路的识读训练……59
4.2.1　典型开关电源电路的识读训练……60
4.2.2　典型线性电源电路的识读训练……61
4.2.3　步进式可调集成稳压电源电路的识读训练……62
4.2.4　典型直流并联稳压电源电路的识读训练……62
4.2.5　典型可调直流稳压电源电路的识读训练……63
4.2.6　具有过电压保护功能的直流稳压电源电路的识读训练……63
4.2.7　典型影碟机电源电路的识读训练……64
4.2.8　典型压力锅电源电路的识读训练……66
4.2.9　典型充电器电源电路的识读训练……66

第5章　音频电路的识读……67
5.1　音频电路的功能应用与结构组成……67
5.1.1　音频电路的功能应用……67
5.1.2　音频电路的结构组成……70
5.2　音频电路的识读训练……72
5.2.1　音频A-D转换电路的识读训练……72
5.2.2　双声道低频功率放大器AN7135电路的识读训练……73
5.2.3　展宽立体声效果电路的识读训练……73
5.2.4　典型音量控制集成电路TC9211P的识读训练……74
5.2.5　立体声录音机中放音信号放大器电路的识读训练……74
5.2.6　录音机录放音电路TA8142AP的识读训练……75
5.2.7　助听器电路的识读训练……75
5.2.8　立体声音频信号前置放大电路的识读训练……76
5.2.9　双声道音频功率放大器电路的识读训练……76
5.2.10　杜比降噪功能录放音电路HA12134/5/6A的识读训练……77
5.2.11　采用TA7215P芯片的双声道音频功率放大器电路的识读训练……78
5.2.12　随环境噪声变化的自动音量控制电路的识读训练……78
5.2.13　双声道音频功率放大器IC601（LA4282）的识读训练……79
5.2.14　多声道环绕立体声音频信号处理电路的识读训练……80
5.2.15　采用TA8216H芯片的音频功率放大器电路的识读训练……80
5.2.16　影碟机中音频D-A转换电路的识读训练……81
5.2.17　MP4机中音频D-A转换电路的识读训练……82
5.2.18　按钮式电子音量音调控制电路的识读训练……83

第6章　遥控电路的识读……84
6.1　遥控电路的功能应用与结构组成……84
6.1.1　遥控电路的功能应用……84
6.1.2　遥控电路的结构组成……86
6.2　遥控电路的识读训练……88
6.2.1　微型遥控电路的识读训练……88
6.2.2　多功能遥控电路的识读训练……89
6.2.3　高灵敏度遥控电路的识读训练……90
6.2.4　超声波红外发射电路的识读训练……91
6.2.5　电动玩具无线红外发射电路的识读训练……91

6.2.6 换气扇红外接收电路的识读训练……92
6.2.7 高性能红外遥控电路的识读训练……93
6.2.8 红外遥控开关电路的识读训练……94

第7章 操作显示电路的识读……95

7.1 操作显示电路的功能特点与结构组成……95
7.1.1 操作显示电路的功能特点……95
7.1.2 操作显示电路的结构组成……96
7.2 操作显示电路的识读训练……97
7.2.1 微波炉操作显示电路的识读训练……97
7.2.2 电磁炉操作显示电路的识读训练……98
7.2.3 洗衣机操作显示电路的识读训练……99
7.2.4 电冰箱操作显示电路的识读训练……100
7.2.5 汽车音响操作显示电路的识读训练……102
7.2.6 液晶电视机操作显示电路的识读训练……104
7.2.7 机顶盒操作显示电路的识读训练……105
7.2.8 传真机操作显示电路的识读训练……106
7.2.9 液晶显示器操作显示电路的识读训练……108
7.2.10 电话机操作显示电路的识读训练……109

第8章 微处理器电路的识读……111

8.1 微处理器电路的功能特点与结构组成……111
8.1.1 微处理器电路的功能特点……111
8.1.2 微处理器电路的结构组成……112
8.2 微处理器电路的识读训练……113
8.2.1 微波炉微处理器电路的识读训练……113
8.2.2 洗衣机微处理器电路的识读训练……114
8.2.3 空调器室内机微处理器电路的识读训练……116
8.2.4 空调器室外机微处理器电路的识读训练……118
8.2.5 电冰箱微处理器电路的识读训练……120
8.2.6 电磁炉微处理器电路的识读训练……122
8.2.7 彩色电视机微处理器电路的识读训练……123
8.2.8 液晶电视机微处理器电路的识读训练……125
8.2.9 液晶显示器微处理器电路的识读训练……127

第9章 电子产品实用电路识读综合训练……129

9.1 小家电产品实用电路的识读训练……129
9.1.1 饮水机电路的识读训练……129
9.1.2 电热水壶电路的识读训练……131
9.1.3 电风扇电路的识读训练……132
9.1.4 吸尘器电路的识读训练……134
9.1.5 电磁炉电路的识读训练……135
9.2 制冷电器实用电路的识读训练……136
9.2.1 电冰箱电路的识读训练……136
9.2.2 空调器电路的识读训练……141
9.3 通信产品实用电路的识读训练……149
9.3.1 电话机电路的识读训练……149
9.3.2 传真机电路的识读训练……151

第1章 电子电路识读基础

1.1 电子电路中的图形符号

1.1.1 常用电子元器件在电子电路中的图形符号

在简单的整流稳压电路图中，会看到很多横线、竖线、小黑点及符号、文字的标识等信息，这些信息实际上就是这张图纸的重要“识读信息”。

【简单的整流稳压电路图】

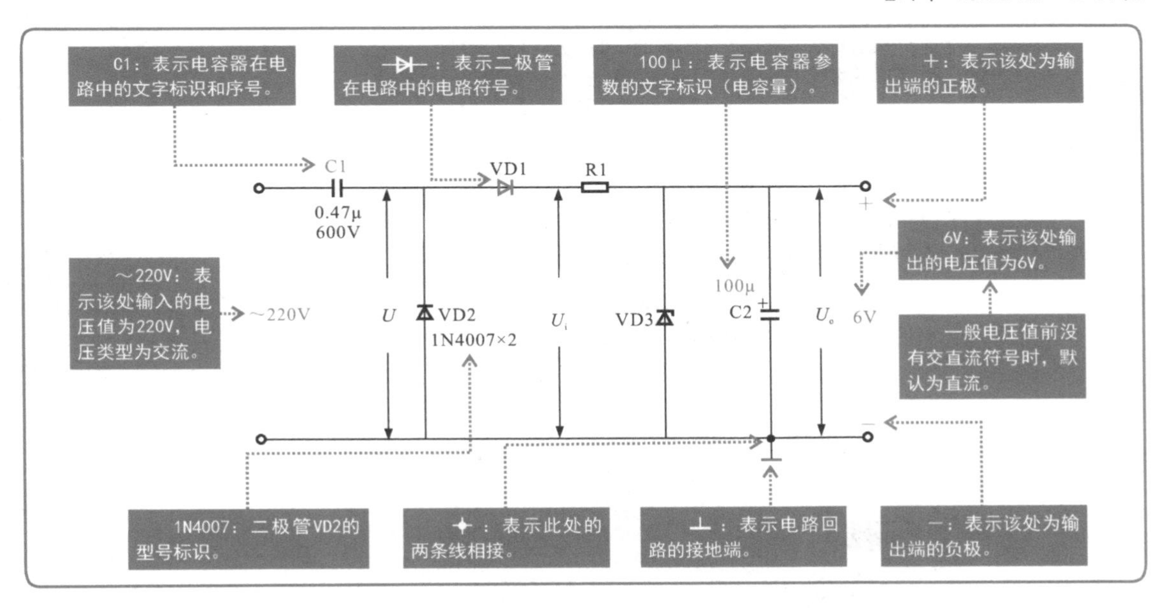

图中的每个图形符号或文字、线段都体现了该电路图的重要内容，也是识读该电路图的依据。

因此在识读电子电路图之前，应首先了解电子电路图中各标识符号的含义。

【电子电路图中的常见标识符号】

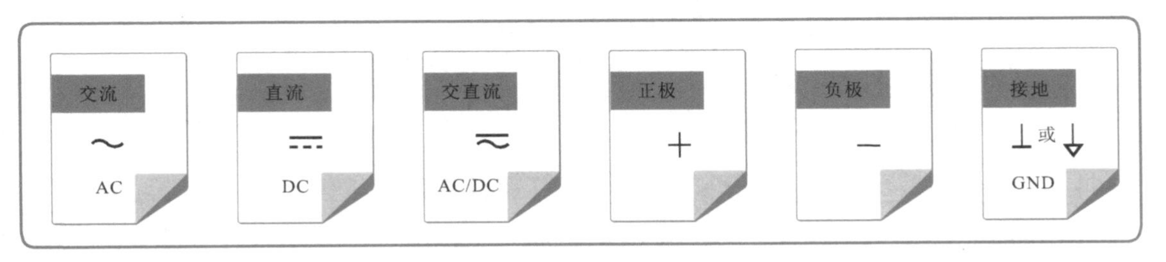

电子产品中的各个元器件都是通过线路进行连接的。下面以由运算放大器（LM158）组成的音频放大器电路为例介绍电子电路图的线路连接标注规则。

【电子电路图的线路连接标注规则】

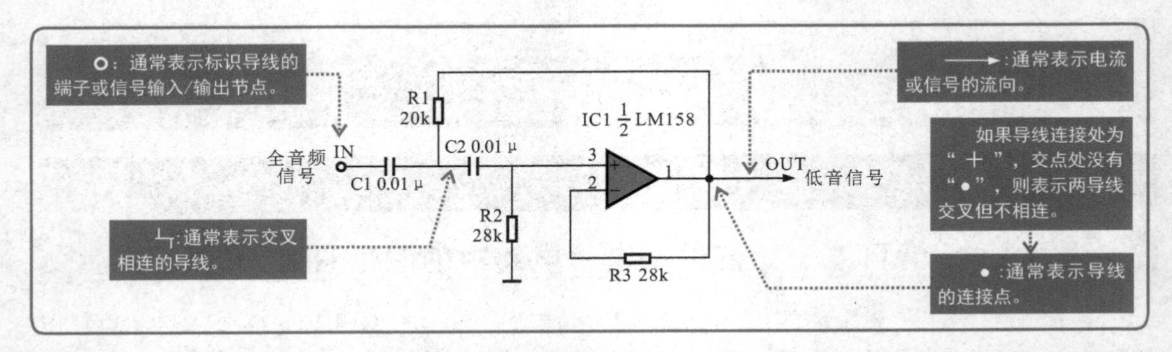

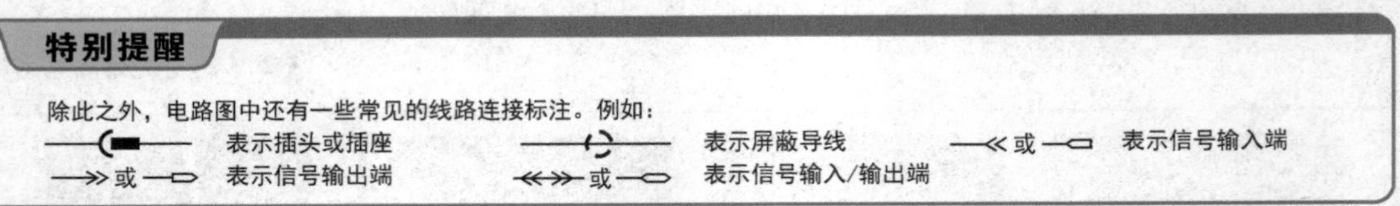

了解了电子电路图中常见标识符号和线路连接标注规则，接下来需要认识不同电子元器件的电路符号标识。

不同的电子元器件都有标准、统一的电路图形符号和文字标识信息，这些电子元器件也是组成电子电路的主要部分。建立电路图中元器件图形符号与实物的对应关系、知晓各种电子元器件的特点是学习电子电路图识图的关键环节。下面以袖珍收音机电路图中的图形符号与实物对应关系为例进行介绍。

【袖珍收音机电路图中图形符号与实物的对应关系】

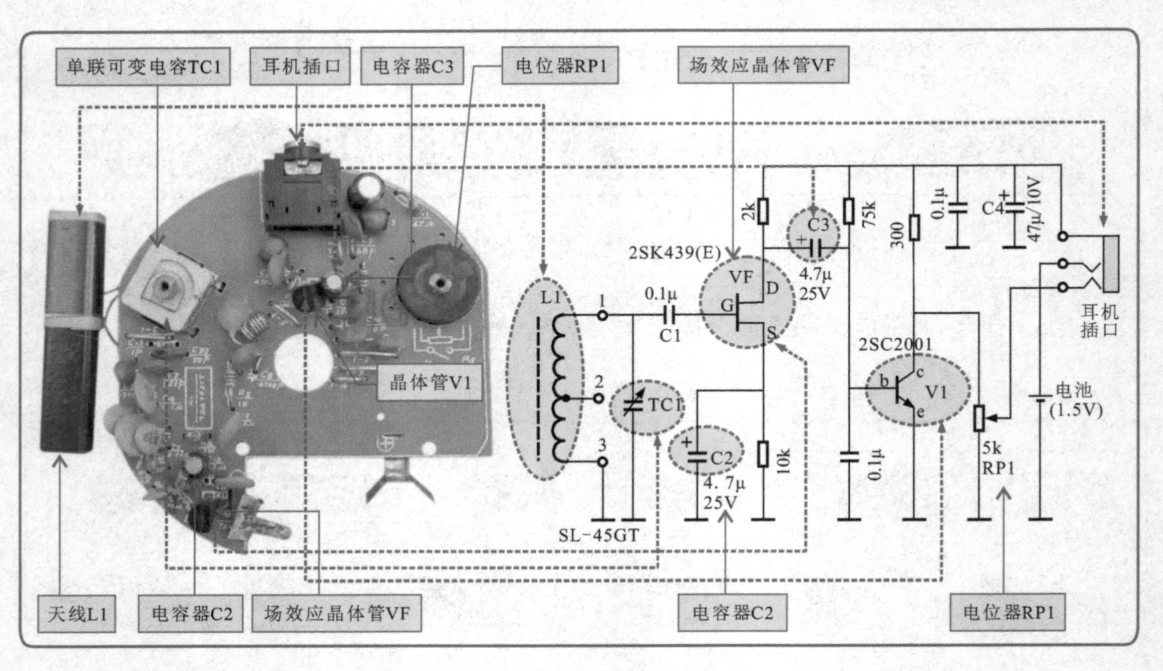

可以看到，不同的电子元器件在电子电路图中都有不同的图形符号和文字标识。接下来结合实际的电子元器件介绍常用电子元器件的识读方法。

1. 电阻器的电路图形符号及标识

电阻器是电子电路中使用最多的电子元器件。电阻器的主要功能是通过分压电路提供其他元器件所需要的电压，通过限流电路提供其他元器件所需要的电流。

【电阻器的实物外形、电路图形符号及标识】

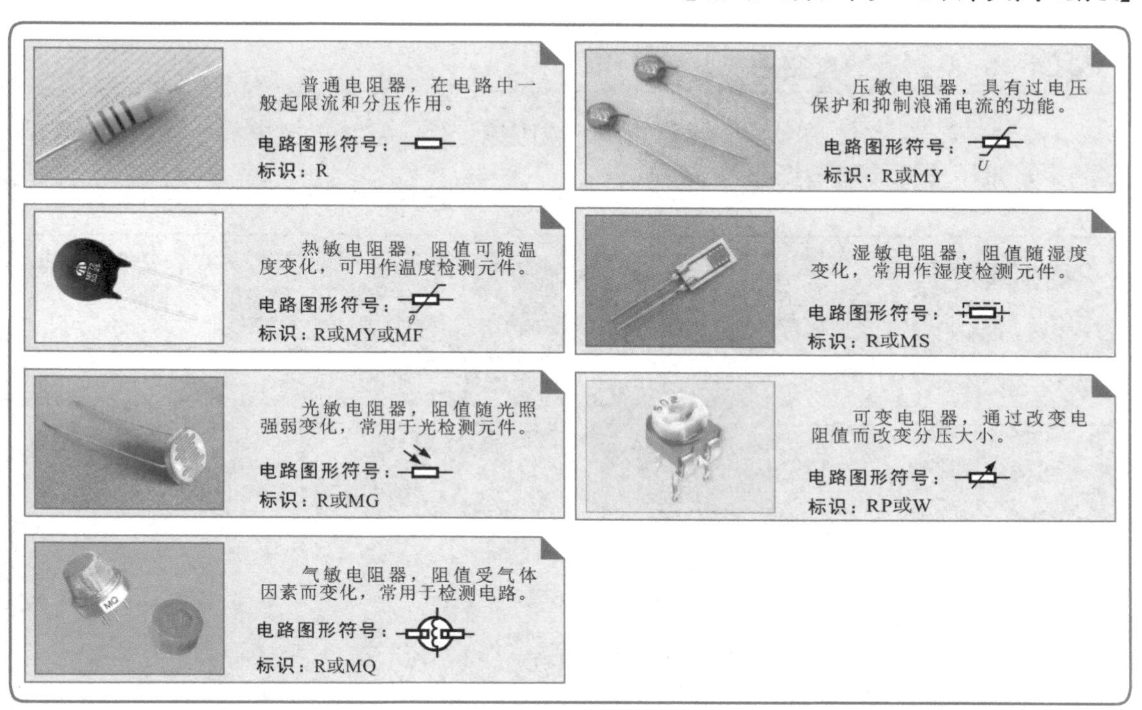

2. 电容器的电路图形符号及标识

电容器是一种可以储存电荷的元器件，两个极片可以储存电荷。任何一种电子电路中都少不了电容器。电容器具有通交流、隔直流的作用，常作为平滑滤波元件和谐振元件。

【电容器的实物外形、电路图形符号及标识】

双联可变电容器，内部包含两个可变电容器，用于调谐电路。

电路图形符号：

标识：C

四联可变电容器，内部有4个可变电容器，可同步调整。

电路图形符号：

标识：C

3. 电感器的电路图形符号及标识

普通电感器俗称线圈，是一种储能元件或阻流元件。它可以把电能转换成为磁能存储起来，常用作滤波和谐振元件。

【电感器的实物外形、电路图形符号及标识】

空心线圈，具有分频、滤波、谐振的功能。

电路图形符号：

标识：L

磁棒，具有分频、滤波、谐振的功能。

电路图形符号：

标识：L

磁环线圈，具有分频、滤波、谐振的功能。

电路图形符号：

标识：L

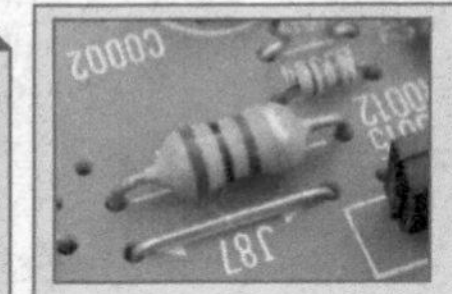

固定色环电感器，具有分频、滤波、谐振的功能。

电路图形符号：

标识：L

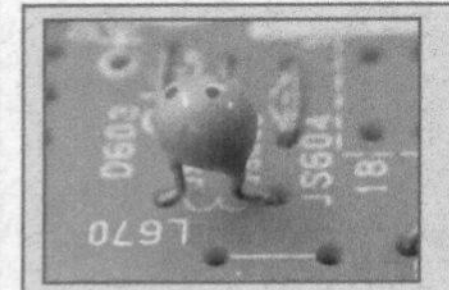

固定色码电感器，具有分频、滤波、谐振的功能。

电路图形符号：

标识：L

微调电感器，具有滤波、谐振功能。

电路图形符号：

标识：L

4. 二极管的电路图形符号及标识

二极管是一种半导体器件，具有单向导电特性。二极管的种类多样，不同类型的二极管不仅功能各异，而且其电路图形符号和标识信息也不相同。

【二极管的实物外形、电路图形符号及标识】

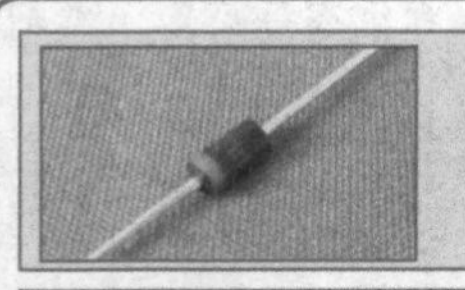

整流二极管，具有整流功能。

电路图形符号：，（符号左侧为正极、右侧为负极）

标识：VD或V

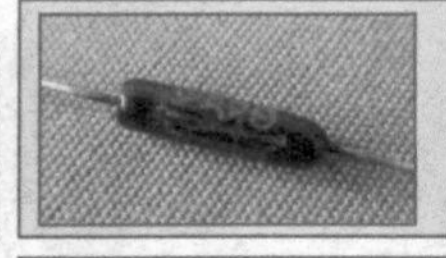

检波二极管，具有检波功能。

电路图形符号：；（符号左侧为正极、右侧为负极）

标识：VD或V

稳压二极管，具有稳压功能。

电路图形符号：，（符号左侧为正极、右侧为负极）

标识：VS、VZ或V

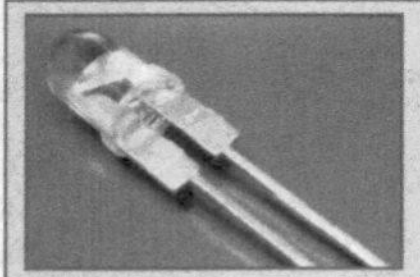

发光二极管，在电子电路中起指示电路工作状态的作用。

电路图形符号：

标识：VL、VLE或V

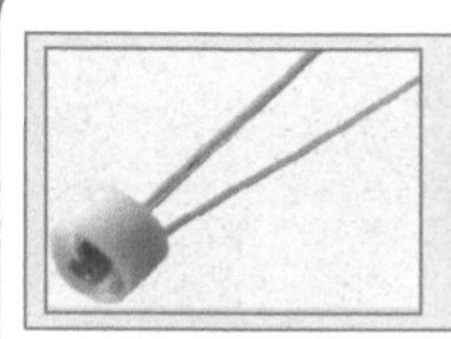

光敏二极管，受到光照射时，其反向阻抗会随之变化。

电路图形符号：

标识：VD或V

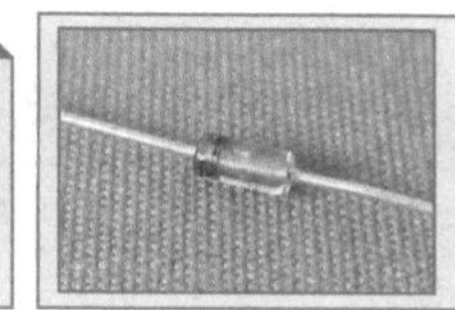

热敏二极管，阻值会随温度的变化而变化。

电路图形符号：

标识：VD或V

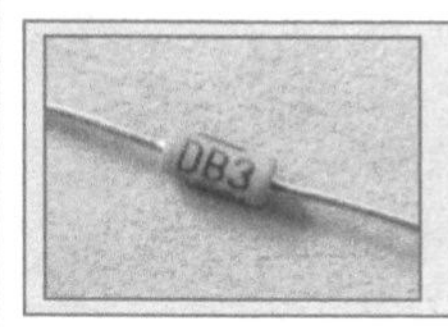

双向触发二极管，常用来触发双向晶闸管或用于过电压保护、定时、移相电路。

电路图形符号：

标识：VD或V

变容二极管，常应用于超高频电路中。

电路图形符号：

标识：VD或V

5. 晶体管的电路图形符号及标识

晶体管通常在电子电路中用作信号放大器件，在一定条件下具有电流放大作用。根据制作工艺的不同，晶体管可分为NPN型晶体管和PNP型晶体管两种。

【晶体管的实物外形、电路图形符号及标识】

NPN型晶体管，用于电流放大、振荡、电子开关等电路。

电路图形符号：b c e

标识：V或VT

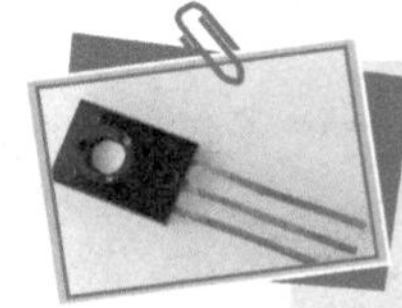

PNP型晶体管，与NPN型晶体管的功能和用途类似。

电路图形符号：b e c

标识：V或VT

特别提醒

NPN型和PNP型晶体管都有三个引脚，分别为基极（b）、集电极（c）和发射极（e）。其中，基极（b）是控制极。基极（b）电流的大小控制着集电极（c）和发射极（e）电流的大小。这两种晶体管的工作原理相同，区别只是在使用时连接电源的极性不同，晶体管各极间的电流方向也不同。

另外值得说明的是，由于生产厂商在产品制造中对于元器件的标识不统一，所以晶体管除了用“V”或“VT”标识以外，在有些电子产品电路中也会用“Q”等字母标识。

6. 场效应晶体管的电路图形符号及标识

场效应晶体管简称FET。根据结构的不同，场效应晶体管可以分成结型场效应晶体管和绝缘栅型场效应晶体管两大类。

【场效应晶体管的实物外形、电路图形符号及标识】

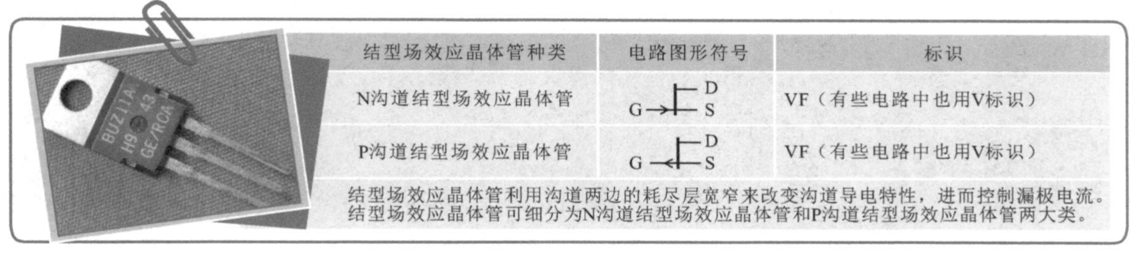

结型场效应晶体管种类	电路图形符号	标识
N沟道结型场效应晶体管	G D S	VF（有些电路中也用V标识）
P沟道结型场效应晶体管	G D S	VF（有些电路中也用V标识）
结型场效应晶体管利用沟道两边的耗尽层宽窄来改变沟道导电特性，进而控制漏极电流。结型场效应晶体管可细分为N沟道结型场效应晶体管和P沟道结型场效应晶体管两大类。		

【绝缘栅型场效应晶体管的实物外形、电路图形符号及标识】

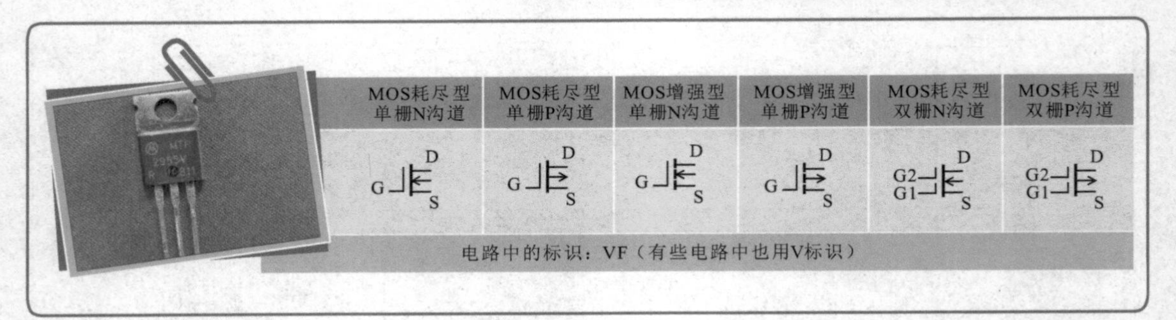

7. 晶闸管的电路图形符号及标识

晶闸管（旧称可控硅）是可控整流器件，属于半导体器件。常用的晶闸管有单向晶闸管和双向晶闸管。

【晶闸管的电路图形符号及标识】

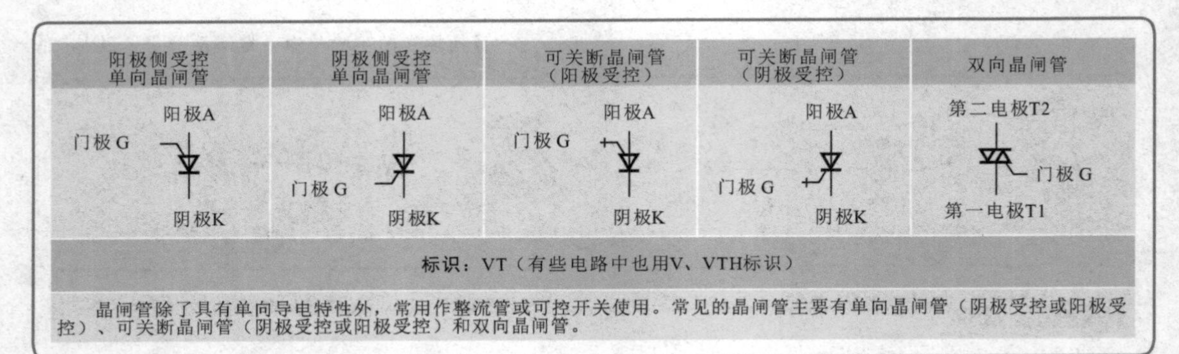

晶闸管除了具有单向导电特性外，常用作整流管或可控开关使用。常见的晶闸管主要有单向晶闸管（阴极受控或阳极受控）、可关断晶闸管（阴极受控或阳极受控）和双向晶闸管。

8. 变压器的电路图形符号及标识

变压器由铁心（或磁心）和线圈组成。它实质上是一组互感线圈，常见的有低频变压器、高频变压器和中频变压器。

【变压器的电路图形符号及标识】

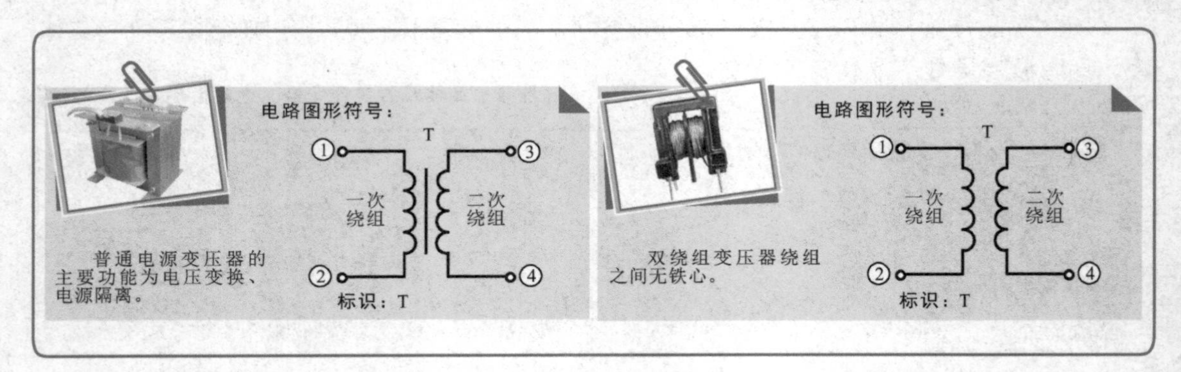

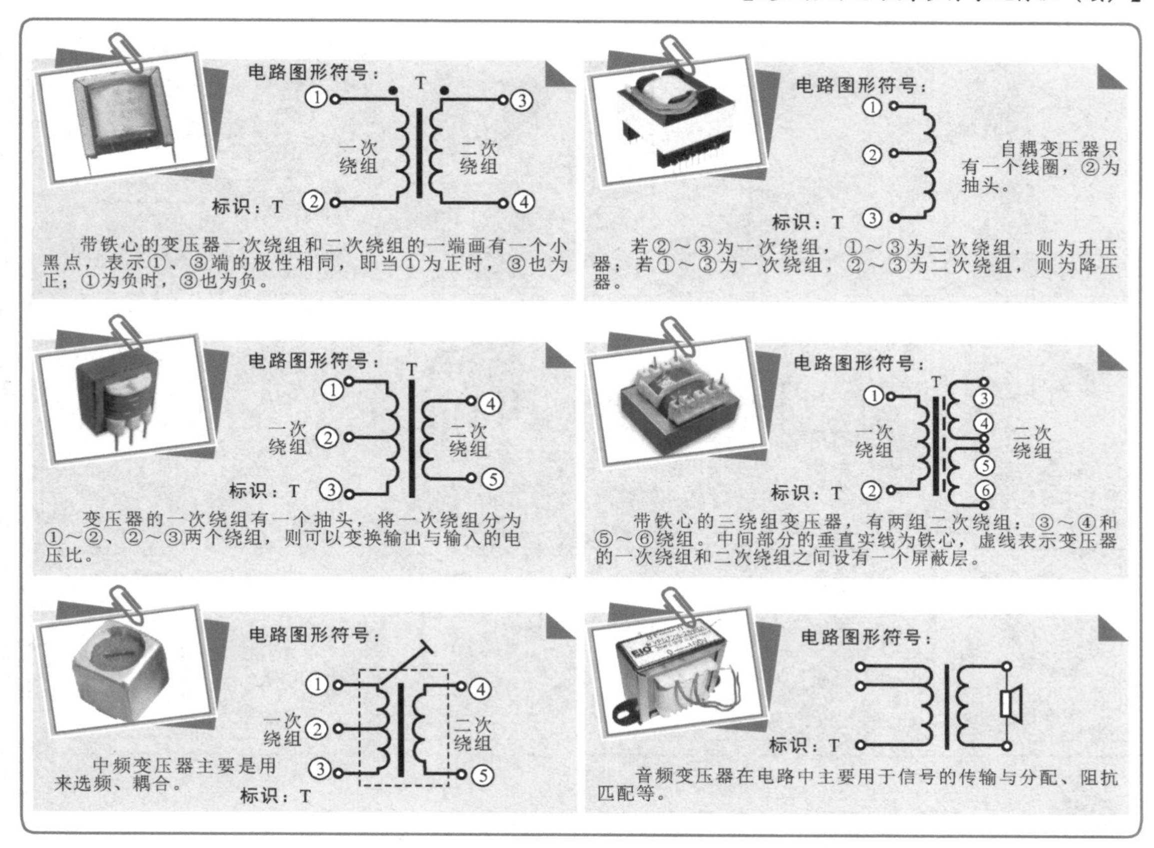

9. 集成电路的电路图形符号及标识

集成电路是利用半导体工艺，将由电阻器、电容器、晶体管等组成的单元电路制作在一片半导体或绝缘基板上，形成一个完整的电路，并封装在特制的外壳中。常见的集成电路有运算放大器、集成稳压器、触发器和转换器。

【集成电路的电路图形符号及标识】

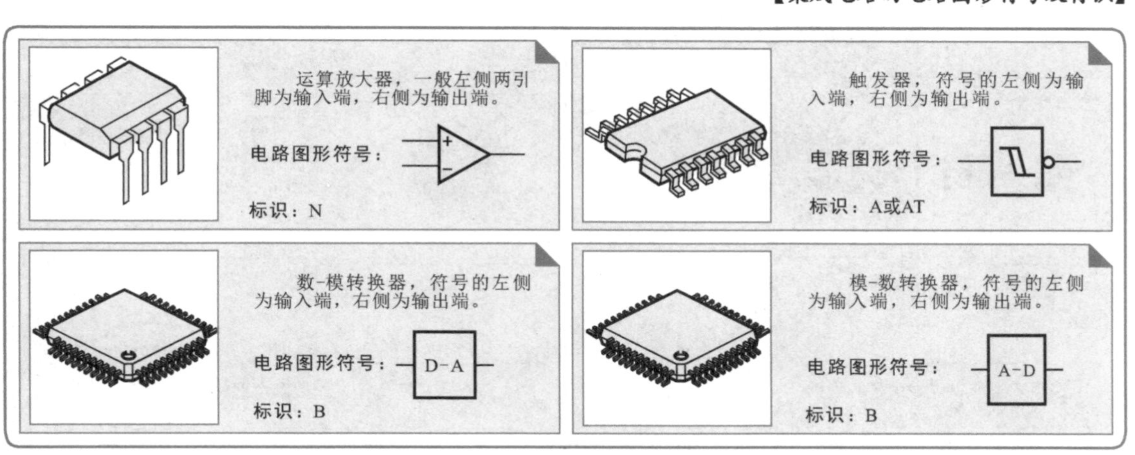

【集成电路的电路图形符号及标识（续）】

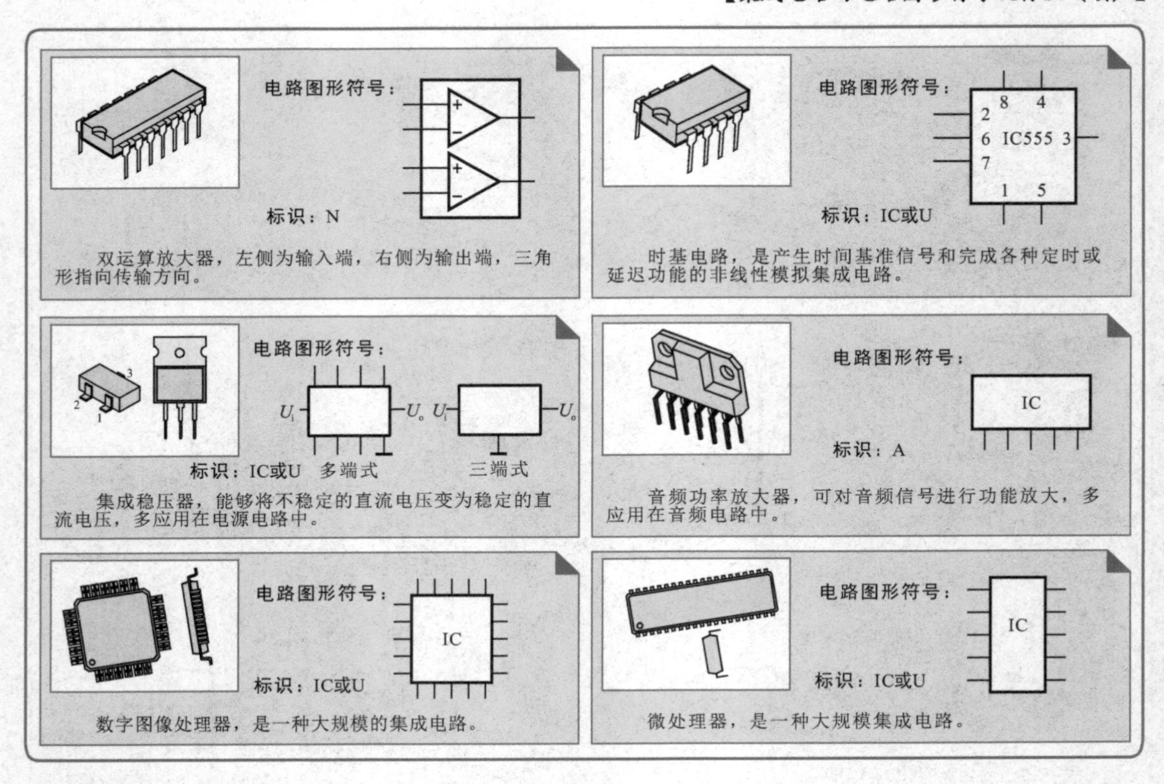

10. 其他常见电子元器件的电路图形符号及标识

电子电路中常见的电子元器件多种多样，除了上述列出的9大类型以外，了解一些其他常见电子元器件的电路图形符号对识图十分必要，如常见的桥式整流堆、光耦合器、晶体、电池、扬声器等。

【其他常见电子元器件的电路图形符号及标识】

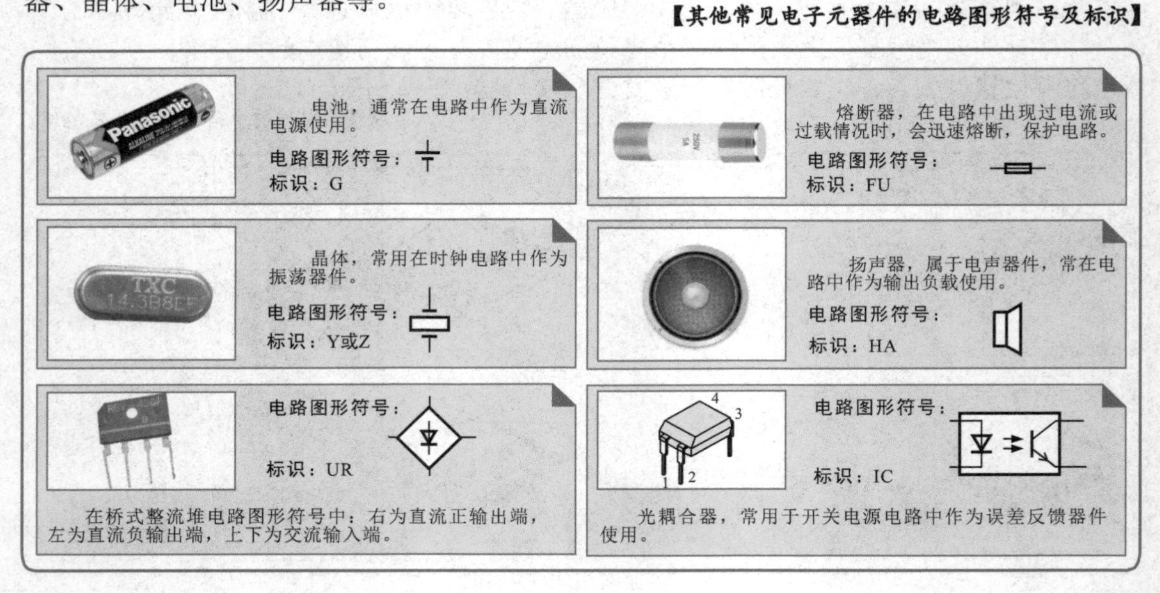

1.1.2 常用电气部件在电子电路中的图形符号

在电子产品电路中，电气部件的应用十分广泛，很多电子元器件在电路中的最终目的是实现对电气部件的驱动或控制，如常见的电动机驱动电路。

【电动机驱动电路】

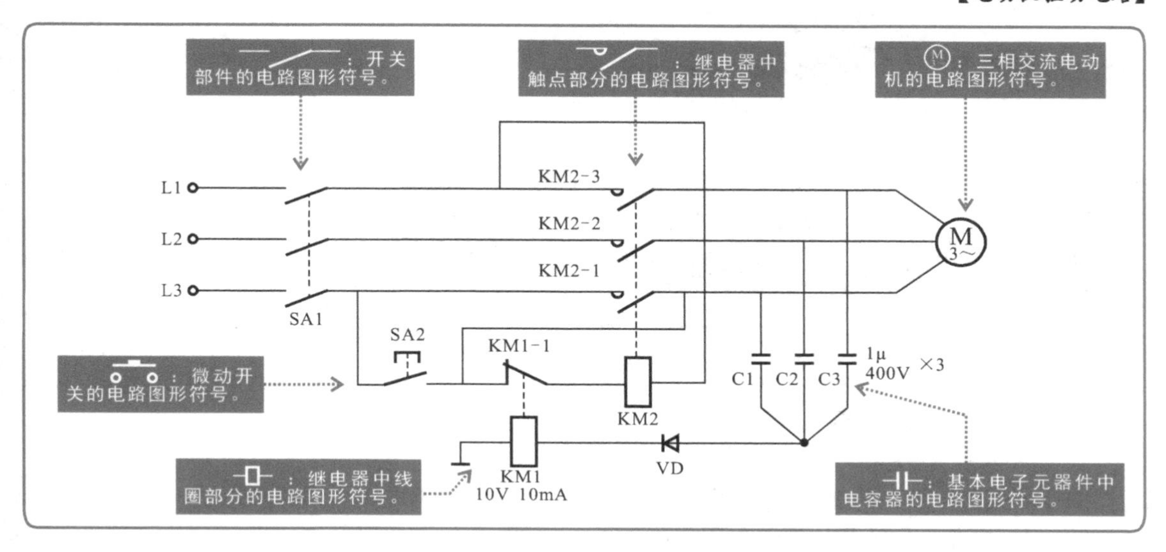

由图中可以看到，该电路包含多个电气部件，如三相交流电动机、继电器及开关等，根据这些电气部件的电路图形符号就可以知道，这个电路是由开关SA1和继电器等电气部件控制三相交流电动机的一个电路，根据电路图形符号所体现的实际器件功能便可完成对该电路控制过程的识读。由此可见，熟悉一些常见电气部件的电路图形符号及标识是学习电路识图的重要步骤和基础。

1. 电气开关的电路图形符号

下图为常见的几种电气开关电路图形符号及标识。

【常见的几种电气开关电路图形符号及标识】

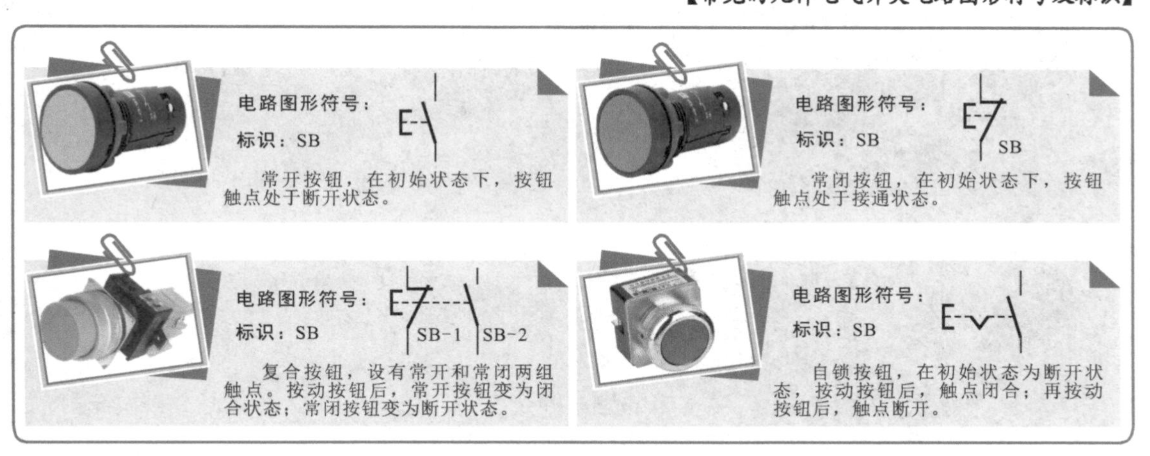

电路图形符号：

标识：QS

两极开启式负荷开关，用于两相供电电路中，如照明电路、电热回路、建筑工地供电、农用机械供电或作为分支电路的配电开关等。

电路图形符号：

标识：QS

三极开启式负荷开关，多用于三相供电电路中，如接通和切断三相配电系统电路、农村电力灌溉、农产品加工等。

电路图形符号：

标识：SA或S

微动式开关，通过按动按钮或按键控制开关内部触点接通与断开。

电路图形符号：

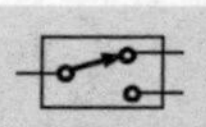

标识：SA或S

翘板式开关，通过按动开关翘板，控制内部触点接通与断开。

2. 电动机的电路图形符号

电动机主要可以分为两种：直流电动机和交流电动机。其应用范围比较广泛，常用于各种家用电器、工厂车床设备及各种电力设备中。

【常见的电动机电路图形符号及标识】

电路图形符号：

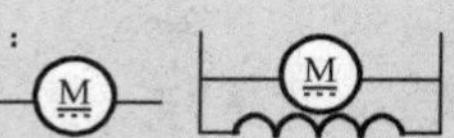

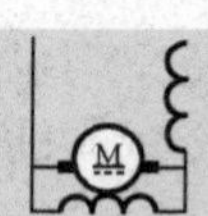

标识：M

一般直流电动机　并励式直流电动机　串励式直流电动机　他励式直流电动机　复励式（短分路）直流电动机　永磁式直流电动机

直流电动机，采用直流供电（必须区分电源的正负极）的一类电动机，是一种可将电能转变为机械能的电动装置。

电路图形符号：

标识：M

步进电动机，将电脉冲信号转变为角位移或线位移的开环控制器件。在负载正常的情况下，电动机的转速、停止的位置（或相位）只取决于驱动脉冲信号的频率和脉冲数，不受负载变化的影响。

电路图形符号：

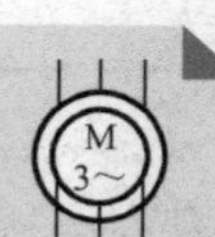

标识：M

三相交流电动机，利用三相交流电源供电，一般供电电压为380 V，在动力设备中应用较多。

电路图形符号：

标识：M

伺服电动机，可自动跟踪控制系统，与自动控制电路系统密不可分，有直流电动机、交流电动机和步进电动机。

电路图形符号：

标识：M

变频电动机，可适应变频供电实现调速目的，通常与变频器配合使用。

电路图形符号：

单相同步
电动机

单相异步
电动机

单相
串励电动机

标识：M

单相同步电动机的转速与供电电源的频率保持同步。其转速比较稳定，可直接使用市电进行驱动。单相异步电动机的转速与供电电源的频率不同步，应用于输出转矩大、对转速精度要求不高的产品中。

3. 继电器和接触器的电路图形符号

继电器和接触器都是根据信号（电压、电流、时间等）来接通或切断小电流电路和电器的控制元件。继电器或接触器可以用来控制交流或直流供电电路。

在动力交流电路中，继电器是通过接触器或其他设备来控制主电路的。

【常见的继电器和接触器电路图形符号及标识】

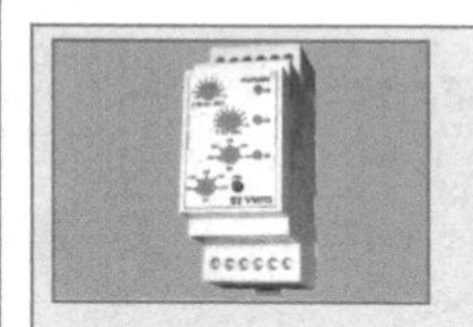

电路图形符号：

过电压继电器

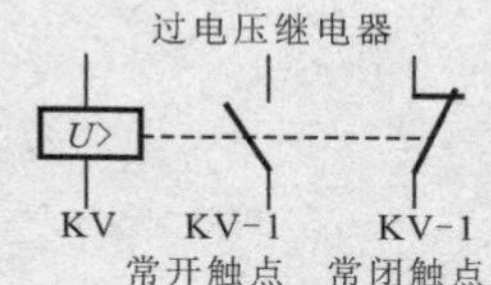

KV　KV-1 常开触点　KV-1 常闭触点

欠电压继电器

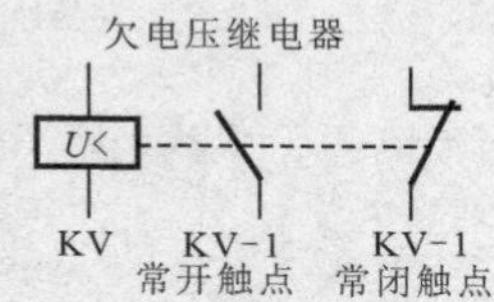

KV　KV-1 常开触点　KV-1 常闭触点

标识：KV

电压继电器又称零电压继电器，是一种按电压值的大小而动作的继电器。电压继电器具有导线细、匝数多、阻抗大的特点。

电路图形符号：

n　KS-1 常开触点　或　n　KS-1 常闭触点

标识：KS

速度继电器又称反接制动继电器，主要与接触器配合使用，实现电动机的反接制动。

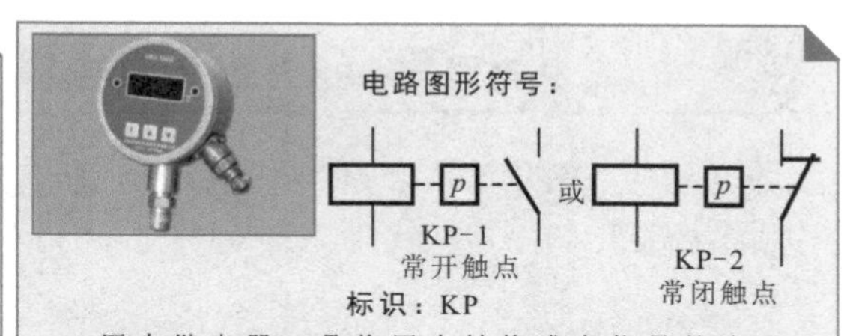

压力继电器，是将压力转换成电信号的液压元件，可根据需要调节，实现在某一设定的压力时输出一个电信号的功能。

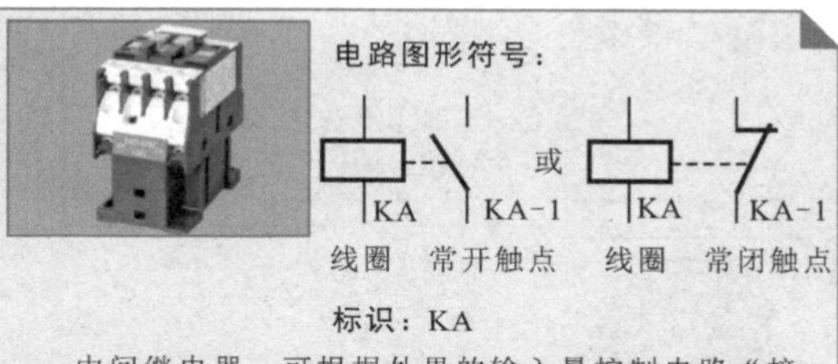

电路图形符号：

KA 线圈　KA-1 常开触点　或　KA 线圈　KA-1 常闭触点

标识：KA

中间继电器，可根据外界的输入量控制电路“接通”或“断开”，当线圈得电时，带动所有触点动作。

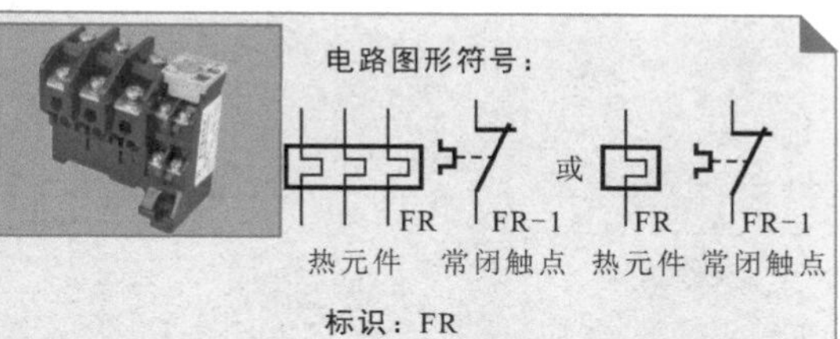

电路图形符号：

FR 热元件　FR-1 常闭触点　或　FR 热元件　FR-1 常闭触点

标识：FR

热继电器是一种过热保护器件，利用电流的热效应来推动动作机构，使触点闭合或断开。

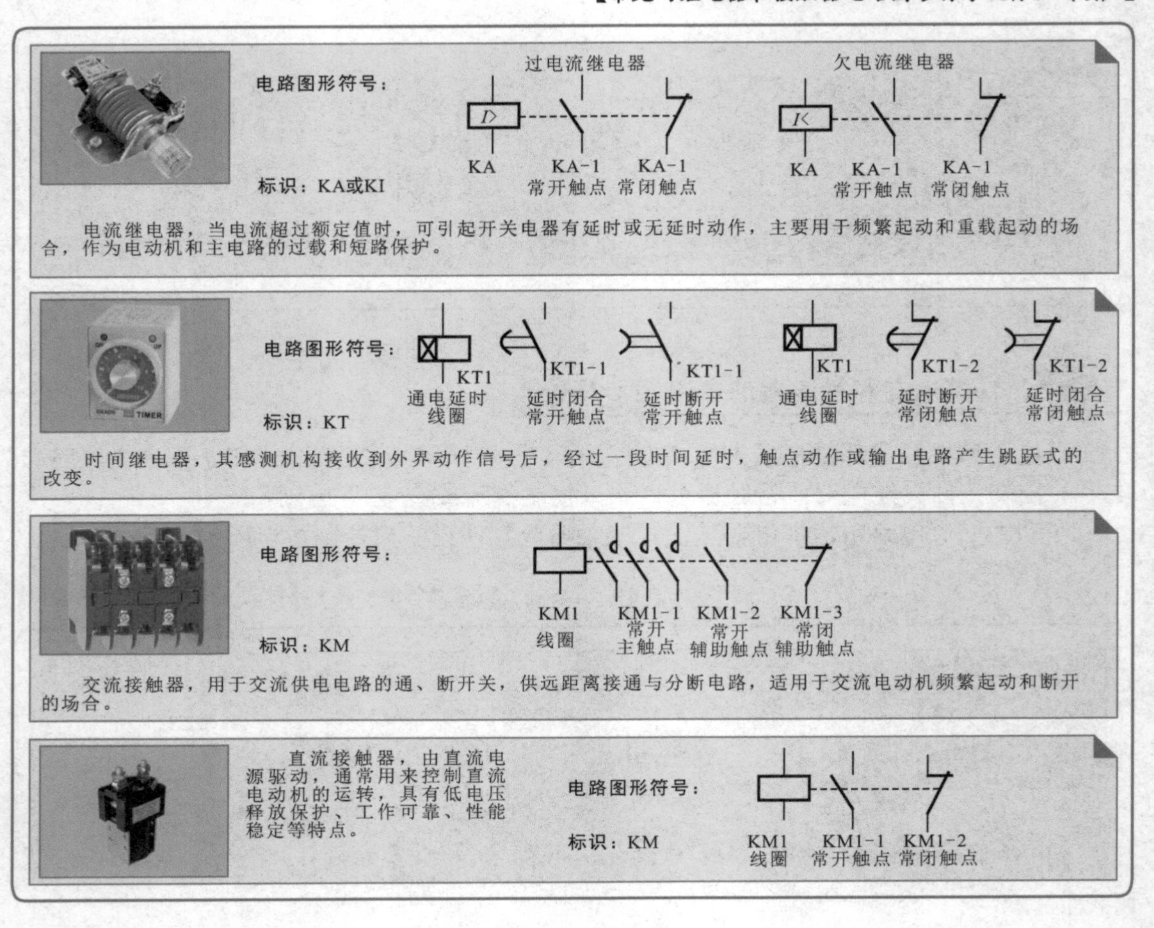

4. 其他电气部件的电路图形符号

在一个完整的产品电路中，通常还包含很多其他常见的电气部件，它们都有着各自的电路图形符号，这里就不一一列举了，只对一些比较常见的进行说明。

【其他常见电气部件的电路图形符号及标识】

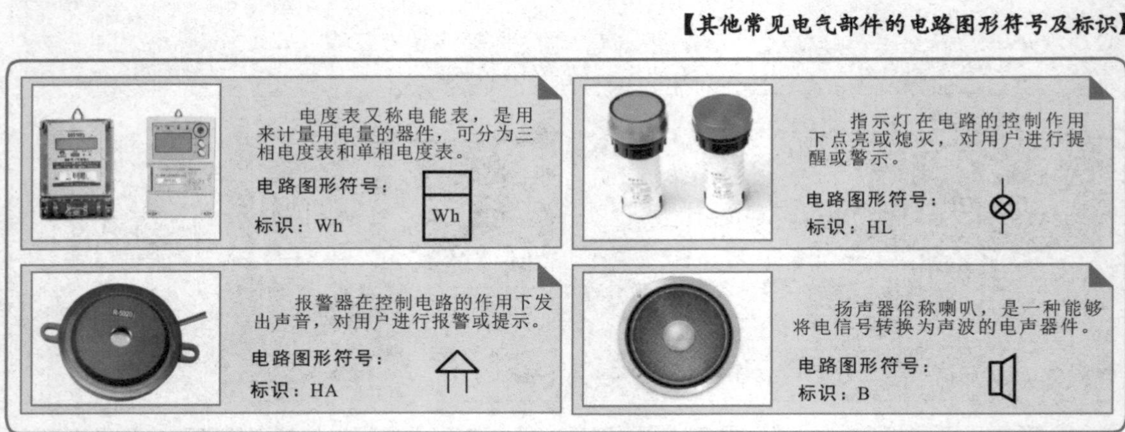

1.2 电子电路的基本连接关系

1.2.1 串联电路的连接

串联电路可以分为电阻器的串联、电容器的串联、电感器的串联。

1. 电阻器的串联

把两个或两个以上的电阻器依次首尾连接起来的方式称为串联。

【电阻器的串联】

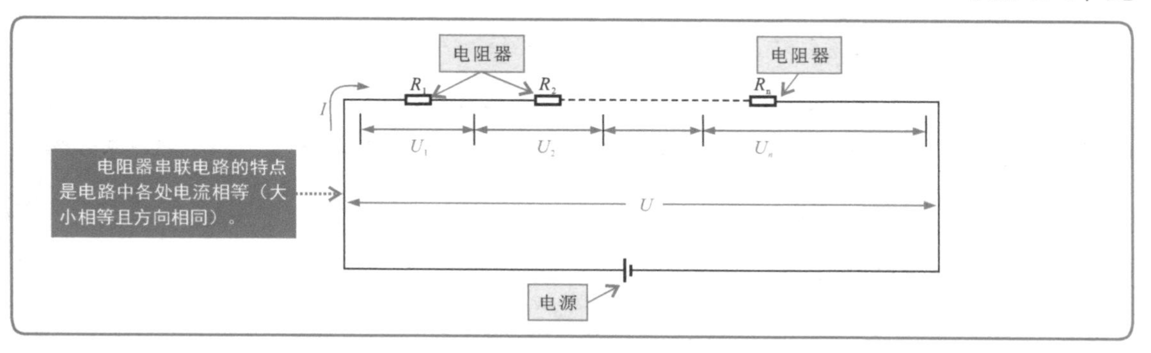

特别提醒

如果电阻器串联到电源两极，则电路中各处电流相等，有$U_1=IR_1$，$U_2=IR_2$，$U_n=IR_n$ 而$U=U_1+U_2+\cdots+U_n$，所以有$U=I(R_1+R_2+\cdots+R_n)$，因而串联后的总电阻R为$R=U/I=R_1+R_2+\cdots+R_n$，即串联后的总电阻为各电阻之和。

2. 电容器的串联

电容器是由两片极板组成的，具有存储电荷的功能。电容器所存的电荷量（Q）与电容器的容量和电容器两极板上所加的电压成正比。

【电容器上电量与电压的关系】

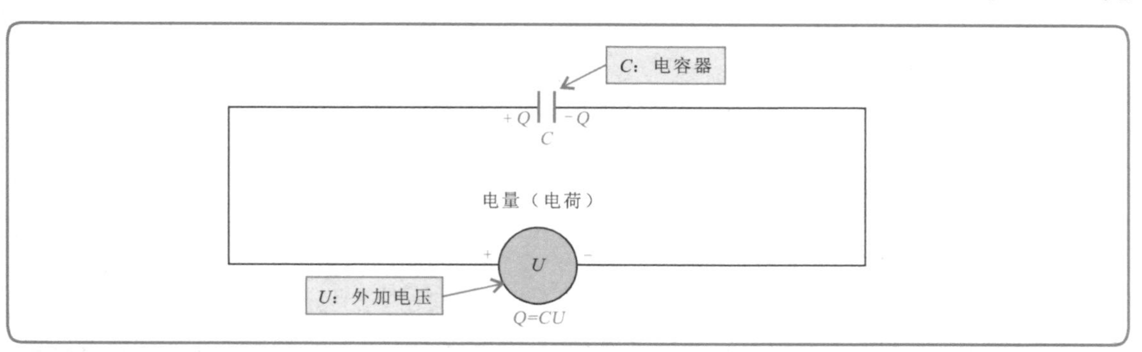

特别提醒

串联电路中各点的电流相等。当外加电压为U时，各电容器上的电压分别为U_1、U_2、U_3，三个电容器上的电压之和等于总电压。

在三个电容器串联的电路示意图中，串联电容器的合成电容量的倒数等于各电容器电容量的倒数之和。

【三个电容器串联的电路示意图及计算方法】

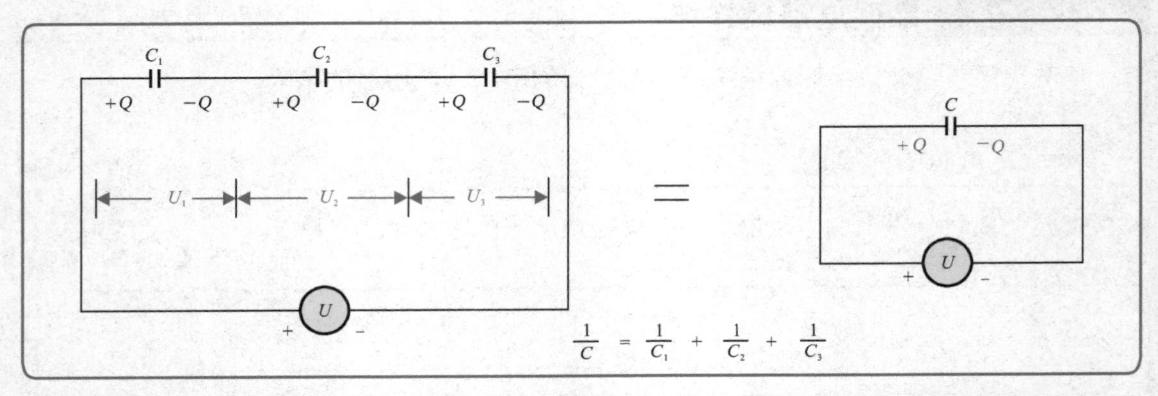

特别提醒

如果电容器上的电荷量都为同一值Q，则

$$U_1=\frac{Q}{C_1},\quad U_2=\frac{Q}{C_2},\quad U_3=\frac{Q}{C_3}$$

将串联的三个电容器视为1个电容器C，则

$$\frac{Q}{C}=\frac{Q}{C_1}+\frac{Q}{C_2}+\frac{Q}{C_3}$$

即

$$\frac{1}{C}=\frac{1}{C_1}+\frac{1}{C_2}+\frac{1}{C_3}$$

3. 电感器的串联

在三个电感器串联的电路示意图中，串联电路的电流都相等，电感量与线圈的匝数成正比。

【三个电感器串联的电路示意图及计算方法】

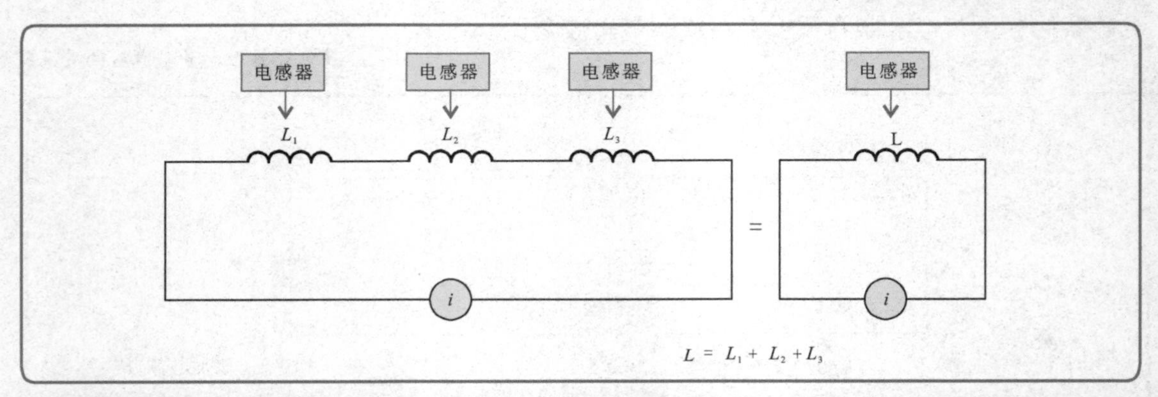

特别提醒

电感器串联电路中，总电感量的计算方法与电阻器串联电路计算总电阻值的方法相同，即

$$L=L_1+L_2+L_3$$

1.2.2 并联电路的连接

根据电路元器件的类型不同，并联电路又可以分为电阻器的并联、电容器的并联、电感器的并联等几种。

1. 电阻器的并联

把两个或两个以上的电阻器（或负载）按首首和尾尾连接起来的方式称为电阻器的并联。在并联电路中，各并联电阻器两端的电压是相等的。

【电阻器的并联电路】

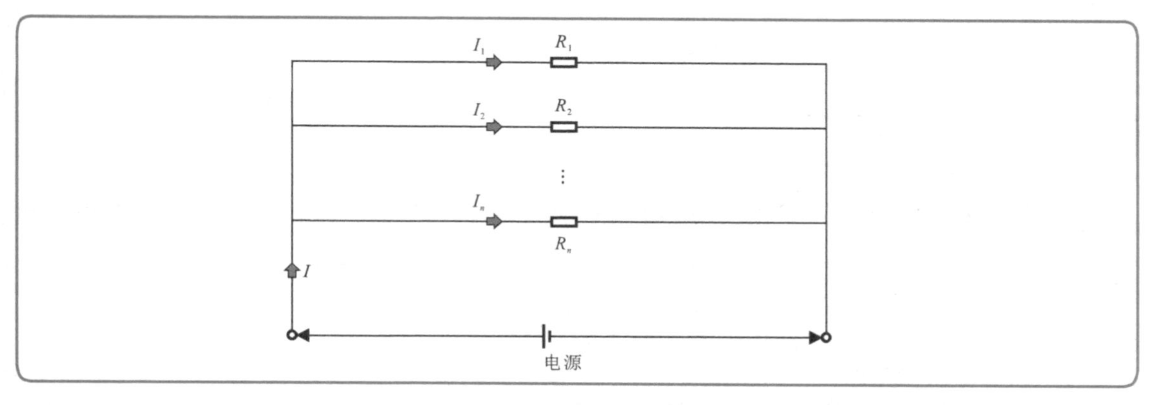

特别提醒

由图可见，假定将并联电路接到电源上，由于并联电路各并联电阻器两端的电压相同，因而根据欧姆定律有$I_1=U/R_1$，$I_2=U/R_2$，…，$I_n=U/R_n$，而$I=I_1+I_2+\cdots+I_n$，所以有

$$I=U\left(\frac{1}{R_1}+\frac{1}{R_2}+\cdots+\frac{1}{R_n}\right)$$

电路的总电阻（R）与电压（U）和总电流（I）也应满足欧姆定律，即$I=U/R$，因而可得

$$\frac{1}{R}=\frac{1}{R_1}+\frac{1}{R_2}+\cdots+\frac{1}{R_n}$$

说明并联电路总电阻的倒数等于各并联支路各电阻的倒数之和。通常把电阻的倒数定义为电导，用字母G表示。电导的单位是西门子，用S表示。

规定

$$G=\frac{1}{1\,\Omega}=1\,\mathrm{S}$$

因而电导式就可改写成

$$G=G_1+G_2+\cdots+G_n$$

式中

$$G=\frac{1}{R},\ G_1=\frac{1}{R_1},\ G_2=\frac{1}{R_2},\ \cdots,\ G_n=\frac{1}{R_n}$$

从上式可见，并联电阻器的总电导等于各并联支路电导之和。

电阻器并联电路的主要作用是分流。当几个电阻器并联到一个电源电压两端时，通过每个电阻器的电流与其电阻值成反比。在同一个并联电路中，电阻值越小，流过的电流越大；相同值的电阻，流过的电流相等。

2. 电容器的并联

在三个电容器并联的电路示意图中，总电流等于各分支电流之和。给三个电容器加上电压U，各电容器上所储存的电荷量分别为$Q_1=C_1U$、$Q_2=C_2U$和$Q_3=C_3U$。

【三个电容器并联的电路示意图及计算方法】

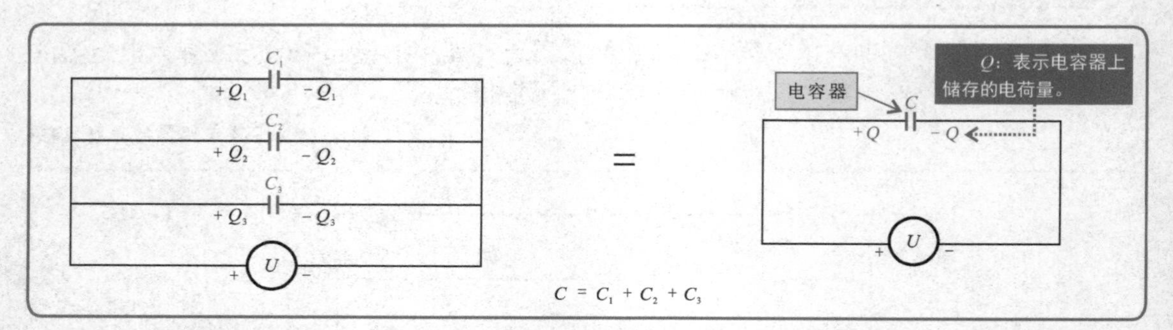

特别提醒

如果将C_1、C_2和C_3三个电容器视为一个电容器C，则合成电容的电荷量$Q=CU$，合成电容器的电荷量等于每个电容器的电荷量之和，即

$$CU=C_1U+C_2U+C_3U=(C_1+C_2+C_3)U$$

即

$$C=C_1+C_2+C_3$$

并联电容器的合成电容等于三个电容之和。

3. 电感器的并联

在三个电感器并联的电路示意图中，并联电感的倒数等于三个电感的倒数之和，即 $\frac{1}{L}=\frac{1}{L_1}+\frac{1}{L_2}+\frac{1}{L_3}$ 。

【三个电感器并联的电路示意图及计算方法】

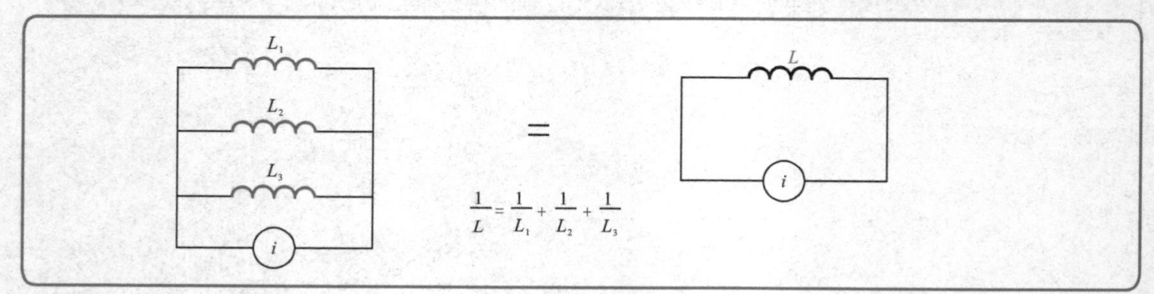

1.2.3 混联电路的连接

在一个电路中，把既有串联又有并联的电路称为混联电路。分析混联电路可采用下面的两种方法。

1. 利用电流的流向及电流的分合将电路分解成局部串联和并联的方法

在电阻器的混联电路中，分析电路并计算出A、B两端的等效电阻值。

【电阻器的混联电路】

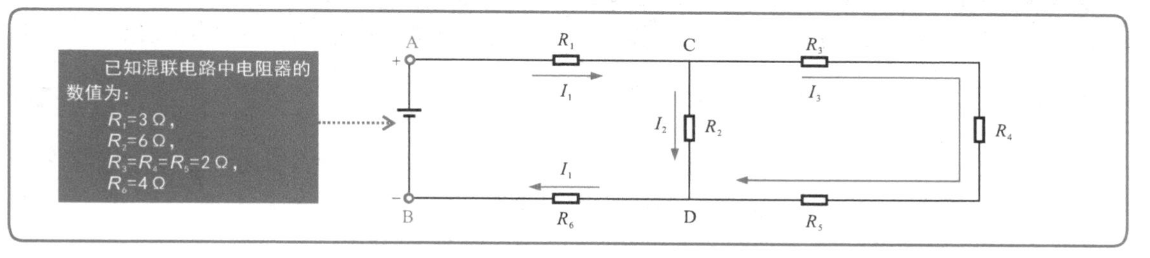

特别提醒

假设有一电源接在A、B两端，A端为“+”，B端为“—”，则电流流向如图中箭头所示。在I_3流向支路中，R_3、R_4、R_5是串联的，因而该支路总电阻为$R'_{CD}=R_3+R_4+R_5=6\Omega$。

由于I_3所在支路与I_2所在支路是并联的，所以 $\frac{1}{R_{CD}}=\frac{1}{R_2}+\frac{1}{R'_{CD}}$

即 $R_{CD}=\frac{R'_{CD}R_2}{R'_{CD}+R_2}=3\Omega$

R_1、R_{CD}和R_6又是串联的，因而电路的总电阻为$R_{AB}=R_1+R_{CD}+R_6=10\Omega$。

2. 利用电路中的等电位点分析混联电路

利用电路中的等电位点分析混联电路。

【利用电路中的等电位点分析混联电路】

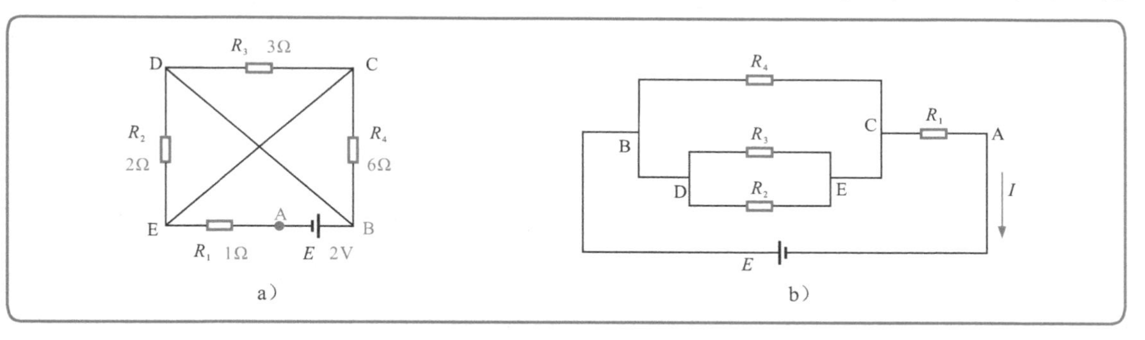

特别提醒

图b为根据等电位点画出的图a的等效电路。由图可见，R_2和R_3、R_4并联再与R_1串联，因而总电阻R_{AB}为

$$R_{AB}=R_1+R_2//R_3//R_4=1\Omega+\frac{1}{\frac{1}{2}+\frac{1}{3}+\frac{1}{6}}\Omega=2\Omega$$

电路总电流为 $I=E/R=\frac{2}{2}A=1A$

由欧姆定律可知，R_1两端的电压为$U_1=IR_1=1\times1V=1V$。

第2章

基本放大电路的识读

2.1 晶体管放大电路的识读

2.1.1 共射极放大电路的识读

共射极放大电路是最常见的晶体管放大电路，是指以晶体管发射极（e）为输入信号和输出信号公共接地端的基本放大电路。在学习共射极放大电路的识读分析时，应先对其结构及特征进行学习，再以实际的电路为例进行识读分析。

1. 共射极放大电路的结构特征

共射极（e）放大电路主要由晶体管、电阻器和耦合电容器构成。

【共射极放大电路的结构】

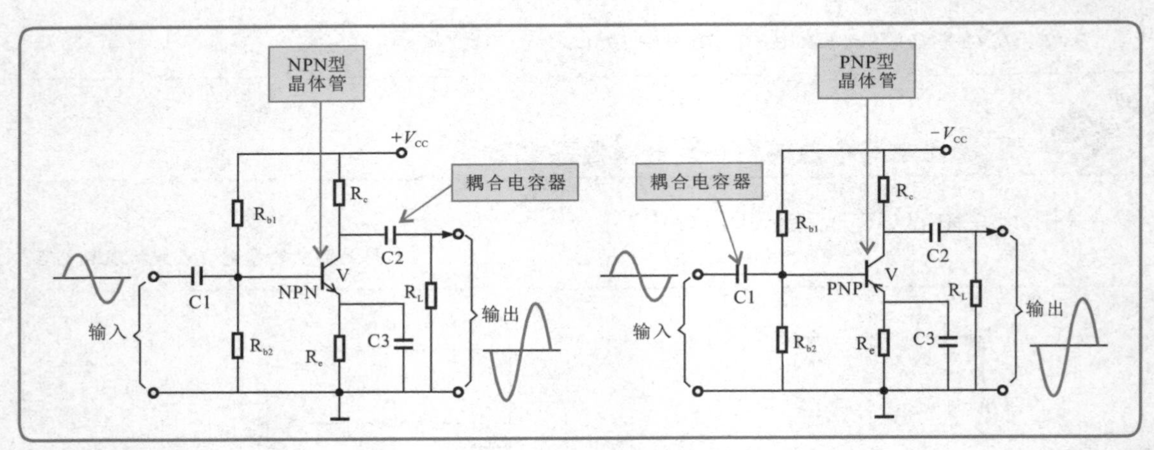

晶体管V是电路的核心部件，主要起到对信号进行放大的作用；偏置电阻器R_{b1}和R_{b2}通过电源给V基极（b）供电；电阻器R_c通过电源给V集电极（c）供电；两个电容器C1、C2都是起到通交流、隔直流的作用；电阻器R_L是承载输出信号的负载电阻。

输入信号加到晶体管基极（b）和发射极（e）之间，输出信号取自晶体管的集电极（c）和发射极（e）之间。由此可见，发射极（e）为输入信号和输出信号的公共端，因而称其为共发射极（e）晶体管放大电路。

特别提醒

NPN型与PNP型晶体管放大电路的最大不同之处在于供电电源：采用NPN型晶体管的放大电路，供电电源是正电源送入晶体管的集电极（c）；采用PNP型晶体管的放大电路，供电电源是负电源送入晶体管的集电极（c）。

共射极放大电路常作为电压放大器来使用，其最大特色是具有较高的电压增益。由于输出阻抗比较高，因此这种电压放大器的带负载能力比较低，不能直接驱动扬声器等低阻抗的负载。

在晶体管电压放大电路（共射极结构形式）中，发射极（e）接地，基极（b）输入信号，集电极（c）输出与输入信号反相的放大信号。

【晶体管电压放大电路】

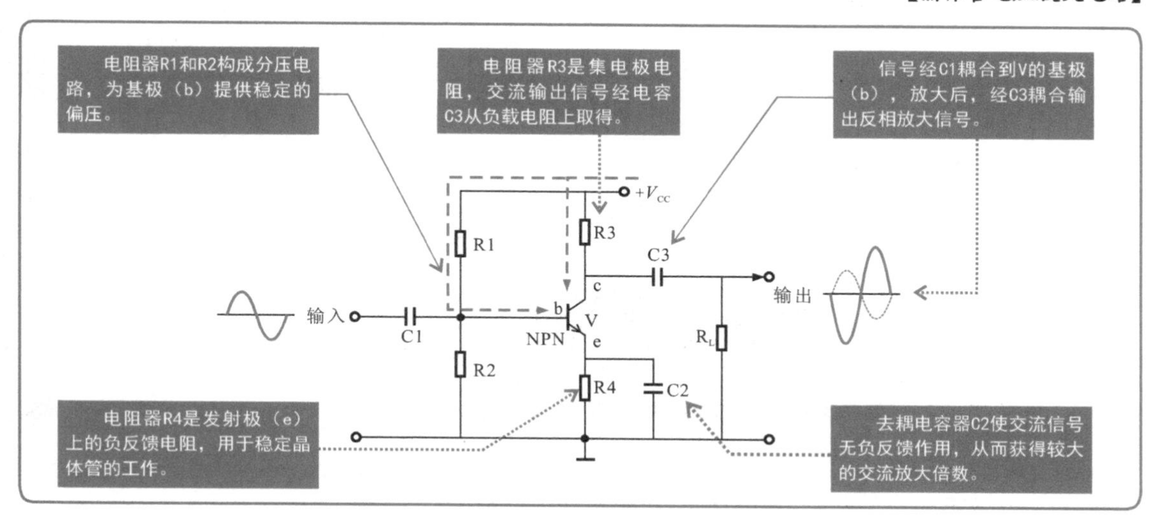

工作时，共射极放大电路既有直流分量又有交流分量，为了便于分析，一般将直流分量和交流分量分开识读，因此将放大电路划分为直流通路和交流通路。所谓直流通路，是放大电路未加输入信号时，放大电路在直流电压V_{CC}的作用下，直流分量所流过的路径。

由于电容对于直流电压可视为开路，因此当集电极电压源确定为直流电压时，可将放大电路中的电容省去。

【晶体管共射极放大电路直流通路】

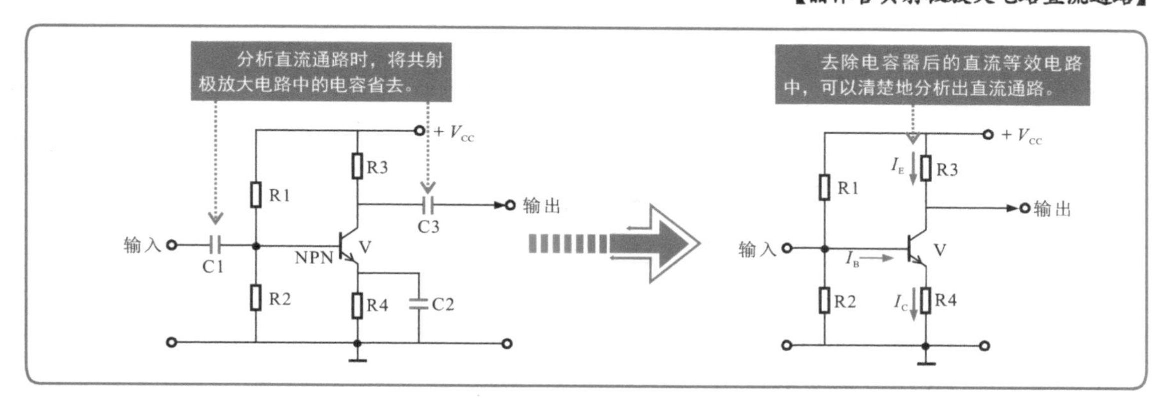

在交流电路分析中，由于直流供电电压源的内阻很小，对于交流信号来说相当于短路。因此，对于交流信号来说，电源供电端和电源接地端可视为同一点（电源端与地端短路）。

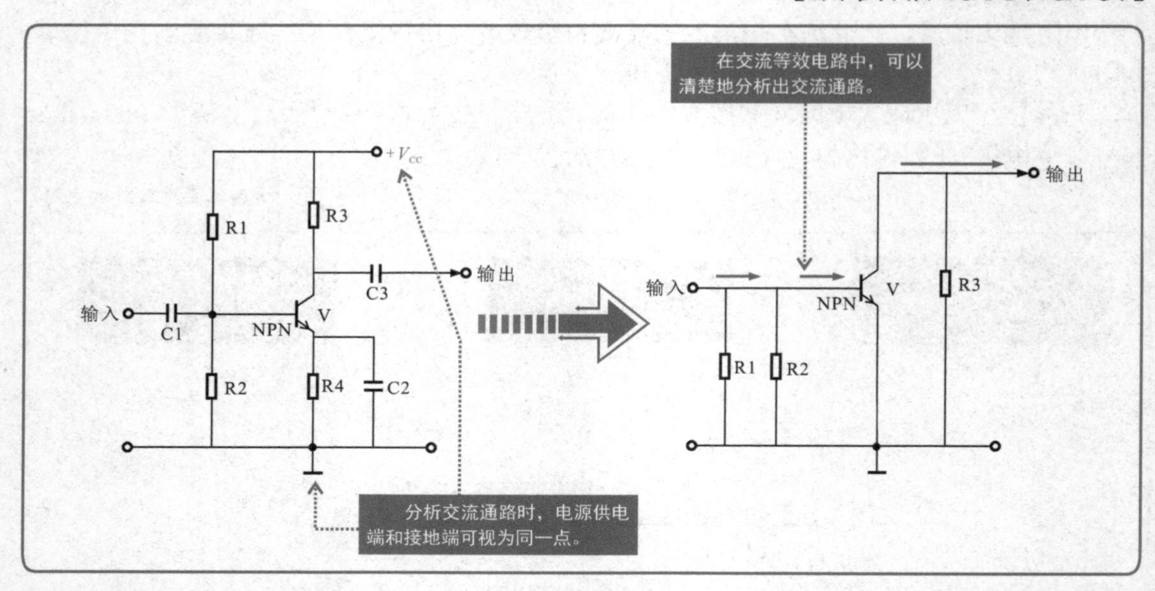

特别提醒

设置偏压电阻，即可通过改变放大电路中的偏压值，使晶体管工作在放大区进行线性放大。线性放大就是成正比的放大，信号不失真的放大。如果偏压失常，则晶体管就不能进行线性放大或不能工作。

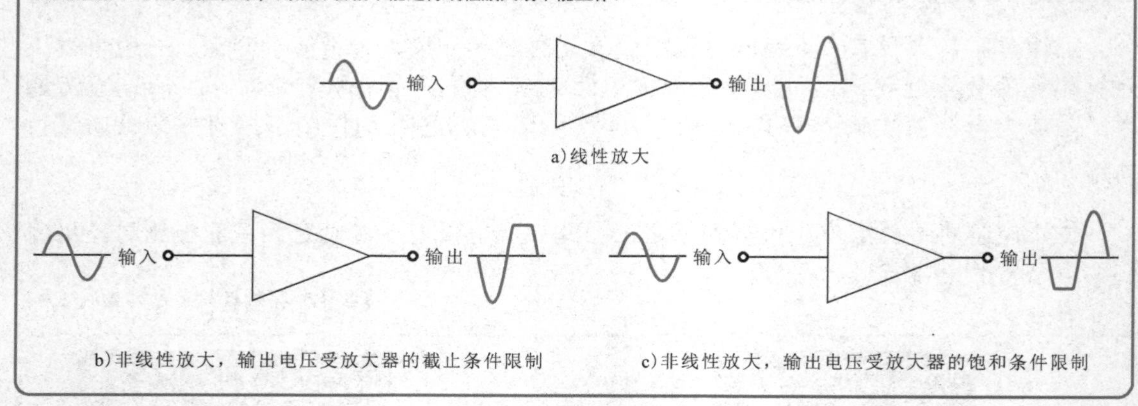

a）线性放大

b）非线性放大，输出电压受放大器的截止条件限制

c）非线性放大，输出电压受放大器的饱和条件限制

2. 共射极放大电路的识读分析

了解了共射极放大电路的结构和特征后，接下来以实际电路为例对其进行识读分析。

1～250MHz宽频带放大电路是一种典型的共射极放大电路，是由采用两级共发射极放大电路组成的宽频带实用放大器。

其中，晶体管V1、V2和V3主要用来对输入信号进行三级放大（V1、V2为共射极放大、V3为射极跟随器），分压电阻器主要用来为晶体管提供工作电压，耦合电容器可将信号耦合到下一级的晶体管中。

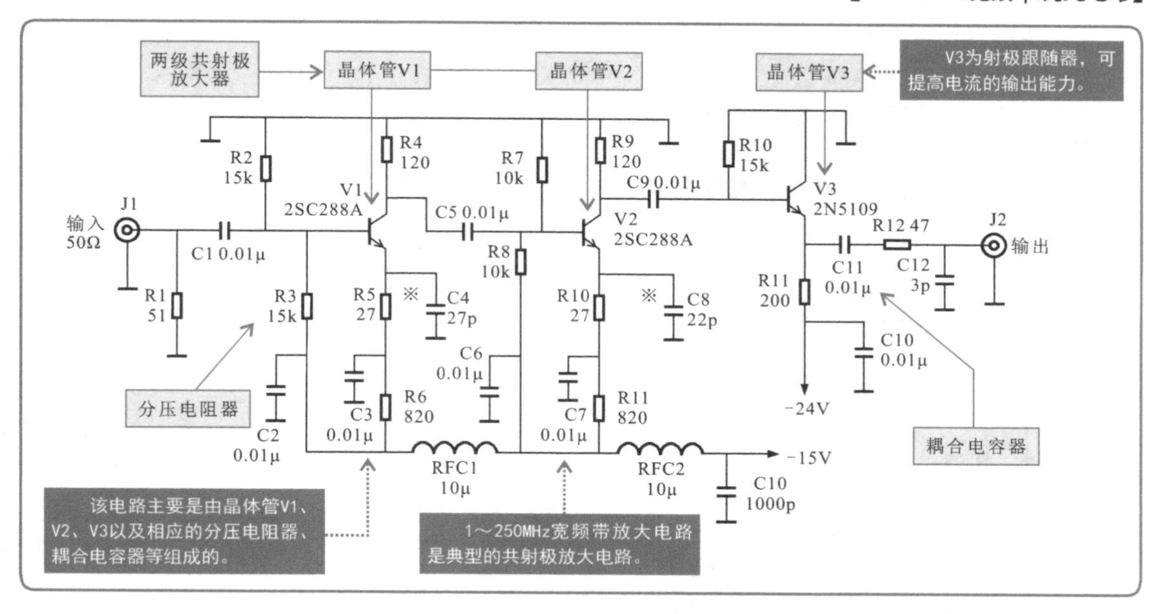

找到1～250MHz宽频带放大电路中的关键元器件后，再对该电路进行识读分析。

【宽频带放大电路的识读分析】

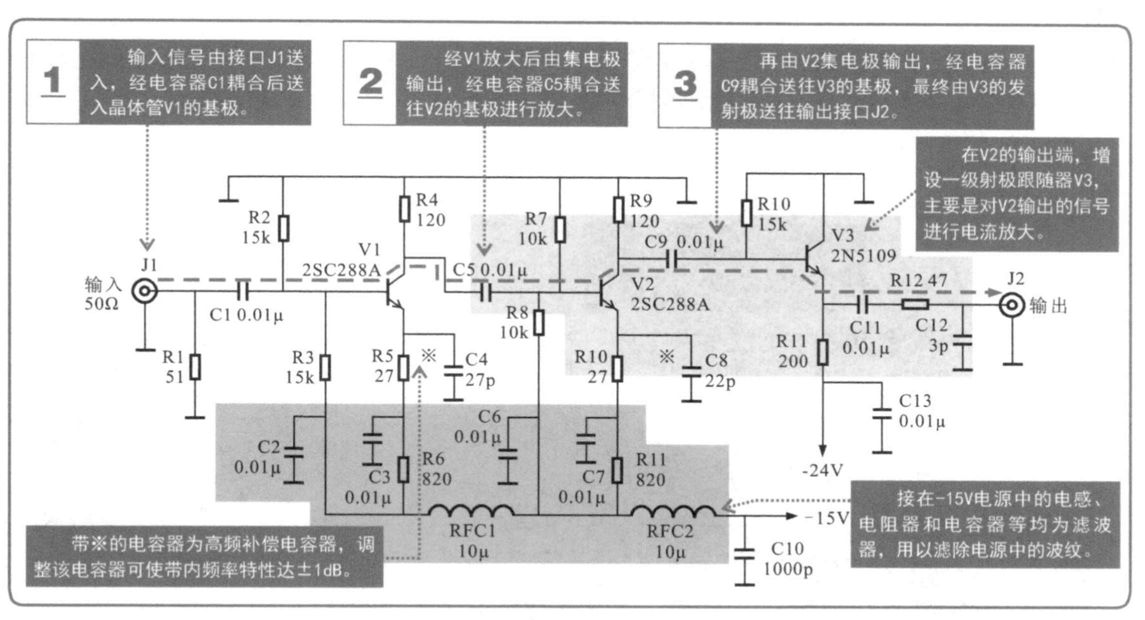

2.1.2 共基极放大电路的识读

共基极放大电路的输入信号加载到晶体管发射极（e）和基极（b）之间，输出信号取自晶体管的集电极（c）和基极（b）之间，基极（b）为输入信号和输出信号的公共端，因而被称为共基极（b）放大电路。

在学习共基极放大电路的识读分析时，应先对其结构及特征进行学习，再以实际电路为例进行识读分析。

1. 共基极放大电路的结构特征

共基极放大电路主要是由晶体管V、电阻器和耦合电容器组成的。

【共基极放大电路的基本结构】

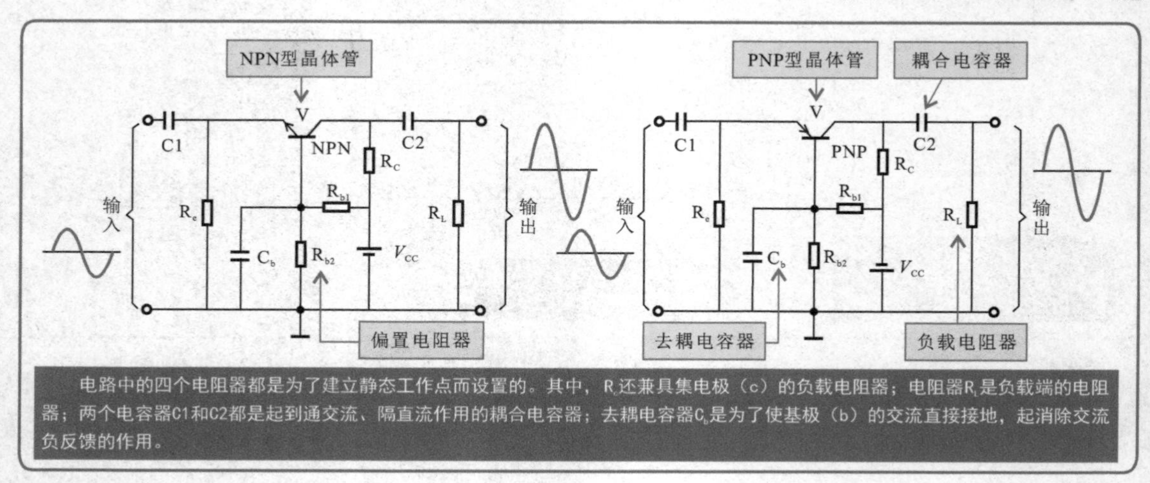

在共基极放大电路中，信号由发射极（e）输入，放大后由集电极（c）输出，输出信号与输入信号同相。它的最大特点是频带宽，常用作晶体管宽频带电压放大器。

【共基极放大电路的特征】

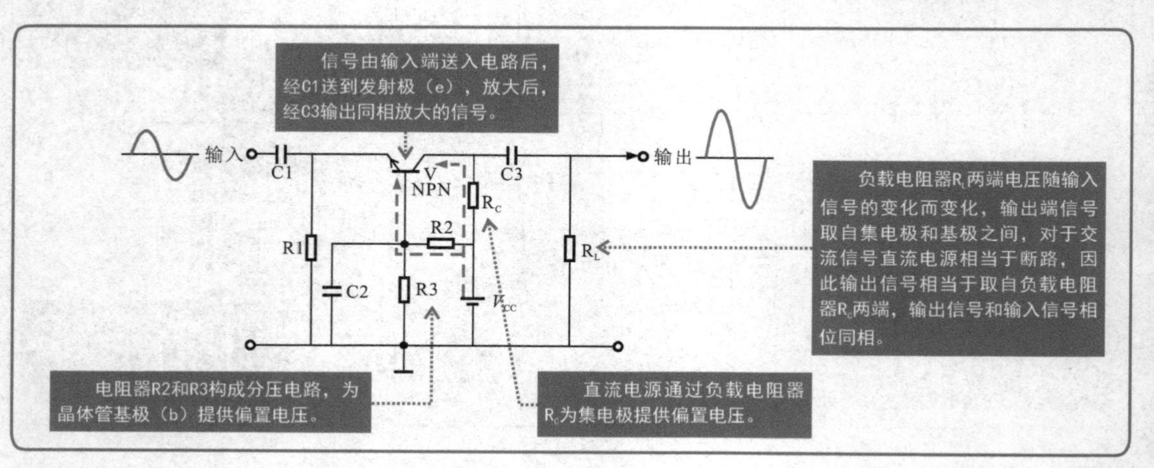

2. 共基极放大电路的识读分析

了解了共基极放大电路的结构和特征后，接下来以实际电路为例对其进行识读分析。

调频（FM）收音机高频放大电路是一个典型的共基极放大电路。天线接收的高频信号（约为100MHz）由放大电路放大。这种放大电路具有高频特性好、在高频范围工作比较稳定的特点。

该电路主要是由晶体管2SC2724及输入端的LC并联谐振电路等组成的。晶体管2SC2724为核心元件，主要用来对信号进行放大。

【调频（FM）收音机高频放大电路的识读分析】

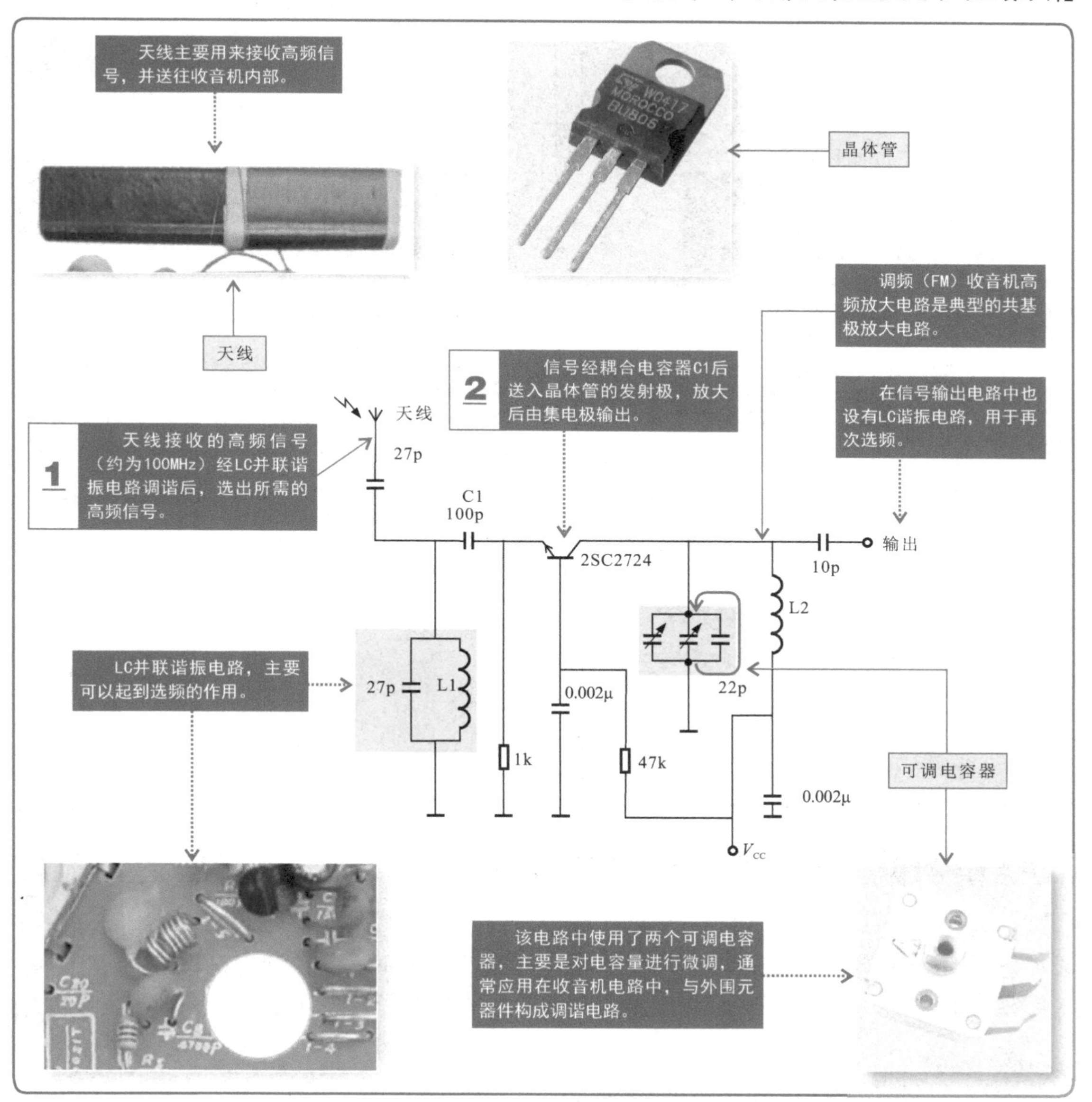

特别提醒

频率高低是相对的，在中波收音机电路中，处理1MHz左右的中波广播信号就是高频放大器，驱动耳机或扬声器的信号（20kHz以下）为低频信号。在FM收音机中，处理100MHz左右载波信号的电路为高频电路，处理10.7MHz的电路为中频电路。

在电视机调谐器的中频放大器电路中，V2与偏置元件构成共基极放大器。

【电视机调谐器中频放大电路的识读分析】

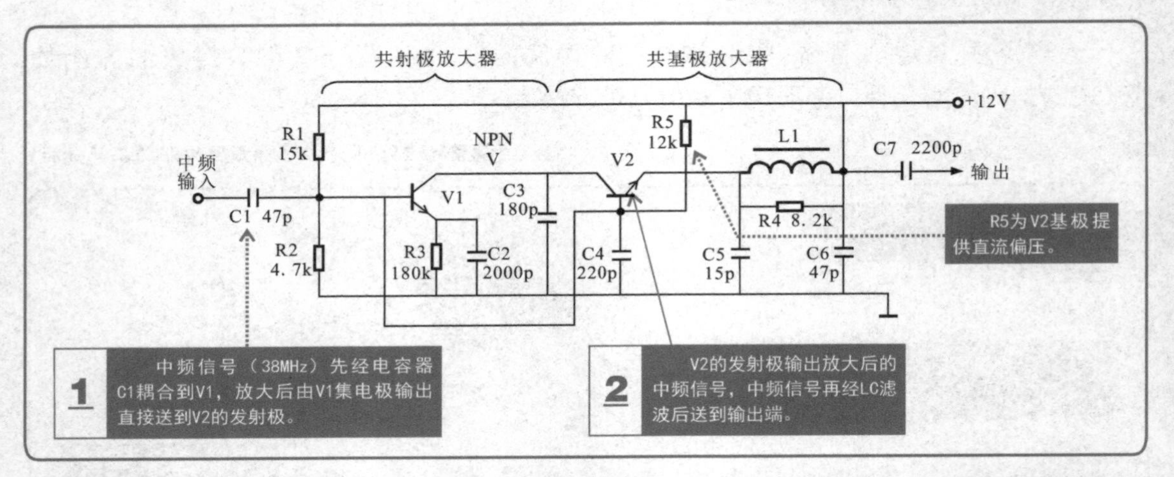

特别提醒

除以上介绍的共基极放大电路外，还有一种采用共发射极-共基极的宽频带视频放大器。它是由两个晶体管组成的。视频信号R加到共发射极晶体管V902的基极，V902接成共发射极放大器的形式，因而具有较高的增益，V902集电极的输出直接送到V901的发射极上，V901接成共基极放大器的形式，因而具有频带宽的特点，放大后的视频信号由V901集电极输出送往显像管阴极。该电路充分发挥两种电路的特点，电路简单，性能好。

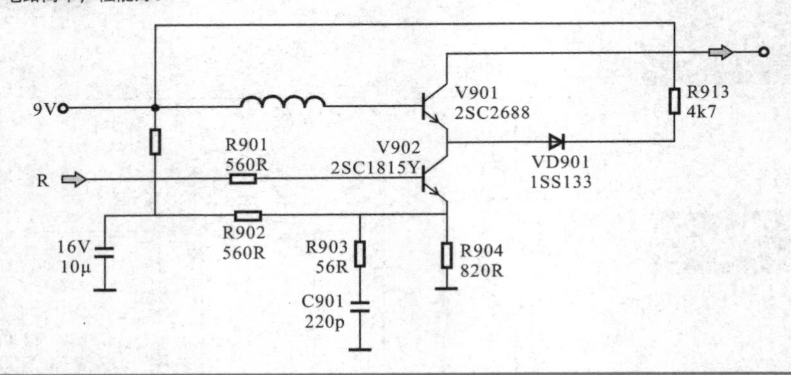

2.1.3 共集电极放大电路的识读

共集电极放大电路是从发射极输出信号的，信号波形和相位基本与输入相同，因而又称射极输出器或射极跟随器，简称射随器，常用作缓冲放大器使用。在学习共集电极放大电路的识读分析时，应先对其结构及特征进行学习，再以实际电路为例进行识读分析。

1. 共集电极放大电路的结构特征

共集电极放大电路的功能和组成器件与共射极放大电路基本相同，不同之处有两点：其一是将集电极电阻R_c移到了发射极（用R_e表示）；其二是输出信号不再取自集电极而是取自发射极。

【共集电极放大电路的结构】

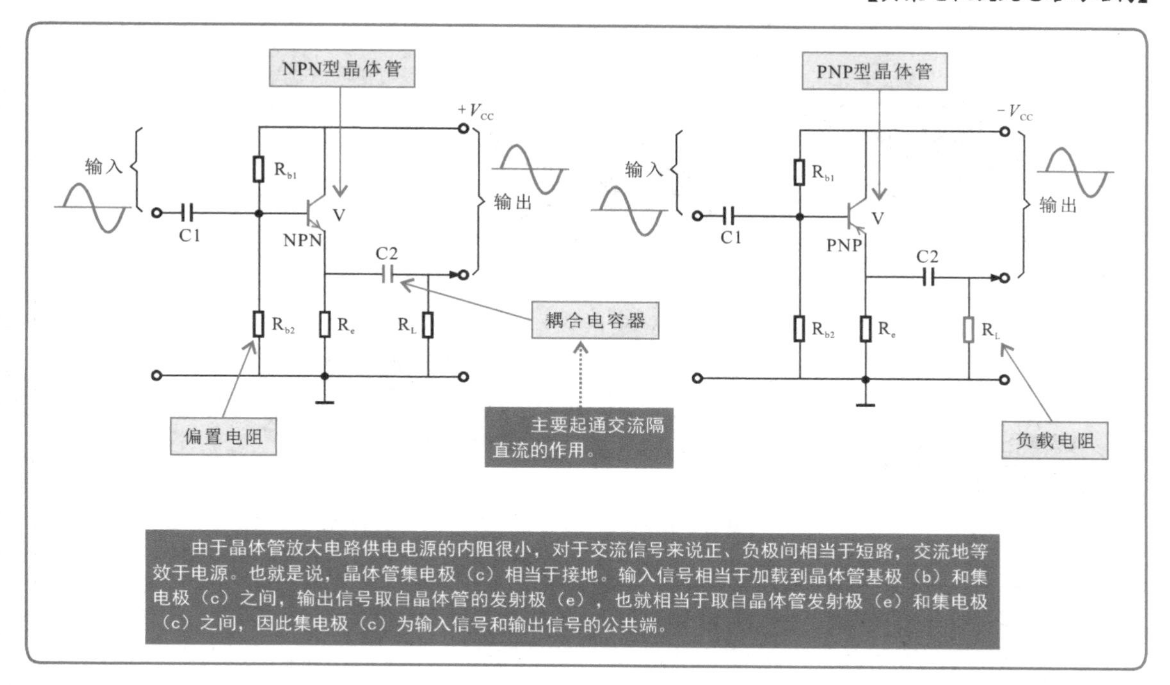

共集电极放大电路作为电流放大器使用的特点是高输入阻抗、电流增益大，但是电压输出的幅度几乎没有放大，也就是输出电压接近于输入电压，由于输入阻抗高、输出阻抗低，故常作为阻抗变换器使用。

【典型共集电极放大电路】

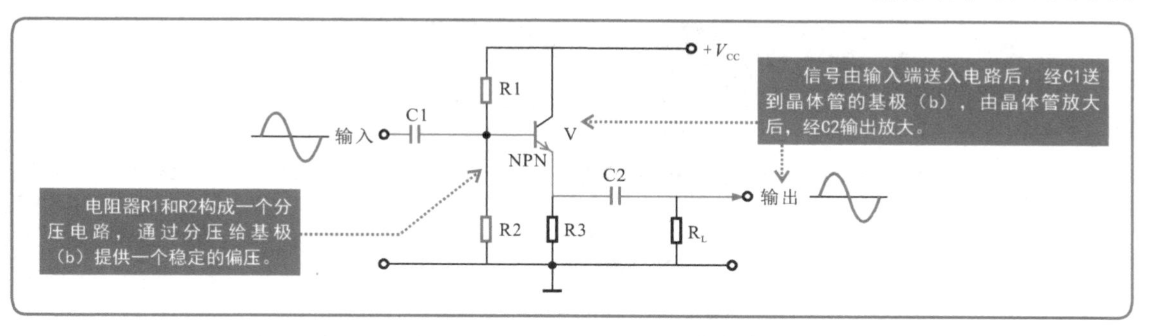

2. 共集电极放大电路的识读分析

了解了共集电极放大电路的结构和特征后，接下来以实际电路为例进行识读分析。

高输入阻抗缓冲放大电路是一种典型的共集电极放大电路。通过电路图可知，该电路主要是由场效应晶体管VF1、晶体管V2等组成的。其中，VF1用来进行输入信号的一级放大，晶体管V2与周围的阻容元件组成共集电极放大电路，用来对信号进行二级放大。

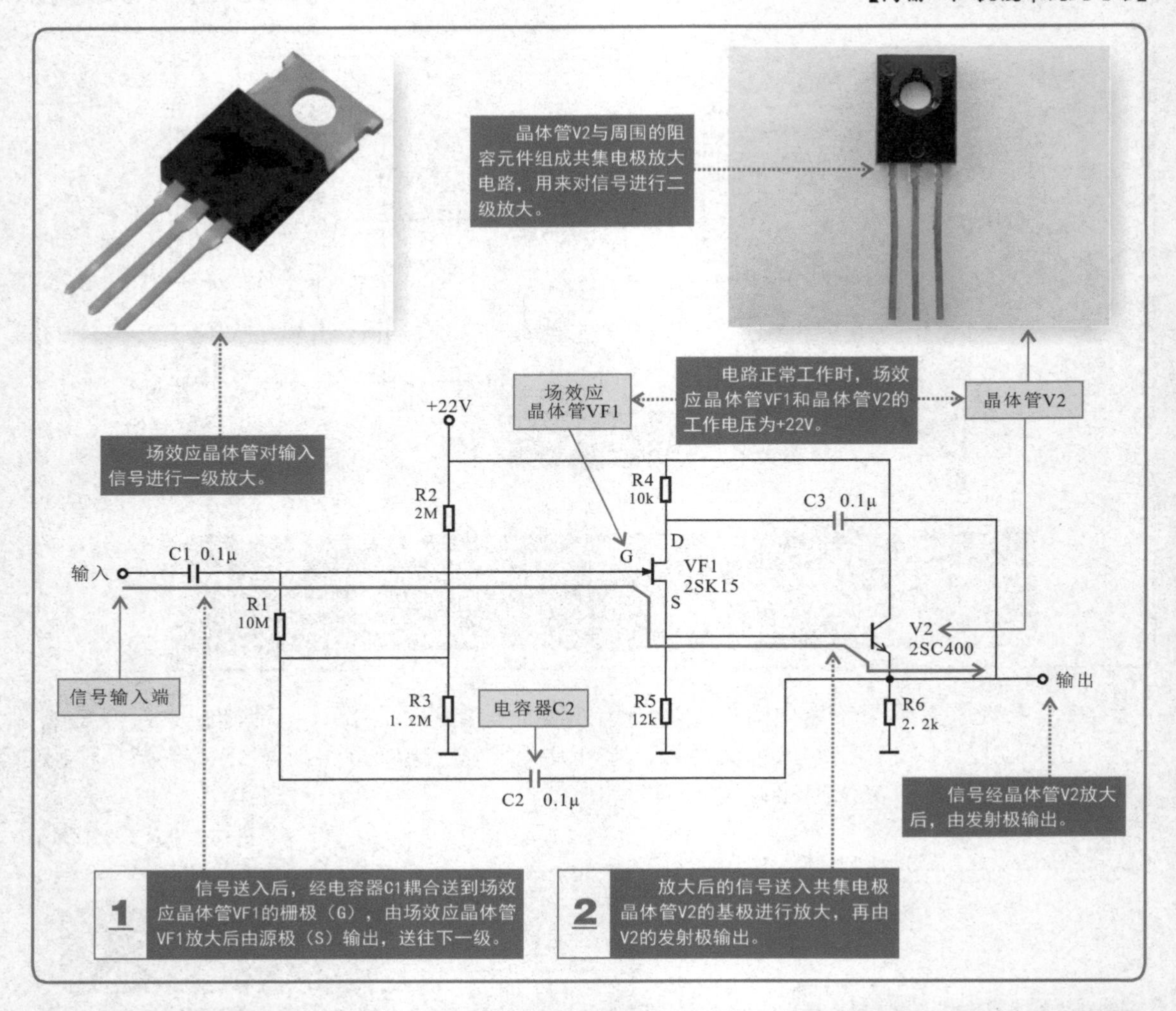

特别提醒

共射极、共基极和共集电极放大电路是单管放大器中三种最基本的单元电路，所有其他放大电路都可以看成是它们的变形或组合，因此掌握这三种基本放大电路的特征及识读是非常有必要的。

2.2 场效应晶体管放大电路的识读

2.2.1 场效应晶体管放大电路的特征

场效应晶体管与晶体管一样也具有放大作用。它是一种电压控制器件，具有输入阻抗高、噪声低的特点。输入信号的电压加到栅极（G），漏极（D）电流受到控制，栅极几乎无电流。

场效应晶体管的三个电极——栅极、源极和漏极分别相当于晶体管的基极、发射极和集电极。

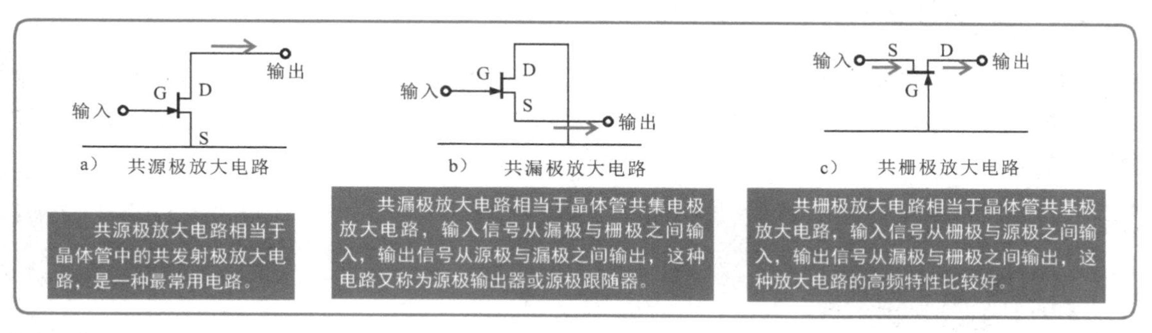

1. 共源极放大电路

共源极放大电路是场效应晶体管放大电路最重要的电路形式。其工作原理为：当输入交流电压U_i在1/4周期内处于增大趋势时，漏极电流I_D增大，I_D的增大使负载上的压降增大，U_{DS}就下降；当U_i在2/4周期内时，处于减小状态，U_{GS}增大，I_D减小，I_D的减小使负载上的压降减小，U_{DS}就上升。U_i和I_D的相位相同，与输出信号电压U_{DS}的相位相反。

【共源极放大电路的结构】

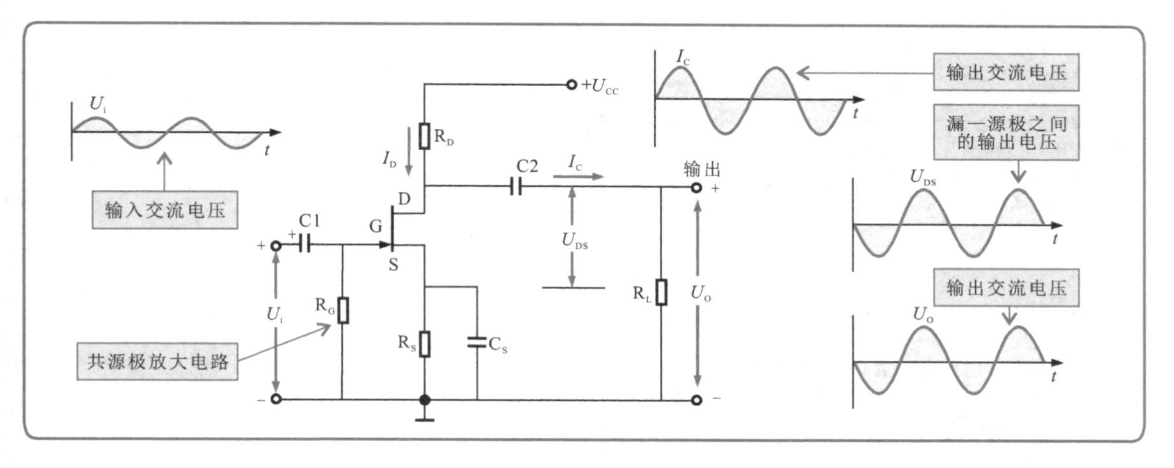

2. 共栅极放大电路

共栅极放大电路适用于高频宽带放大器。

【共栅极放大电路的结构】

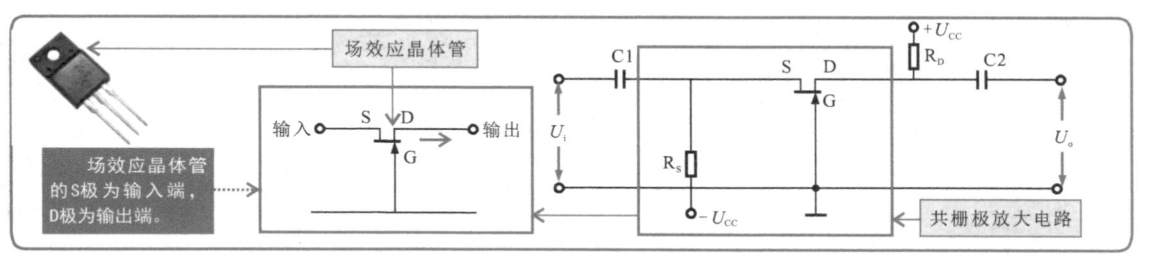

3. 共漏极放大电路

共漏极放大电路也称为源极跟随器或源极输出器，相当于双极性晶体管的集电极接地电路。源极跟随器最主要的特点是输出阻抗低。由于场效应晶体管的输入阻抗非常高，也就是输入电流极小，故常用于收音机电路中作为微弱信号的放大器。

【共漏极放大电路的结构】

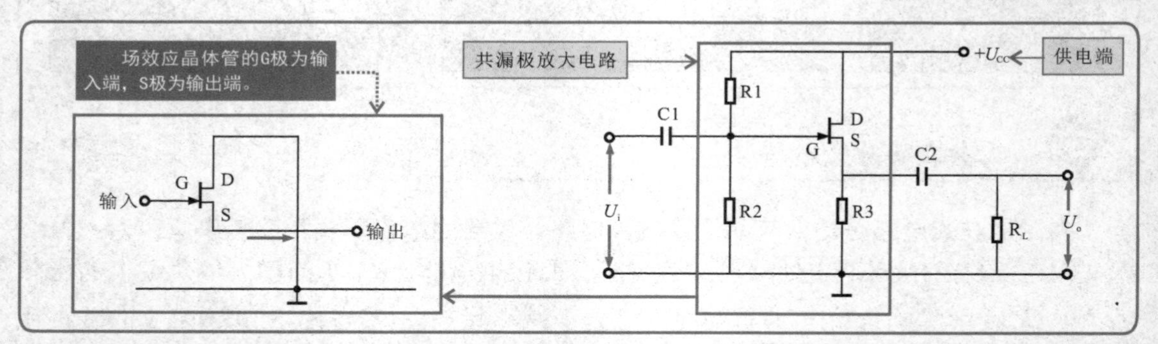

特别提醒

场效应晶体管常与晶体管放大电路组合，形成新的放大电路。

● 共源极放大电路与射极跟随器（共集电极放大电路）的组合。

VF1为源极接地场效应晶体管放大器，V2为共集电极晶体管放大器。若电路中没有设置V2，而是将电阻R_L直接作为VF1的负载，其电压增益就相当小，通过与低输出阻抗的射极跟随器组合，就可获得较高的电压增益，这是该电路的主要特征。

● 共源极放大电路与共射极放大电路的组合。

共射极放大器输入阻抗在$10^3\Omega$的范围内，很难由场效应晶体管直接驱动，若通过一级射极跟随器将其作为图中的负载，接在共射极放大器之前，就很容易驱动了。该电路在输出级的前面加入了一级射极跟随器，可获得电流增益，是典型低输出阻抗的实例。

●共源极放大电路与共基极放大电路组合成级联式放大器。

将场效应晶体管的低噪声性与共基极放大电路对高频放大的适应性相结合形成级联式放大器，常作为宽带低噪声的前置放大器使用。

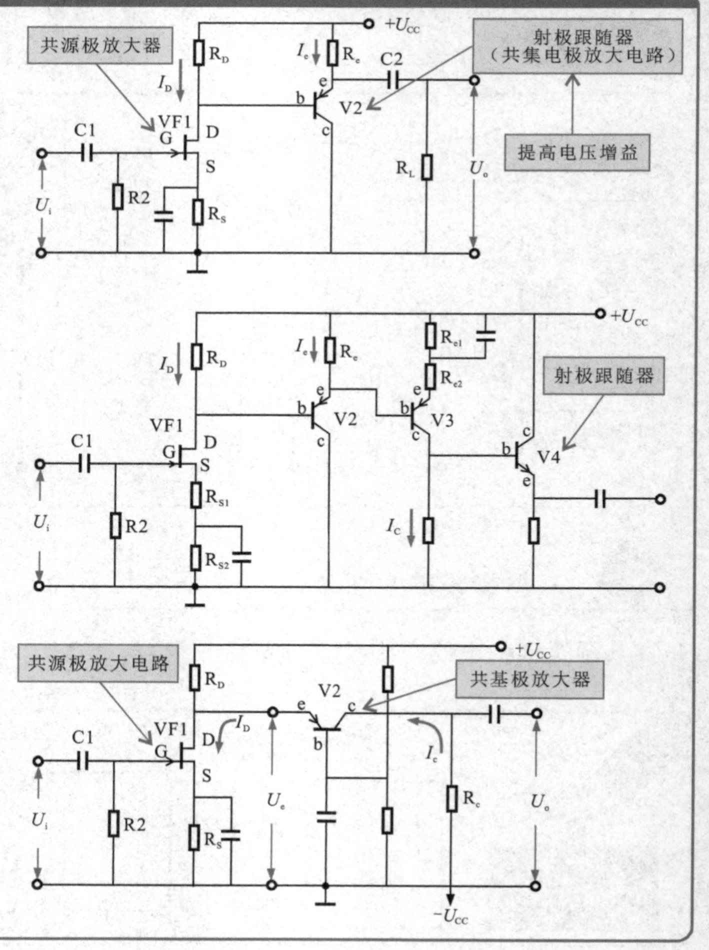

2.2.2 场效应晶体管放大电路的识读分析

了解了场效应晶体管放大电路的结构和特征后，接下来以实际电路为例进行识读分析。

FM收音机的前端电路中使用场效应晶体管进行高频信号放大，主要由高频放大器VF1、混频器VF3和本机振荡器V2等部分构成。其中，VF1和VF3为场效应晶体管，主要用来放大输入信号。

【FM收音机前端电路中场效应晶体管放大电路的识读分析】

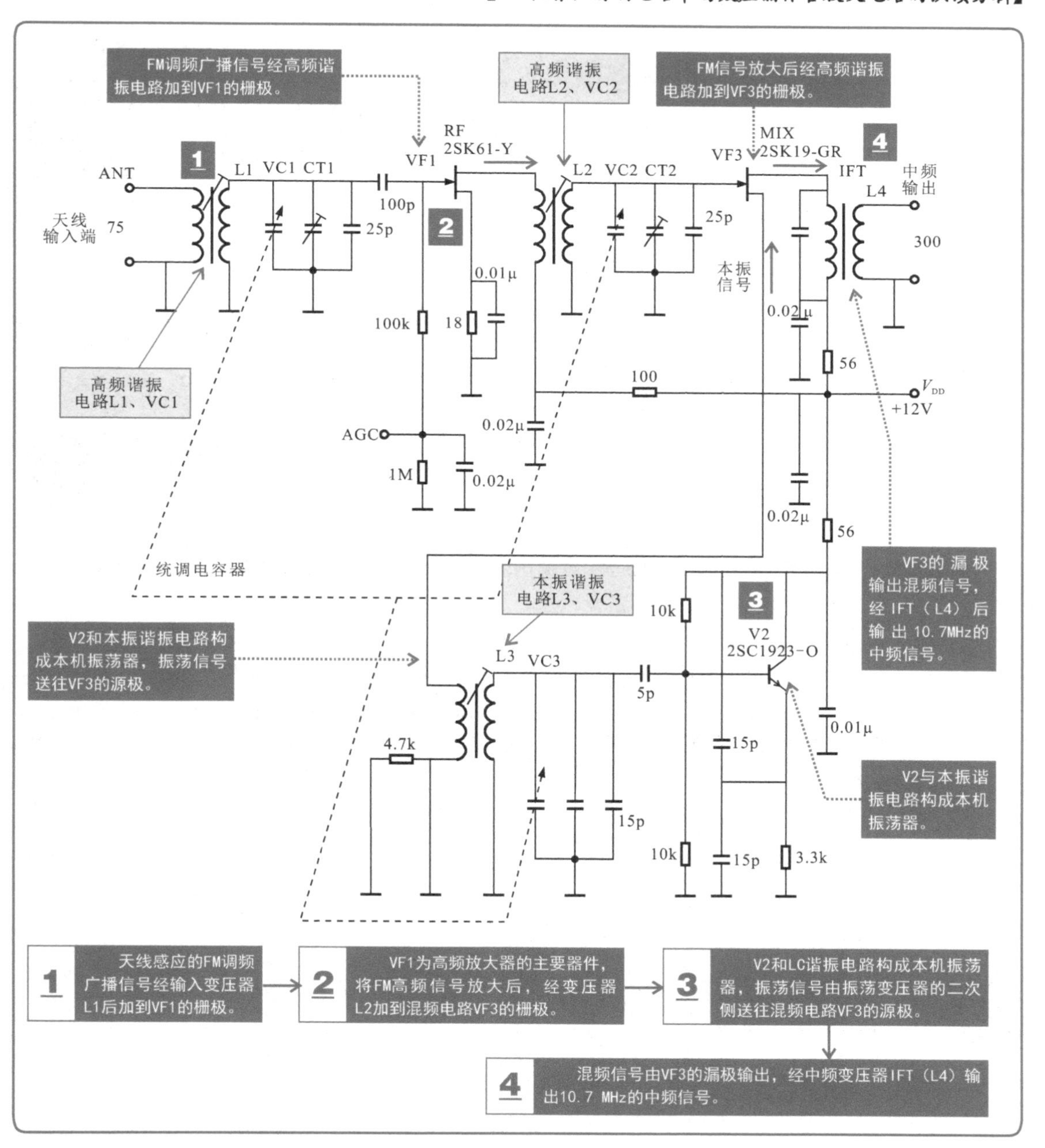

2.3 运算放大电路的识读

2.3.1 运算放大电路的特征

运算放大电路有很高的放大倍数，因此在作为放大运用时，总是接成负反馈的闭环结构，否则电路是非常不稳定的。

标准的运算放大电路是由三种放大电路组成的，即差动放大电路、电压放大电路和推挽式放大电路，这三种电路集成在一起并封装成集成电路的形式。

【运算放大电路的基本结构】

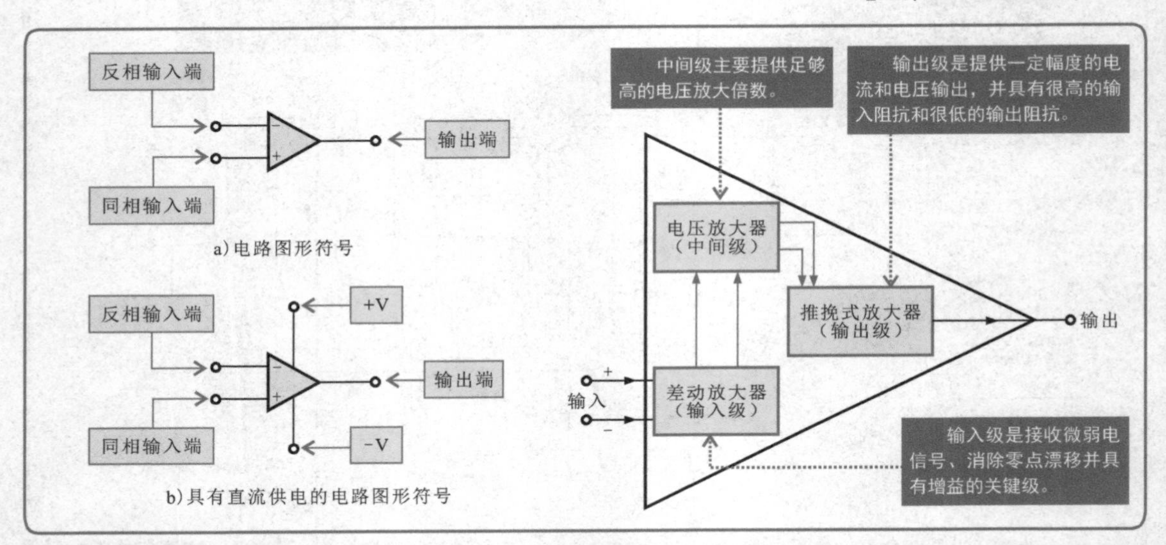

特别提醒

运算放大电路的种类很多，内部电路很复杂，但基本结构相同，都由输入级、中间级、输出级及偏置电路、保护电路等组成。

输入级：输入级是接收微弱电信号、消除零点漂移并具有增益的关键级。它的性能将决定整个电路技术指标的优劣。因此，要求输入级有尽可能高的共模抑制比和很高的输入阻抗。输入级通常采用带有恒流源的差动放大电路。电路中的差动管常使用复合管或场效应晶体管。

中间级：中间级的主要任务是提供足够高的电压放大倍数。所以，中间级通常由多级放大电路组成，并采用恒流源为电路供电。

输出级：输出级的任务是提供一定幅度的电流和电压输出，并具有很高的输入阻抗和很低的输出阻抗。有高输入阻抗是为了使中间级与负载间有良好的隔离；有低输出阻抗是为了提高驱动负载的能力，有一定的功率输出。为此，输出级通常采用互补对称或准互补对称功率放大电路。

偏置电路：偏置电路的作用是向各级放大器提供稳定的偏置电压，以保证整个电路具有合适的静态工作点。偏置电路一般由恒流源电路组成。

通过以上的学习可知，运算放大电路有两个输入端，输入信号有三种不同的接入方式，即反相输入、同相输入和差动输入。

1. 反相输入接法

运算放大电路的反相输入接法，也称为反相比例放大电路。输入信号通过电阻器R1接到反相输入端。反馈电阻器R2接在输出端与反相输入端之间，构成电压并联负反馈。

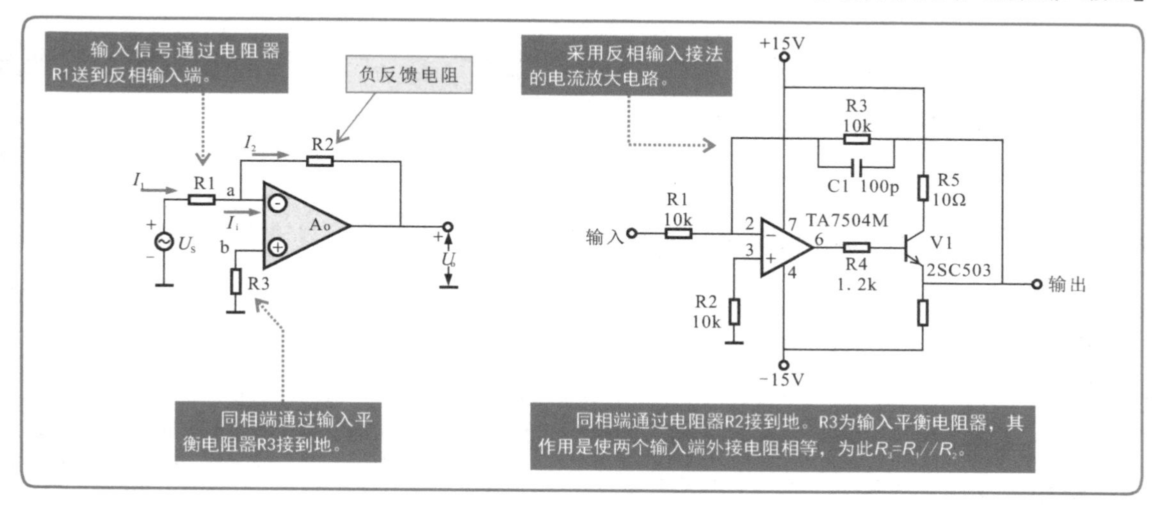

反相输入接法电路的分析：

运算放大器本身不吸收电流，即I_i=0，则I_1=I_2，由此推导出U_a=U_b，此时有U_a=U_b=0，因而可分别求出I_1和I_2：

$$I_1=\frac{U_s-U_a}{R_1}=\frac{U_s}{R_1} \qquad I_2=\frac{U_a-U_o}{R_2}=-\frac{U_o}{R_2}$$

因此，从而可得闭环电压放大倍数A_{uf}为：$\frac{U_s}{R_1}=-\frac{U_o}{R_2}$

可见，输出电压U_o与输入电压U_s成比例关系，负号表示相位相反。

2. 同相输入接法

运算放大电路的同相输入接法，也称为同相比例放大电路。信号由同相端加入，反馈电阻器R2接到反相输入端，同时反相端和同相端各接一电阻器R1和R3到地，且为了满足平衡条件，要求R_3=R_1//R_2。由于反馈信号不是接在同一输入端，所以属于电压串联负反馈。

【运算放大电路的同相输入接法】

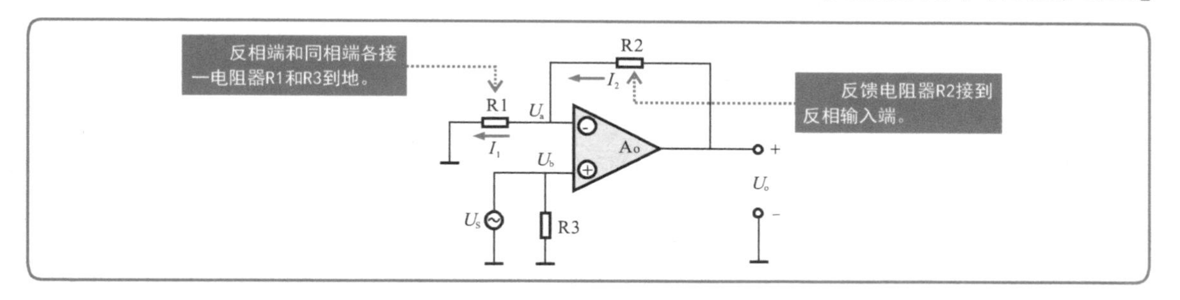

同样，根据前面所学了解到$U_a=U_b=U_c$，$I_1=I_2$ 。由图可知

$$I_1=\frac{U_a}{R_1}=\frac{U_s}{R_1} \qquad I_2=\frac{U_o-U_b}{R_2}=\frac{U_o-U_s}{R_2}$$

从而可得同相输入下的闭环电压放大倍数：

$$A_{uf}=\frac{U_o}{U_s}=1+\frac{R_2}{R_1}$$

上式表明，输出电压与输入电压同样为正比例关系，且输出与输入相位相同。如果令$R_2=0$，则有$A_{uf}=U_o=U_s$ 。

3. 差动输入接法

信号U_{s1}通过电阻器R1接到反相输入端，U_{s2}通过电阻器R4接到同相输入端，反馈信号仍是接到反相输入端。为了满足平衡条件，通常使$R_1=R_4$，$R_2=R_3$。

【运算放大器差动输入接法】

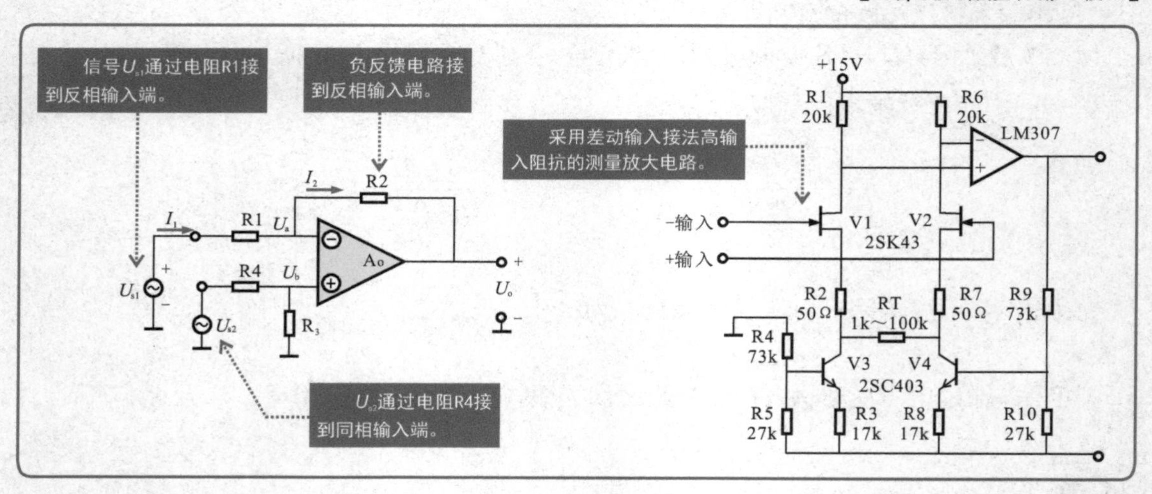

由图可见，由于运放不吸收电流，因而有 $U_b=\frac{R_3}{R_3+R_4}U_{s2}$

而$U_a=U_b$，所以 $U_a=\frac{R_3}{R_3+R_4}U_{s2}$

故 $I_1=\frac{U_{s1}-U_a}{R_1}=(U_{s1}-\frac{R_3}{R_3+R_4}U_{s2})/R_1$ ，$I_2=\frac{U_a-U_o}{R_2}=(\frac{R_3}{R_3+R_4}U_{s2}-U_o)/R_2$

根据$I_1=I_2$，可解得 $U_o=\frac{R_3}{R_3+R_4}(1+\frac{R_2}{R_1})U_{s2}-\frac{R_2}{R_1}U_{s1}$ 。

如果满足$R_1=R_4$,$R_2=R_3$，可将公式化简为 $U_o=-\frac{R_2}{R_1}(U_{s1}-U_{s2})$

可见，差动输入时，其输出电压与两输入电压之差成比例。

2.3.2 运算放大电路的识读分析

了解了运算放大电路的结构和特征后，接下来以实际电路为例进行识读分析。

由运算放大电路控制显示的水位指示电路，主要是由水箱内的水位检测电极和运算放大器构成的。

【运算放大器的识读分析】

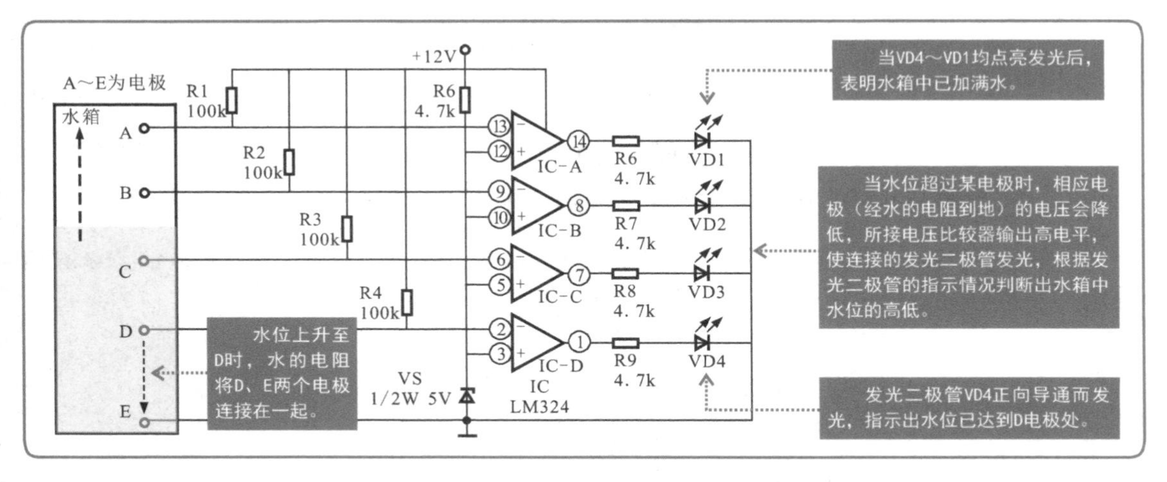

2.4 功率放大电路的识读

2.4.1 功率放大电路的特征

1. 互补对称功率放大电路

互补对称功率放大电路中的关键器件主要是起放大作用的两只晶体管，电路中有信号输入时，它们轮流导通，最后在输出端输出完整的电流信号波形。实际电路中应用的互补对称功率放大电路主要有三种基本形式：甲乙类互补对称电路、单电源互补对称电路和复合互补对称电路。

【甲乙类互补对称功率放大电路】

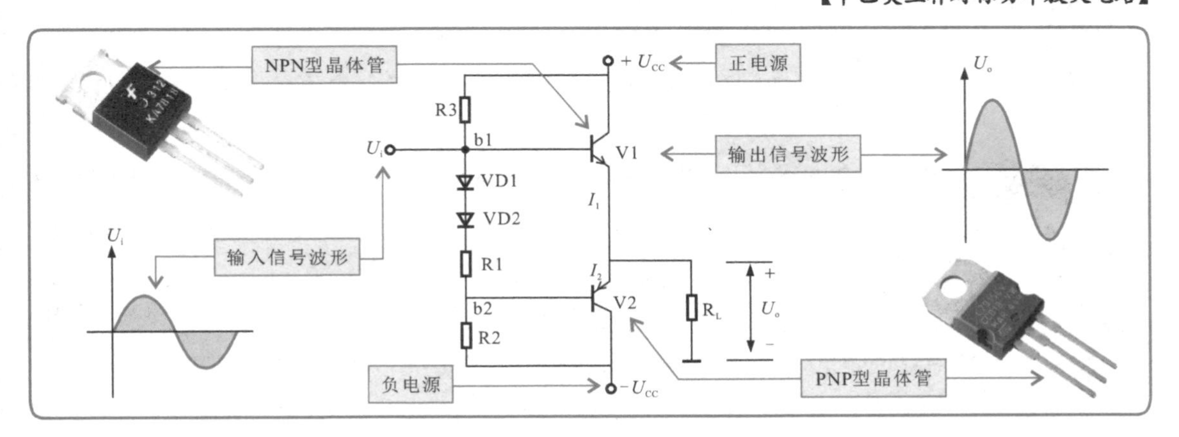

特别提醒

V1为NPN型晶体管，V2为PNP型晶体管。两个晶体管的发射极连接在一起，采用正、负电源供电，发射极直接与负载相连接。基极间接有两个正向连接的二极管VD1和VD2及电阻器R1，并通过R3和R2接到正、负电源上。其目的是给两个晶体管的发射结建立一个适当的正向偏置电压，以减小“交越失真”。b1和b2之间的压降通常调整（改变R3的阻值）到小于（U_{be1}+｜U_{be2}｜）的值。当输入信号为正半周时，b1点电位升高，I_{b1}（包括直流成分I_{b1}和交流成分i_{b1}）将增大，在V1的发射极形成信号电流的正半周。与此同时，V2很快进入截止状态；当输入信号为负半周时，b1点电位降低，b2点电位也降低，V1截止，V2导通，V2的发射极形成信号电流的负半周，从而在负载R_L上得到一个完整的信号波形。

在这种电路中，由于存在起始静态电流，在无信号时，为了保证负载R_L上没有电流流过，应使发射极的静态对地电位为零，故I_1=I_2。如果静态时不满足I_1=I_2，或某一个晶体管损坏，将有较大的电流长期流过负载，可能损坏功率管或负载。另一方面，为了提高工作效率，在设置偏压时，应尽可能使电路工作在接近于乙类状态。

采用单电源互补对称的电路，简称“OTL”电路（其含义是没有变压器的功率放大电路）。互补对称式OTL功率放大电路采用两个导电极性相反的晶体管，因此只需要一个相同的基极信号电压即可。

【单电源互补对称电路】

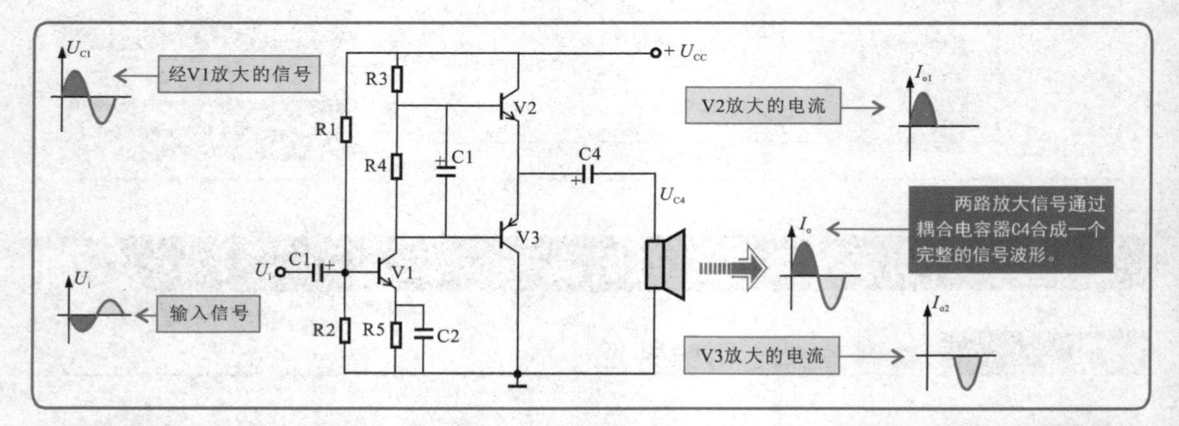

特别提醒

V2为NPN型晶体管，V3为PNP型晶体管。推动级V1集电极输出电压U_{C1}即为V2和V3的基极信号电压，V1的集电极电阻R3、R4同时为V2、V3提供基极偏置电压，使其工作在放大状态。电容器C4接在输出端与负载之间，起到隔直流、通交流的作用。电容器C4两端由于充电而有直流电压U_{C4}=U_{CC}/2（充电所致），因此还是V3的直流电源。

输入信号U_i通过电容器C1耦合到晶体管V1的基极，经V1放大为信号U_{C1}。在信号U_{C1}的正半周，V2导通，V3截止，输出放大的电流I_{o1}；在信号U_{C1}的负半周，V3导通，V2截止，输出放大的电流I_{o2}。输出放大信号通过输出耦合电容器C4在扬声器上合成一个完整的信号波形。

在单电源互补对称电路中，每个晶体管的工作电压不是U_{CC}，而是U_{CC}/2。

为了提高输出功率，功放管可以采用复合管的形式，即复合管的互补对称式OTL功率放大电路。

特别提醒

图中标识a的部分为两个NPN晶体管组成的复合管，等效为一个NPN型晶体管。图中标识b的部分为一个PNP晶体管和一个NPN晶体管组成的复合管，等效为一个PNP型晶体管。

V2和V4组成一个NPN型复合管，V3和V5组成PNP型复合管，V1为前置推动级。R6和R7称为泄放电阻，主要是泄放掉V2和V3的一部分反向饱和电流，使复合管的温度稳定。R4的作用是建立V2和V3基极间的电压，以提供适当的静态偏置电压，减小交越失真。当正半周信号加到V2、V3基极时，V2导通，V3截止，信号经V2、V4放大后，通过耦合电容器C4流过扬声器；当负半周信号加到V2和V3的基极时，V2截止，V3导通，信号经过V3和V5放大后，经耦合电容器C2也加到负载上；输出放大信号通过输出耦合电容器C4在扬声器上合成一个完整的信号波形。

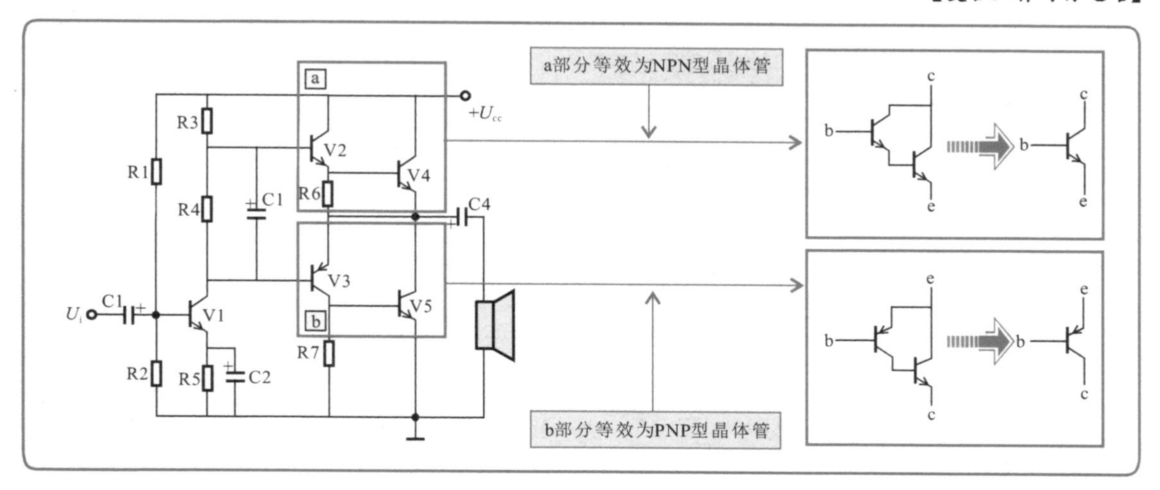

2. 音频功率放大电路

音频功率放大电路是低频信号放大电路的一种，常以集成电路的形式出现，根据驱动扬声器的数量，可分为单声道和多声道音频功率放大电路。

单声道音频功率放大电路只用一只集成电路、一个耦合电容器就可以实现。所有的功率放大元器件都集成在LM386中，其3脚输入音频信号，经内部放大后由5脚输出，驱动扬声器发声。

【单声道音频功率放大电路】

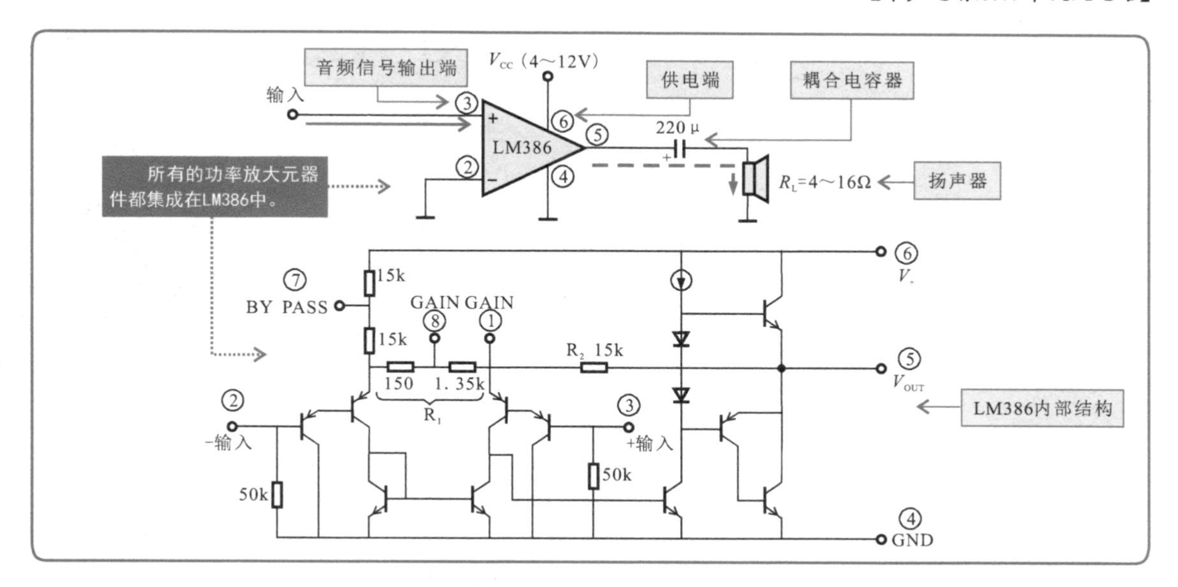

下图为利用AN7194K/Z集成电路制作的多声道立体声音频功放电路。左、右声道音频信号由AN7194K/Z的6、11脚输入，放大后由2、4、13、15脚输出音频信号，分别驱动左、右扬声器发声。

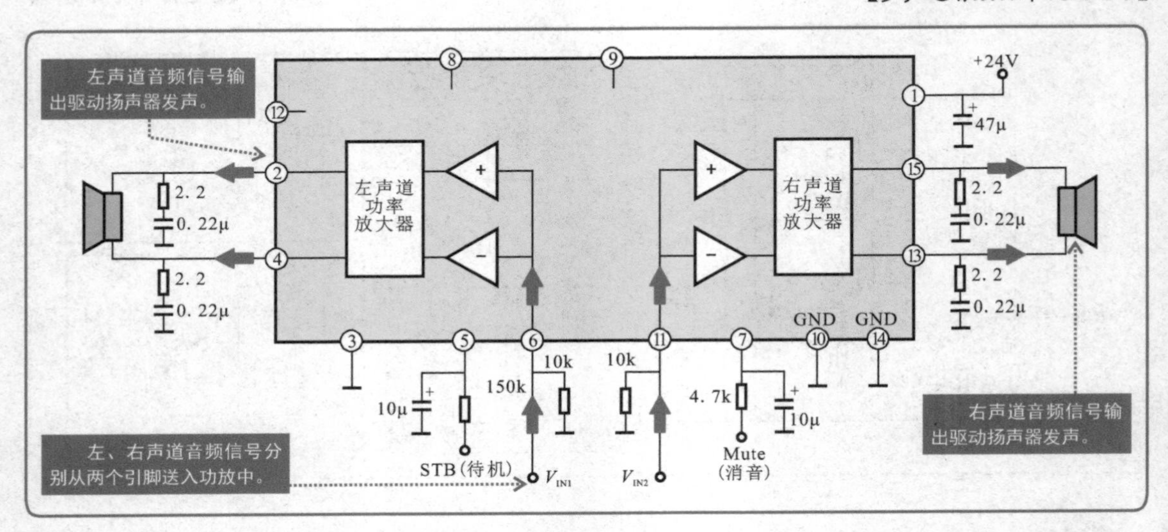

2.4.2 功率放大电路的识读分析

了解了功率放大电路的结构和特征后，接下来以实际电路为例进行识读分析。

互补对称功率放大电路是采用分立元器件构成的一种OCL功率放大电路。电路中，V1和V2构成差分输入级电路；V3构成推动级；V5和V6是互补对称输出级；VD4是V5和V6的静态偏置二极管；$+U_{CC}$、$-U_{CC}$是正、负对称电源；F1是熔丝，用来保护功放管和扬声器。

【互补对称功率放大电路的识读分析】

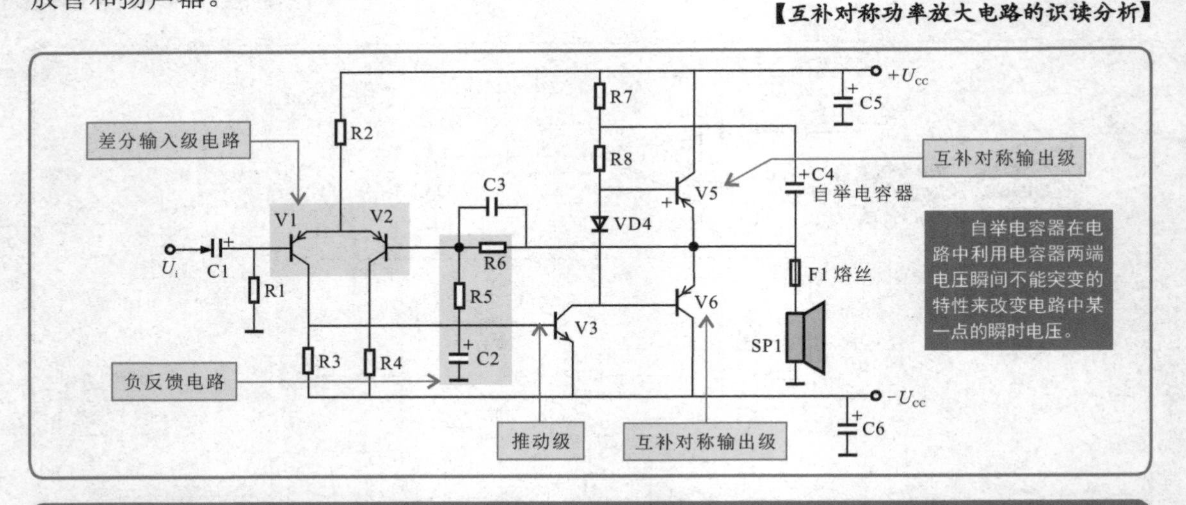

特别提醒

在电路中，R6、R5和C2构成负反馈电路。其中，由于C2的隔直作用，R5只有交流负反馈作用，R6具有较强的直流负反馈作用，使V1～V6各管工作稳定，使输出端静态电压稳定在0V。另外，R6、R5一起还有交流负反馈作用。C3是高频负反馈电容器（电容器超前补偿电路），以防止电路可能出现的高频自激。R7、R8和C4构成自举电路。

由于V5、V6的性能一致、静态偏置相同，所以V5和V6的集电极和发射极之间内阻相等，加上$+U_{CC}$、$-U_{CC}$对称，输出端在静态时电压为0V，扬声器SP1可直接接在输出端与地之间，并且无直流电流流过SP1。正半周信号使V5导通、放大，负半周信号使V6导通、放大，在SP1上获得一个全波信号。

第3章

脉冲电路的识读

3.1 脉冲电路的功能特点与结构组成

3.1.1 脉冲电路的功能特点

脉冲电路是一种为电子产品相关电路提供特殊信号的功能单元电路。它最基本的功能是产生脉冲信号，并对产生的脉冲信号进行必要的转换处理，使其满足电路需要。

脉冲信号是指一种持续时间极短的电压或电流波形。从广义上讲，凡不具有持续正弦形状的波形，几乎都可以称为脉冲信号波形。它可以是周期性的，也可以是非周期性的。

【常见脉冲信号波形】

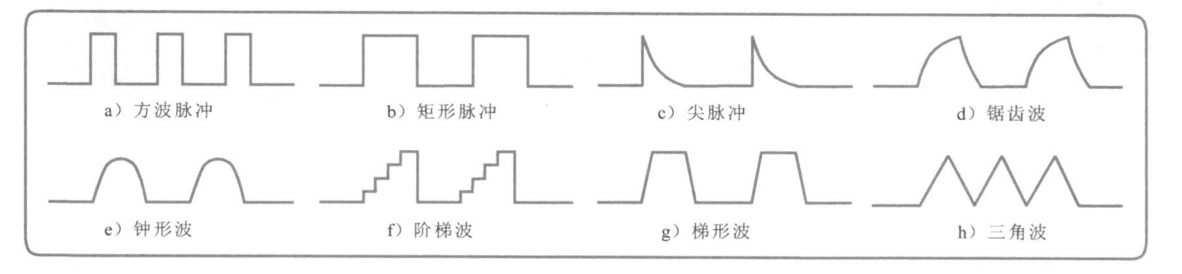

a）方波脉冲　b）矩形脉冲　c）尖脉冲　d）锯齿波　e）钟形波　f）阶梯波　g）梯形波　h）三角波

特别提醒

在模拟信号处理电路中处理的是模拟信号，模拟信号是一种连续变化的信号，如不规则的音频信号，还有规则的正弦信号，电源的交流50Hz信号就是正弦交变的信号。脉冲信号在数字信号处理、控制电路中应用非常广泛。例如，节日里驱动彩灯和霓虹灯的信号，在电子设备中，驱动继电器、蜂鸣器、步进电动机的信号都采用脉冲信号，电子表中的计时信号也是脉冲信号。

按脉冲信号的极性来分，可分为正极性脉冲和负极性脉冲信号。正极性脉冲是相对于零电平（或其他标准电平）来说的，幅值为正；负极性脉冲的幅值为负。表示数据内容的编码信号也都是由不同规律的脉冲列组成的，此外还有一些正弦和脉冲混合的信号。

【正极性脉冲和负极性脉冲】

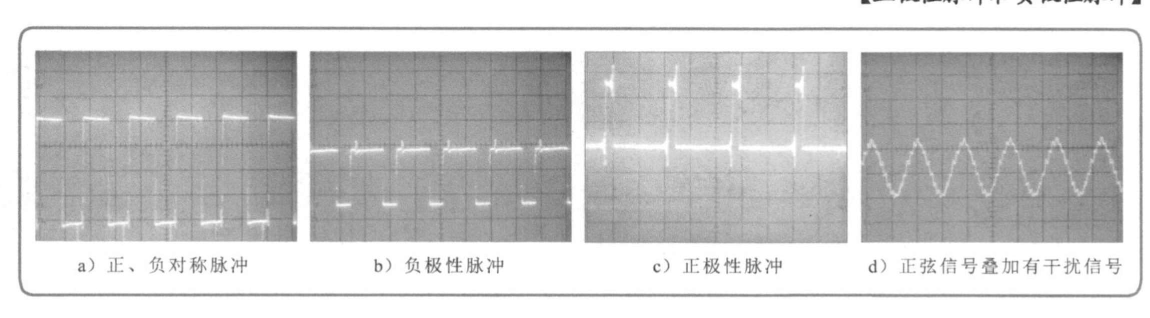

a）正、负对称脉冲　b）负极性脉冲　c）正极性脉冲　d）正弦信号叠加有干扰信号

一般来说，电子产品中的脉冲电路按工作特点的不同可划分为脉冲信号产生电路和脉冲信号转换电路两大类。

1. 基本脉冲信号产生电路的功能特点

脉冲信号产生电路是产生脉冲信号的电路,该电路用于为脉冲信号处理和变换电路提供信号源。通常，脉冲信号产生电路不需外加触发信号，在电源接通后，就可自动产生一定频率和幅值的脉冲信号。

脉冲信号产生电路主要是由两个晶体管V1、V2构成的。在满足供电的条件下，两个晶体管配合导通和截止，产生触发LED发光的脉冲信号，这就是脉冲信号产生电路的基本工作过程和特征。

【脉冲信号产生电路的功能特点】

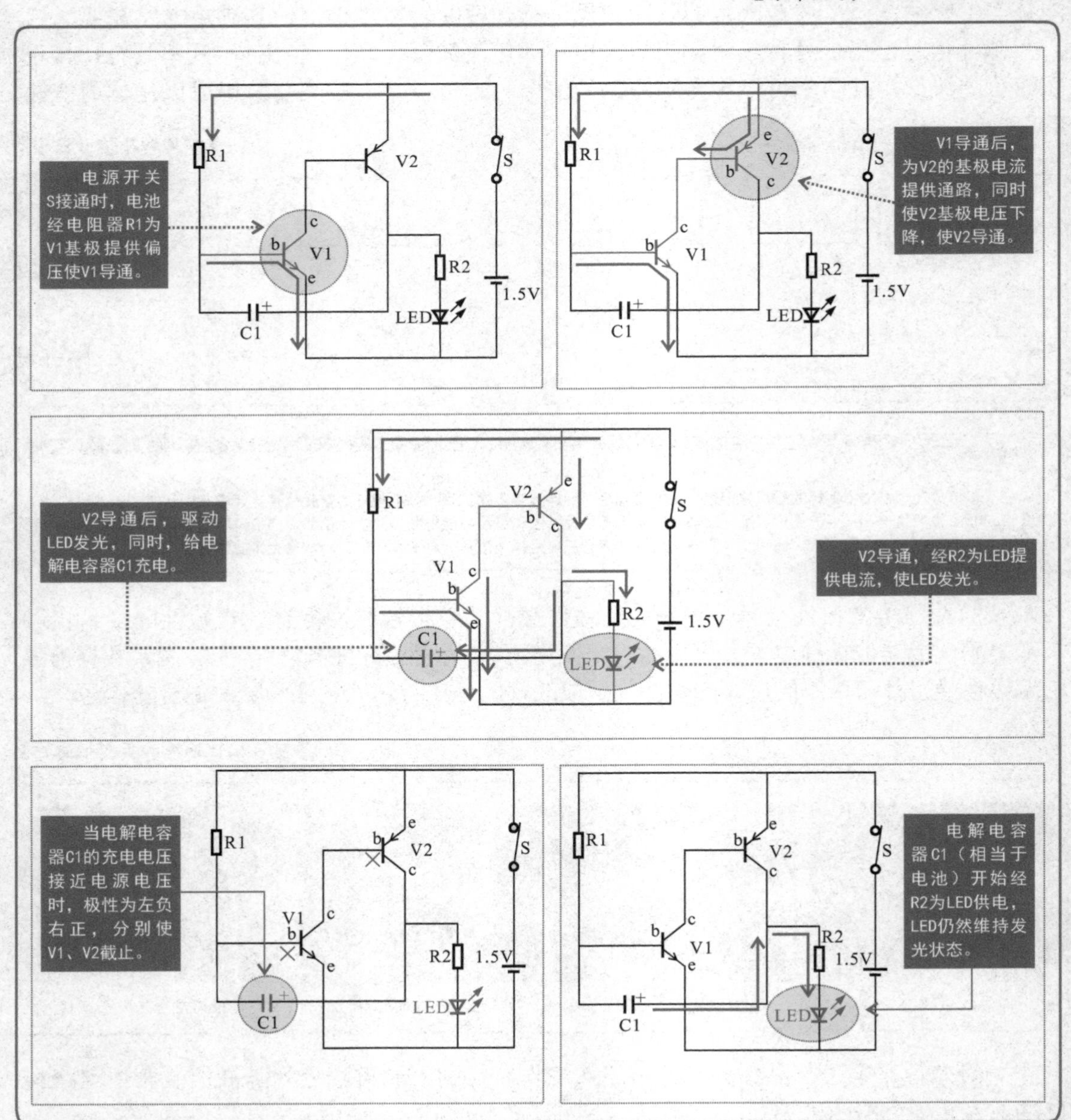

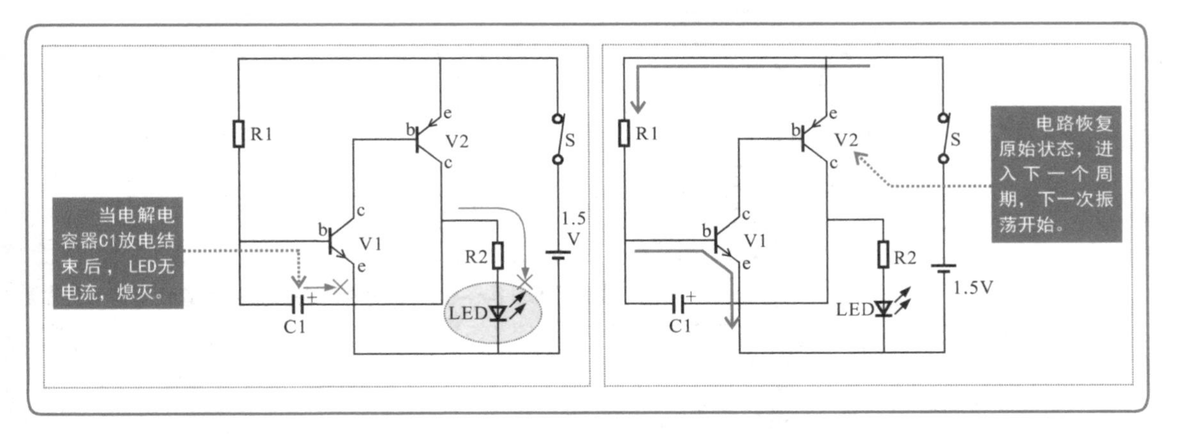

在通常情况下，常见的脉冲信号产生电路根据所产生的脉冲信号波形类型主要有方波脉冲产生电路、锯齿波信号产生电路、三角波信号产生电路等。通常，我们又将这些能够产生脉冲信号的电路称为振荡器。这种振荡器又分为晶体振荡器和多谐振荡器两种。

晶体振荡器是一种高精度和高稳定度的振荡器，被广泛应用在彩电、计算机、遥控器等各类振荡电路中，用于为数据处理设备产生时钟信号或基准信号。

【晶体振荡器】

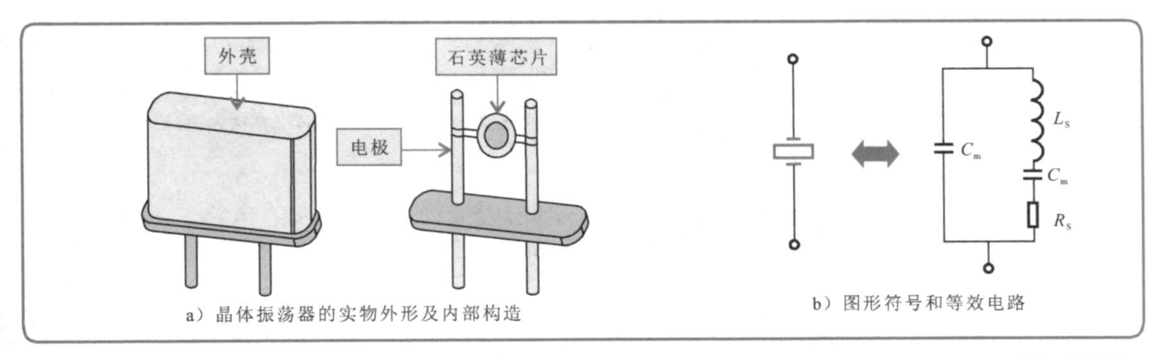

a）晶体振荡器的实物外形及内部构造
b）图形符号和等效电路

特别提醒

晶体振荡器主要是由石英晶体和外围元件构成的谐振器件。石英是一种自然界中天然形成的结晶物质，具有一种称为压电效应的特性。晶体受到机械应力的作用会发生振动，由此产生电压信号的频率等于此机械振动的频率。当晶体两端施加交流电压时，它会在该输入电压频率的作用下振动，在晶体的自然谐振频率下会产生最强烈的振动现象。晶体的自然谐振频率由其实体尺寸及切割方式来决定。

【32kHz晶体管时钟振荡器】

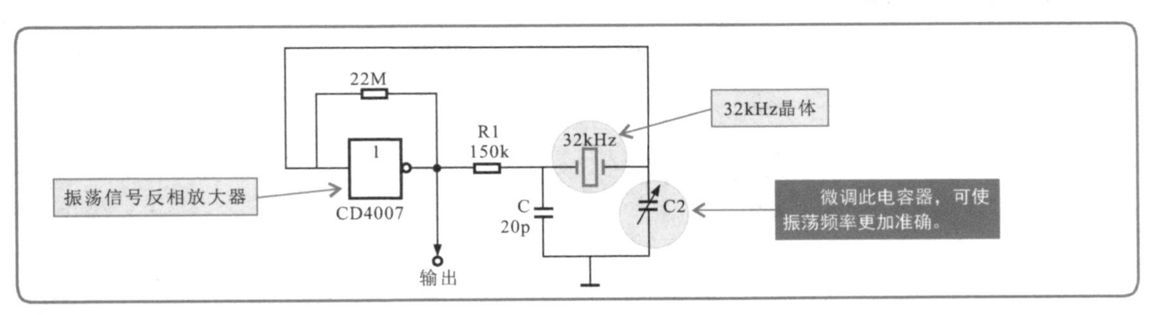

【由DTL（二极管和晶体管组成的逻辑电路）集成电路构成的晶体振荡器】

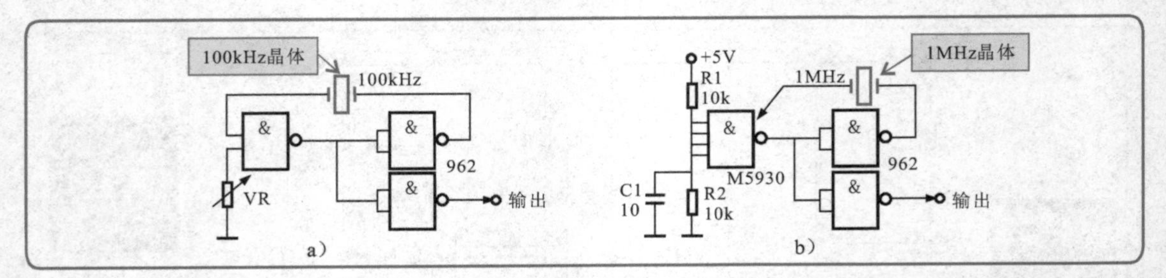

【由TTL（晶体管逻辑电路）集成电路构成的晶体振荡器】

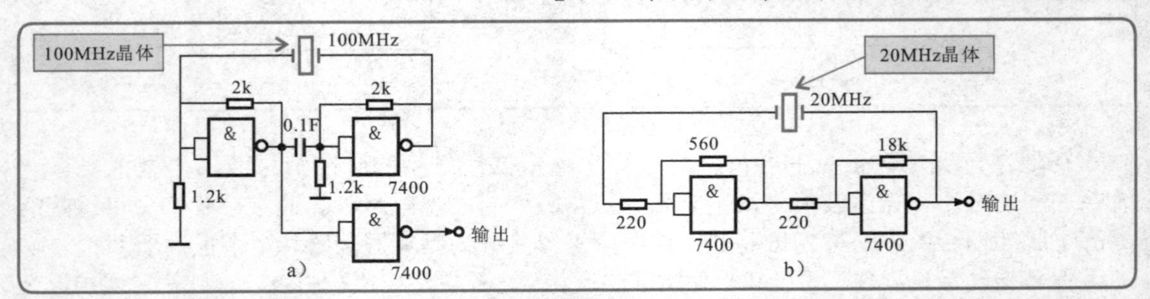

特别提醒

任何模拟信号都可以变成数字信号进行处理。数字信号往往需要存储和传输，而且在传输前需要加密和编码等，数字信号经过这些处理后还需要还原。为此数字信号往往需要按一定的规则进行编码，有了这些编码规则，才能在还原识别时进行相反的解码，经加密处理的信号还需要解密。完成这些信号处理过程的电路就是数字信号处理电路，因而数字信号处理电路的种类也非常多。

在数字信号处理电路中进行处理的数字信号是很复杂的，相应的处理电路也很复杂，为了使这个复杂的处理过程有条不紊，就需要有一个统一的信号来控制各种电路的步调，这就是时钟信号，时钟信号是整个数字系统的同步信号。时钟信号需要有很高的稳定性，为此通常由石英晶体构成的晶体振荡器来产生时钟信号。

多谐振荡器是一种可自动产生一定频率和幅值的矩形波或方波的电路，其核心元件为对称的两个晶体管，或将振荡电路集于一体的集成电路。

【锯齿波振荡器】

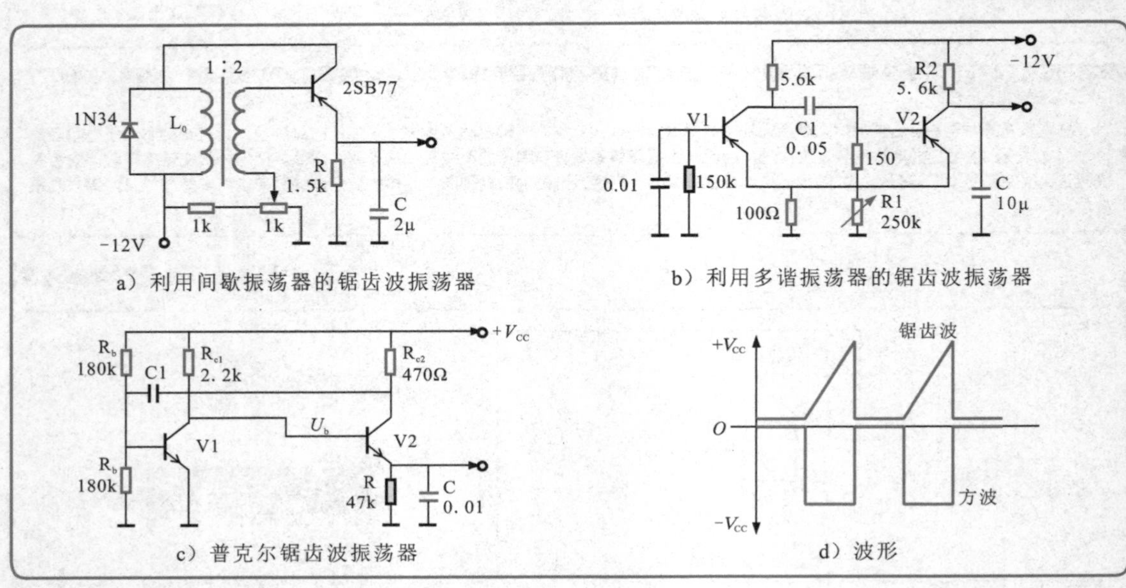

a）利用间歇振荡器的锯齿波振荡器

b）利用多谐振荡器的锯齿波振荡器

c）普克尔锯齿波振荡器

d）波形

特别提醒

比较常用的普克尔电路，开始电源经R_{c1}为V2基极提供偏压使V2导通，电源经V2为电容器C充电，C上的电压升高，当电容器充电电压接近基极电压时，V2截止，V2集电极电压上升，使V1基极电压上升，使V1导通，C上的电压通过电阻器R放电，放电使V2的发射极电压低于基极电压时再次导通。因此在C两端便产生周期性的锯齿波。

方波信号产生器也是一种多谐振荡器，利用双稳态多谐振荡器产生方波信号，可同时输出两个相位相反的方波信号，电路简单，稳定可靠。

【方波信号产生器】

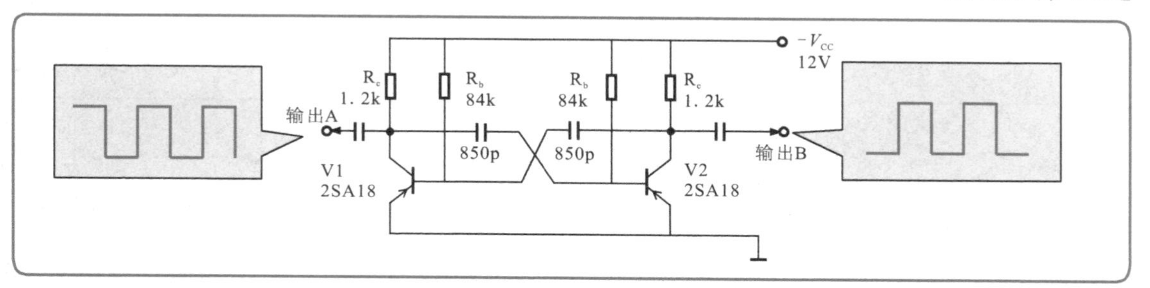

特别提醒

在实际应用中，我们常见的复位电路也是一种脉冲信号产生电路。微处理器的电源供电端在开机时会有一个从0V上升至5V的过程，如果在这个过程中启动，有可能出现程序错乱，为此微处理器都设有复位电路，在开机瞬间复位端保持0V，低电平。当电源供电接近5V（大于4.6V）时，复位端的电压变成高电平（接近5V），此时微处理器才开始工作。关机时，当电压值下降到小于4.6V时复位电压下降为零，微处理器程序复位，保证微处理器正常工作。

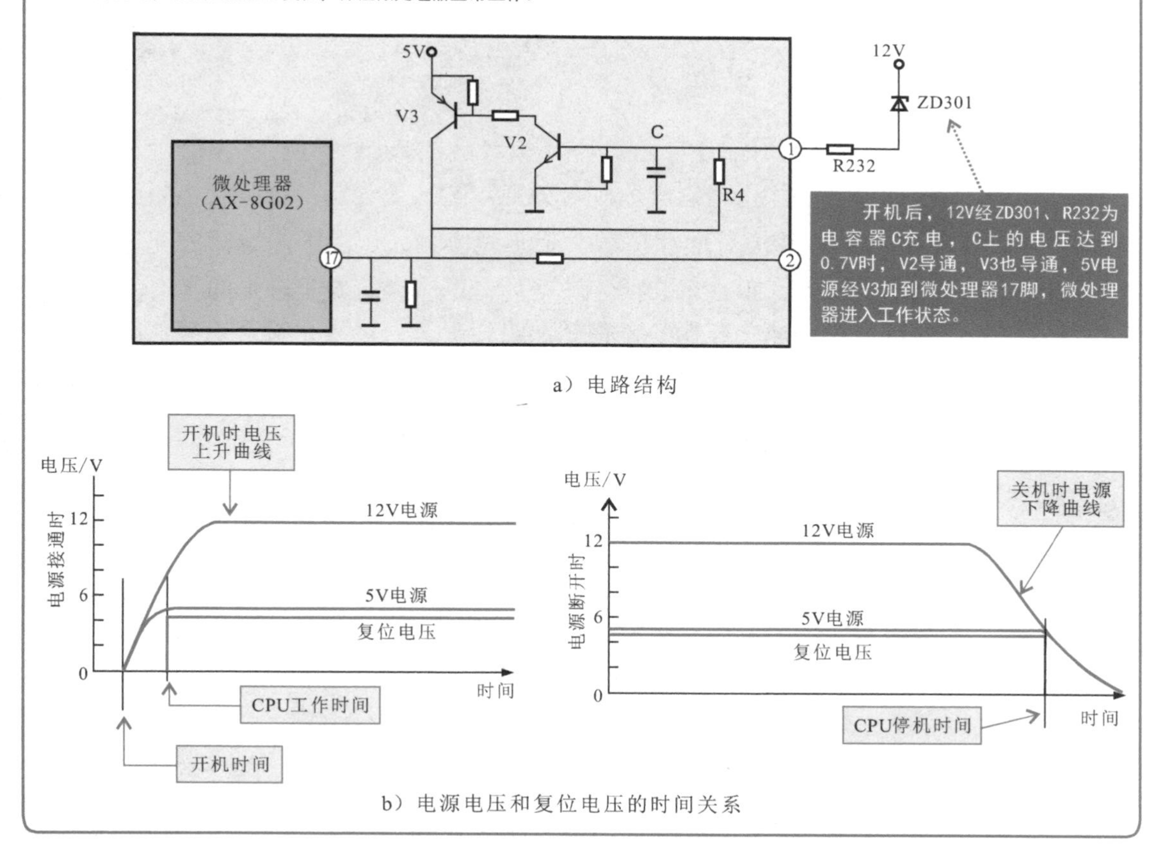

a）电路结构

b）电源电压和复位电压的时间关系

2. 基本脉冲转换电路的功能特点

脉冲信号转换电路是用于实现脉冲信号传输或改善脉冲信号波形的电路。在实际的电路应用中，脉冲信号常常会根据电路需要进行脉冲形态、脉冲宽度、脉冲延时等一系列转换。在实际信号传输过程中，也常常由于电路元器件性能的影响而造成脉冲信号质量下降、信号波形不良等情况。

因此，为相关功能电路提供相应的脉冲信号，确保脉冲信号的传输品质就是脉冲信号转换电路的主要功能。

【基本脉冲转换电路的功能特性（脉冲转换电路的延迟特性）】

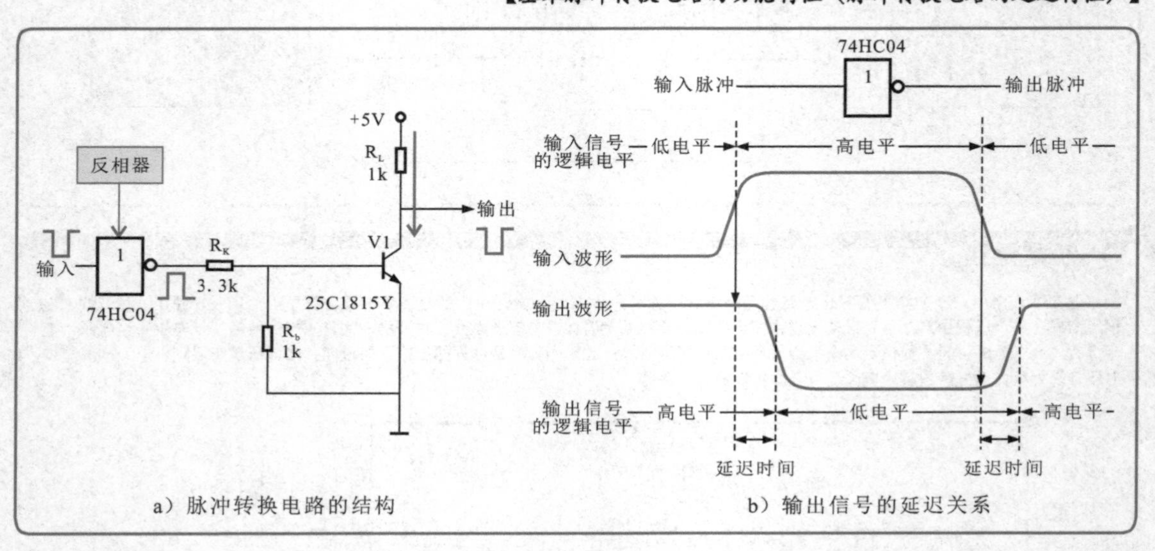

a）脉冲转换电路的结构　b）输出信号的延迟关系

引起信号延迟的原因是输入电容器的积分效应，输入信号脉冲经耦合电阻器R_K加到晶体管V1基极，晶体管V1基极对地存在着一个小电容器C_b，由于电容器的充电作用使送入晶体管的基极电流延迟，于是引起信号波形的变形。为了减少波形的延迟，在信号输入电阻器R_K上并联一个加速电容器C_K，使脉冲沿变尖，可以减少输入电容器的影响。

【脉冲电路中信号的延迟与减少延迟处理】

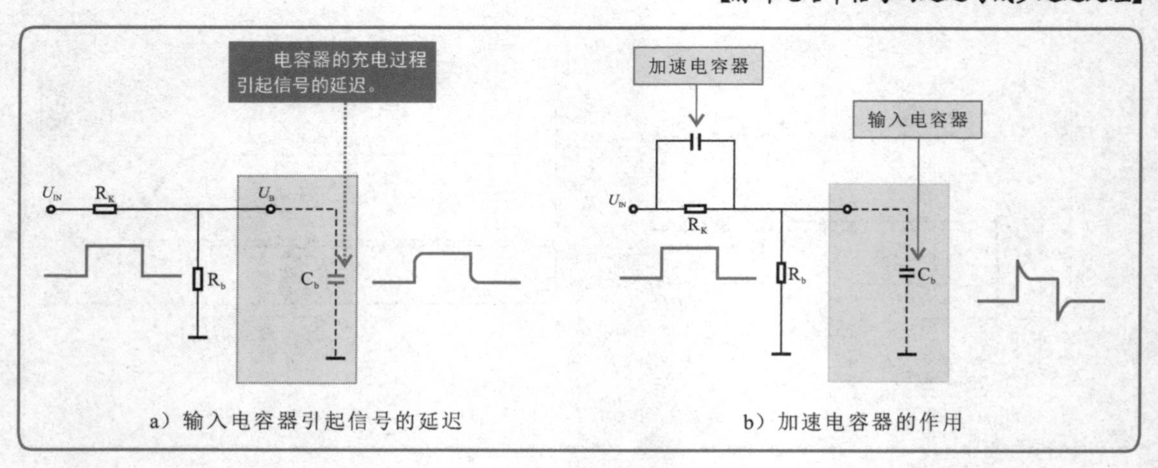

a）输入电容器引起信号的延迟　b）加速电容器的作用

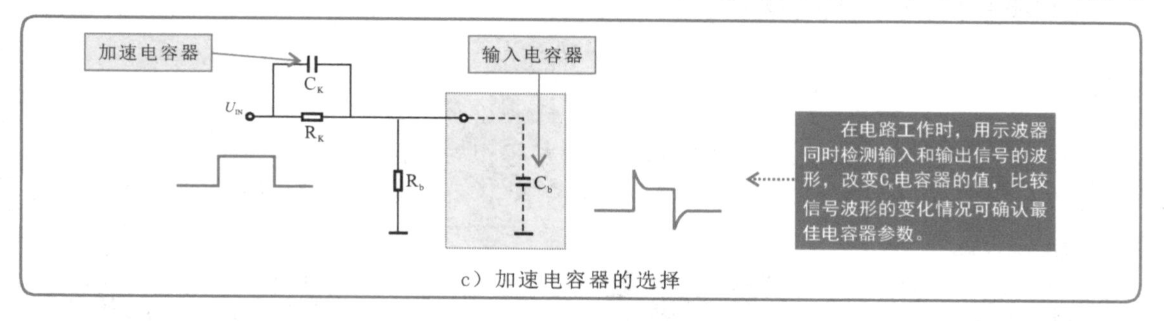

c）加速电容器的选择

脉冲信号转换电路包括脉冲信号的整形和变换。常见的脉冲信号整形和变换电路主要有RC微分电路（将矩形波转换为尖脉冲）、RC积分电路、单稳态触发电路、双稳态触发电路等。这些电路有一个共同的特点：它们不能产生脉冲信号，只能将输入端的脉冲信号整形或变换为另一种脉冲信号。

【几种脉冲信号整形和变换电路及输入和整形后输出的脉冲信号】

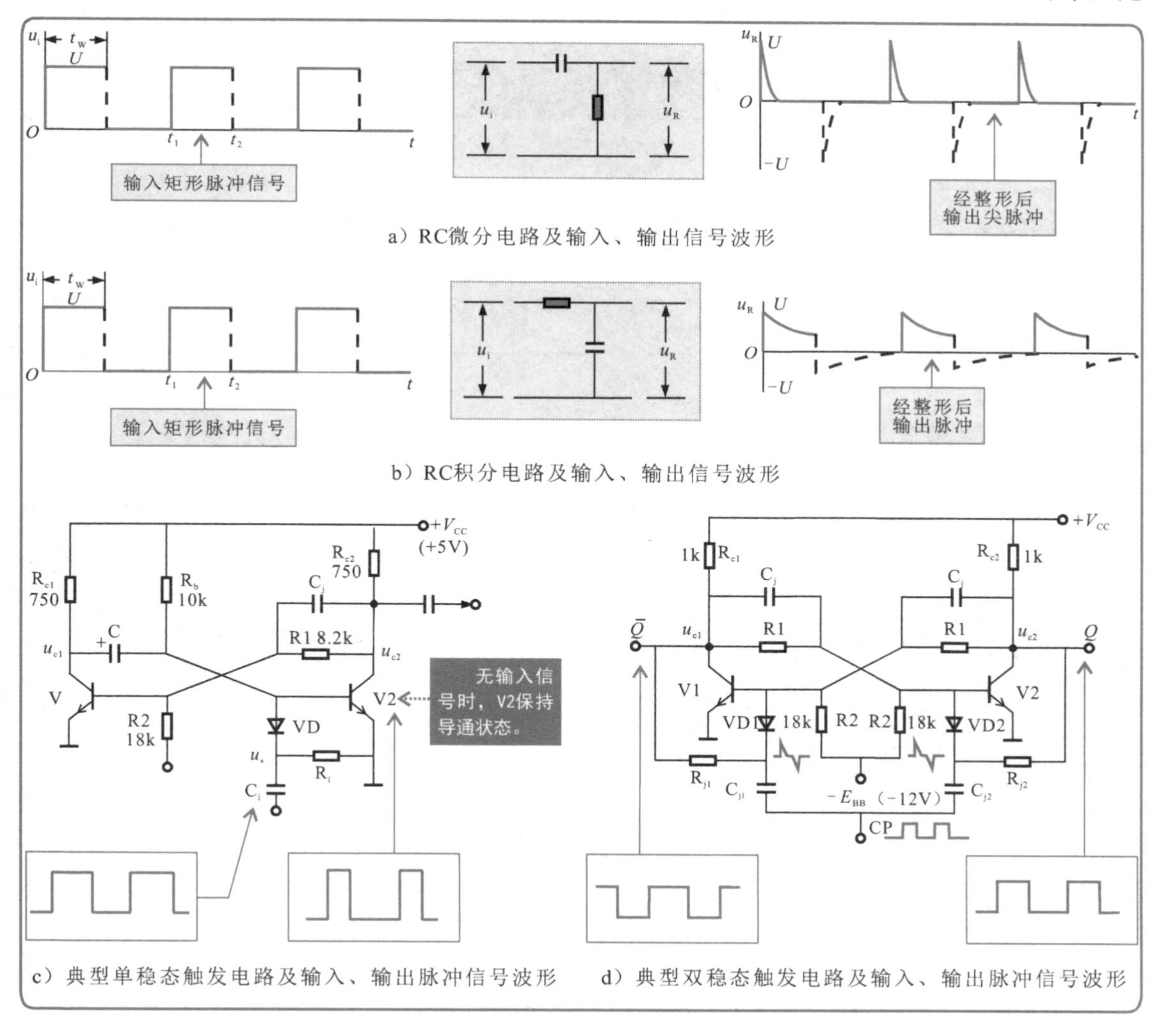

3.1.2 脉冲电路的结构组成

1. 脉冲信号产生电路的结构

脉冲信号产生电路主要由石英晶体、反相器等相关元件构成。

【脉冲信号产生电路的结构】

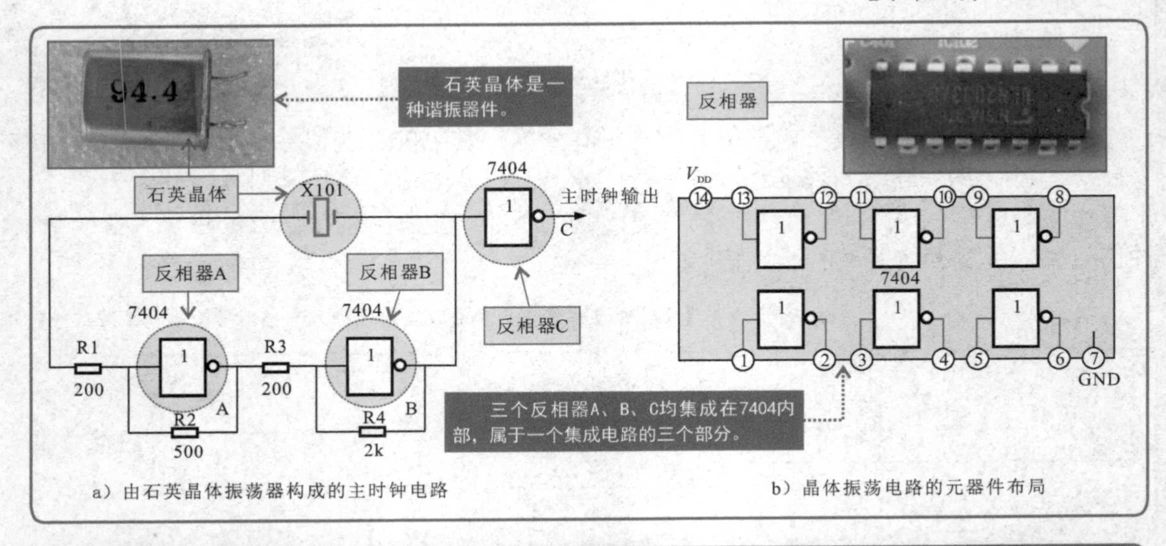

a）由石英晶体振荡器构成的主时钟电路　　b）晶体振荡电路的元器件布局

特别提醒

脉冲信号产生电路是由一个石英晶体X101和三个反相器（7404中的A、B、C）组成的。石英晶体X101接在两级反相器的输出端与输入端之间，由于石英晶体是一种谐振器件，因此当石英晶体X101两端施加交流电压时，会在该输入电压频率的作用下振动，形成具有固定频率的振荡电路，在电路的输出端输出脉冲信号波形。

2. 脉冲信号转换电路的结构

脉冲信号转换电路在结构上没有石英晶体，其他部分基本相似，如耦合电容器、偏置电阻等。

【脉冲信号转换电路的结构】

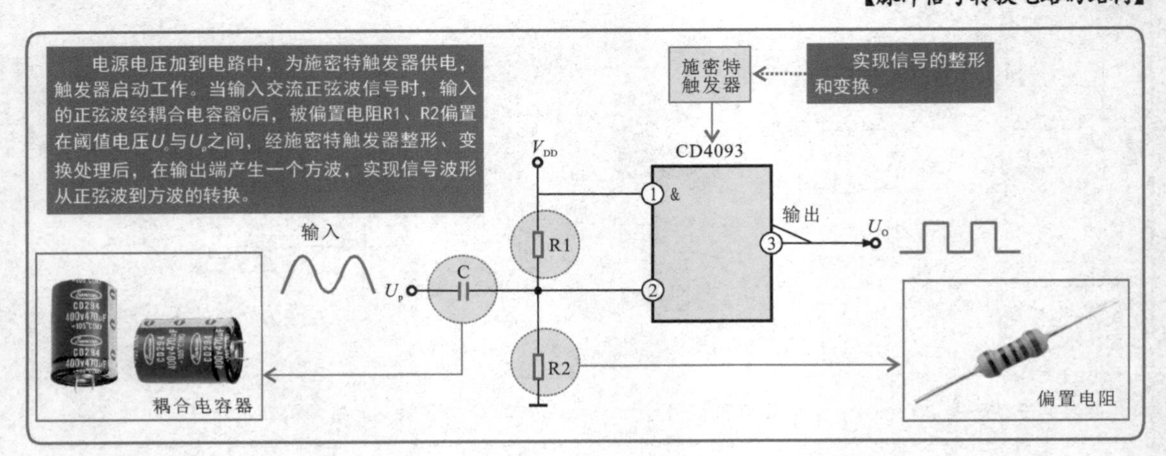

3.2 脉冲电路的识读训练

脉冲电路的种类多样，用途广泛，不同结构的连接形式可以实现不同的功能。因此，识读脉冲电路要从电路的组成部件入手，明确结构连接关系，进而沿信号流程，完成对脉冲电路工作过程的分析。

3.2.1 键控脉冲产生电路的识读训练

键控脉冲产生电路是利用键盘输入电路的脉冲信号产生电路，主要是由操作按键S，反相器（非门）A、B、C、D，与非门E等组成的。

【键控脉冲产生电路】

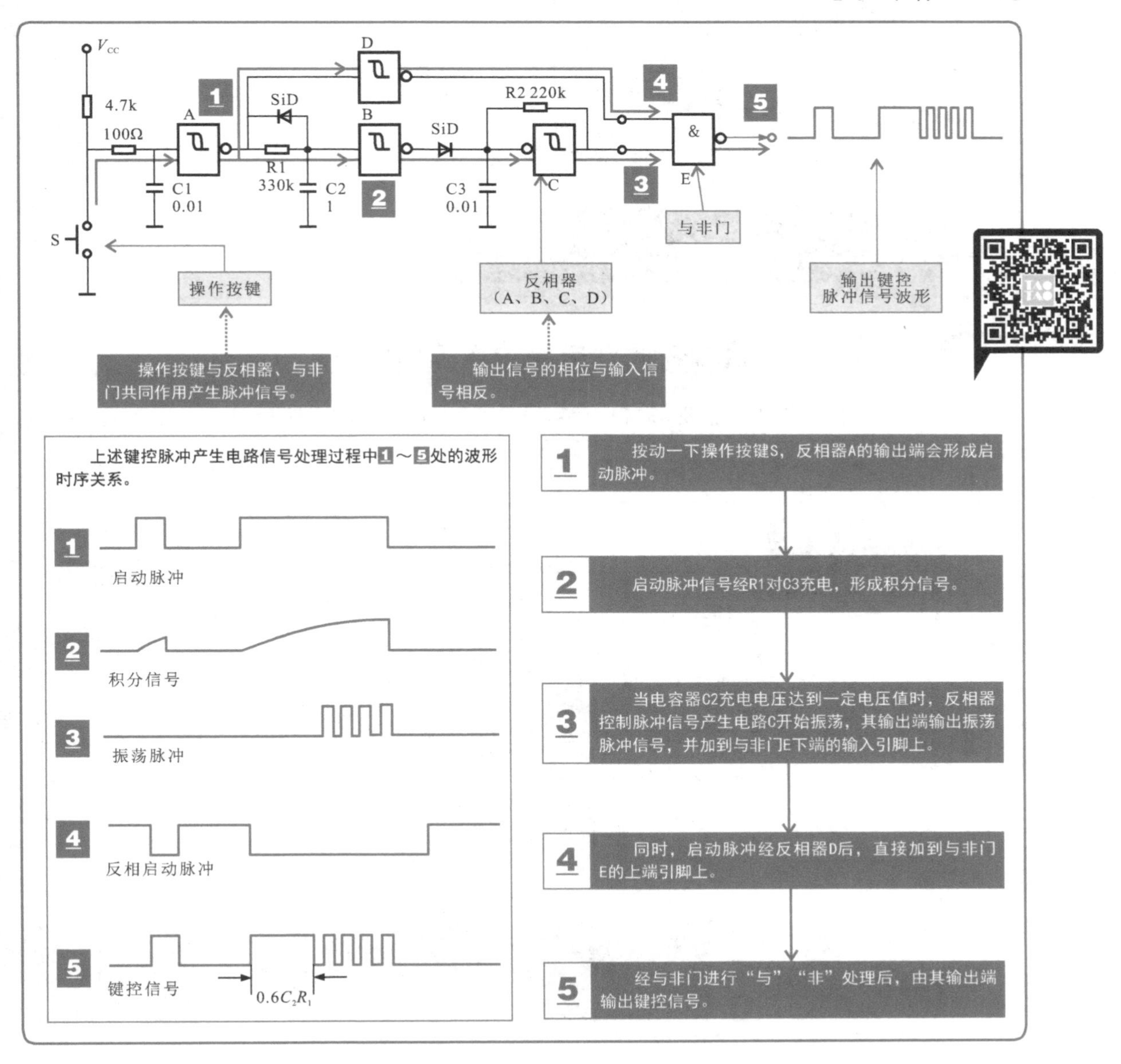

3.2.2 时序脉冲发生器电路的识读训练

时序脉冲发生器电路主要是由双4位静态移位寄存器CD4015、或非门CD4002、时钟脉冲CP等组成的。

【时序脉冲发生器电路】

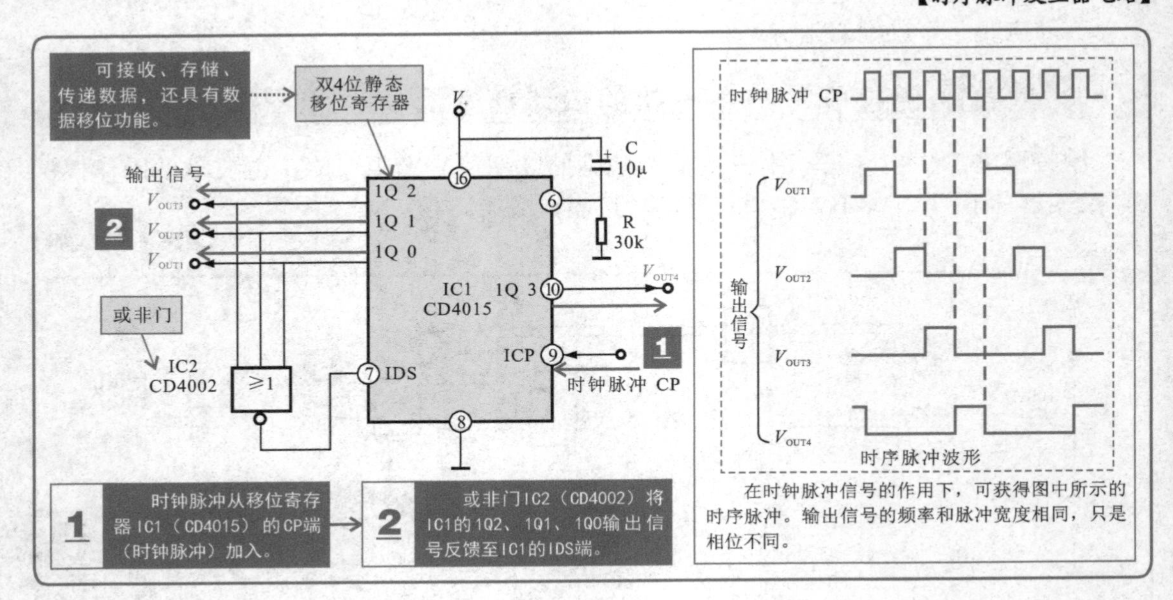

3.2.3 脉冲信号催眠器电路的识读训练

脉冲信号催眠器电路主要是由脉冲振荡器CD4069、触发器CD4017、脉冲输出电路等组成的。

【脉冲信号催眠器电路】

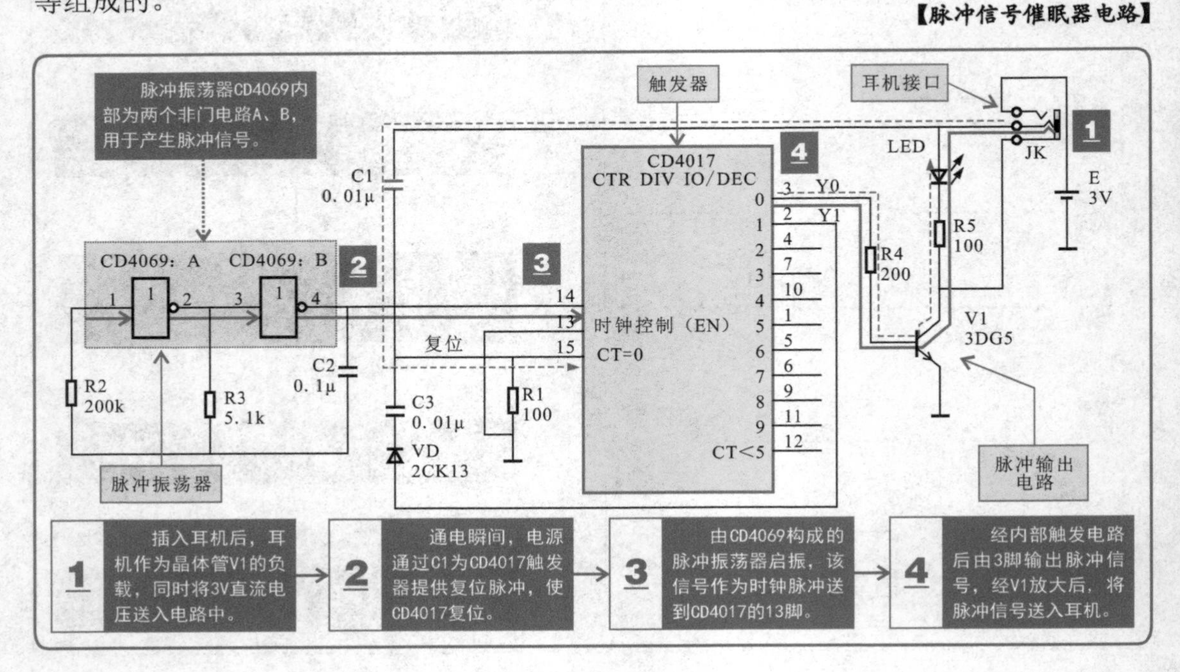

特别提醒

简单了解集成电路的内部结构及引脚波形图对识图很有帮助。

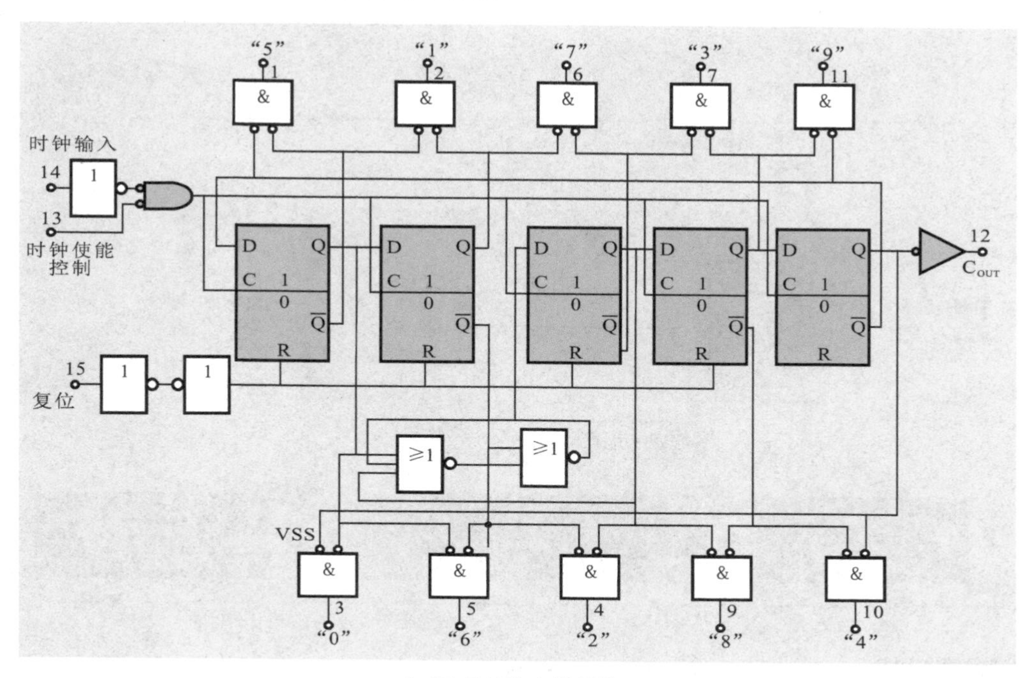

a）CD4017的内部结构

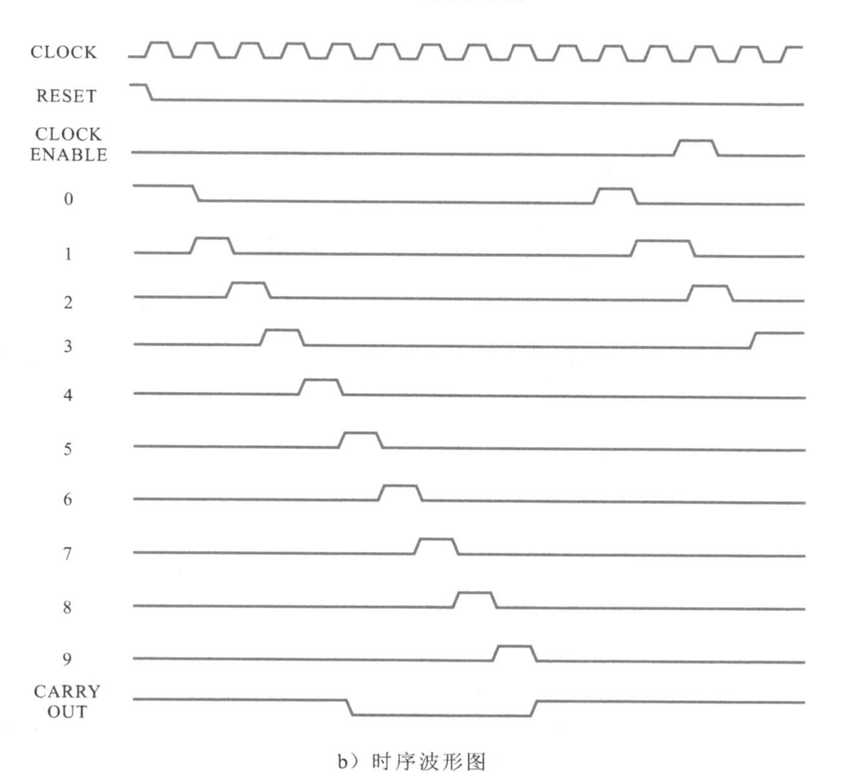

b）时序波形图

3.2.4 窄脉冲形成电路的识读训练

窄脉冲形成电路主要是由触发器SN7400、耦合电容器C、偏置电阻器R1、R2等组成的。

【窄脉冲形成电路】

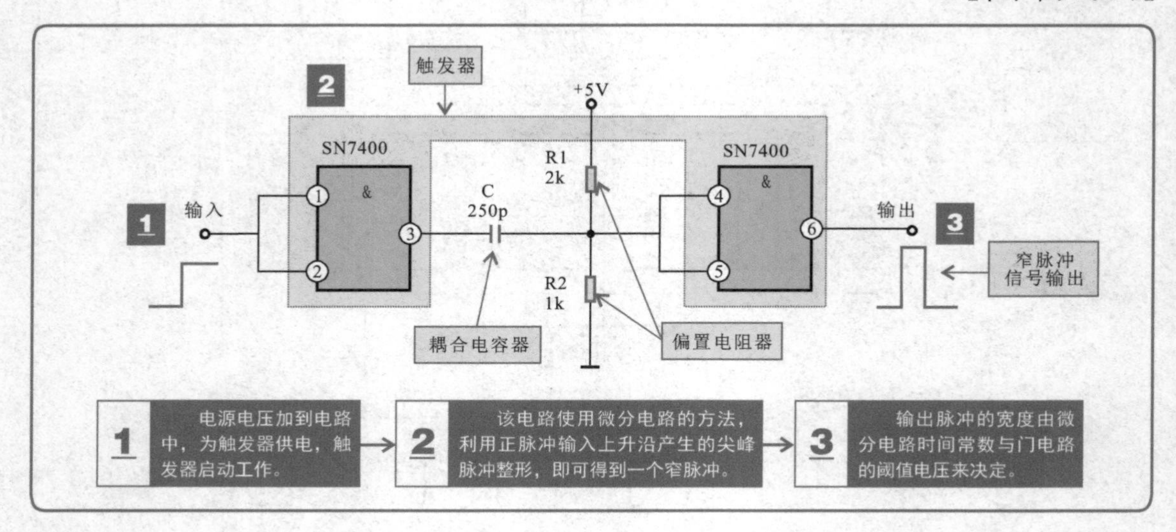

3.2.5 脉冲延迟电路的识读训练

脉冲延迟电路主要是由反相器A1、A2、RC积分电路等构成的。

【脉冲延迟电路】

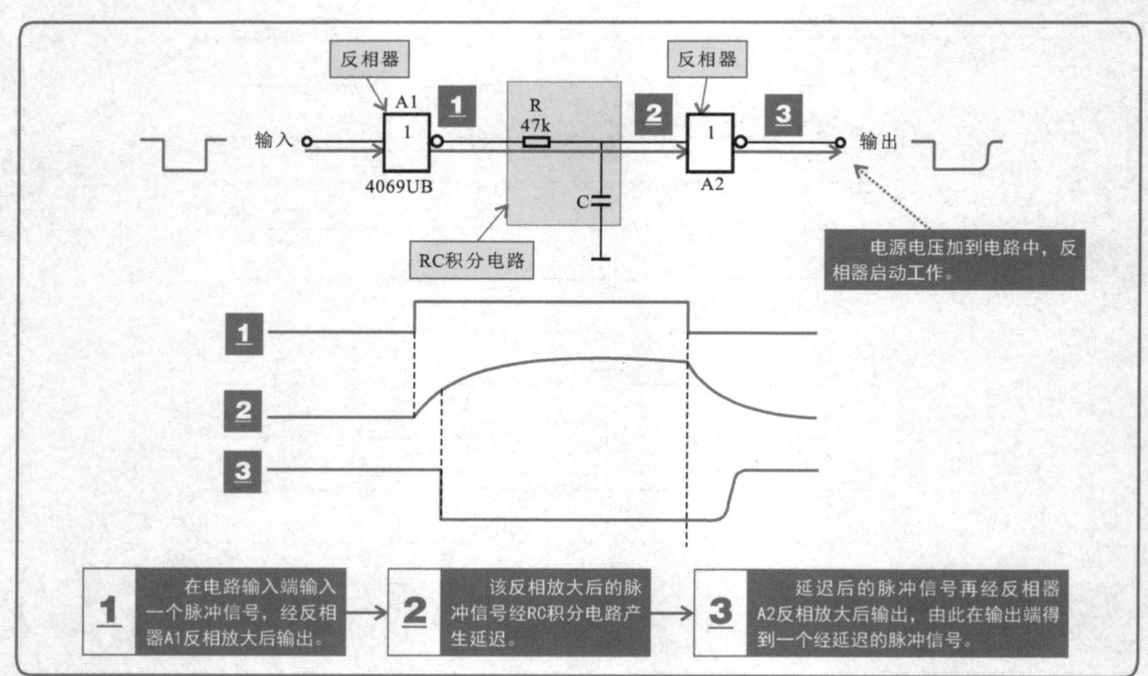

▶ 3.2.6 1kHz方波信号产生电路（CD4060）的识读训练

1kHz方波信号产生电路（CD4060）主要是由石英晶体X1、反馈电阻器R1、补偿电容器C1、频率调节电容器C2、振荡和分频电路等构成的。

【1kHz方波信号产生电流】

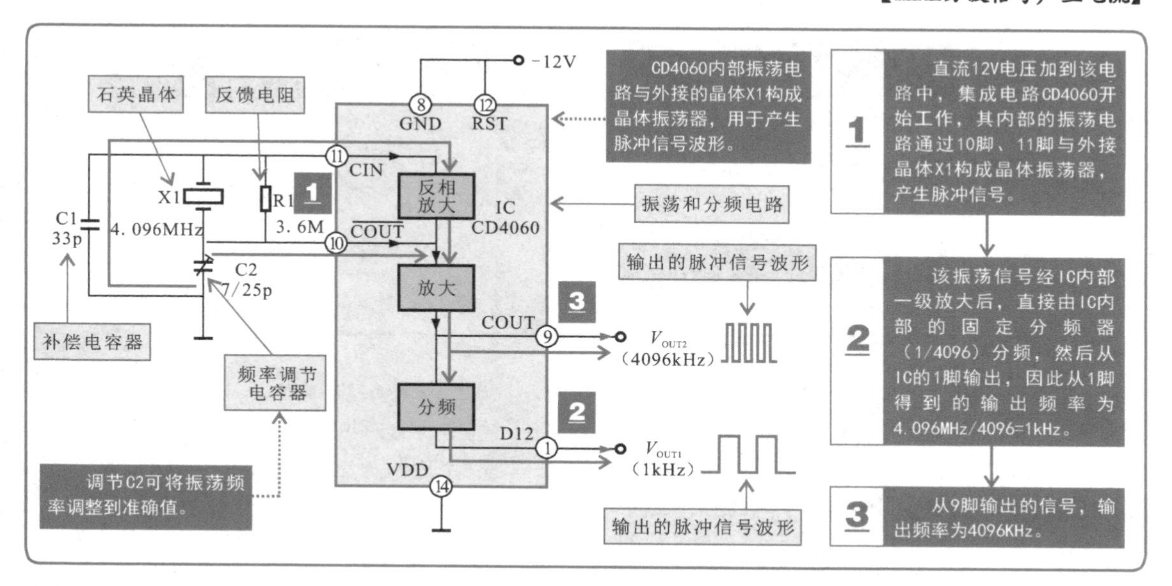

▶ 3.2.7 可调频率的方波信号发生器（74LS00）电路的识读训练

可调频率的方波信号发生器（74LS00）电路主要是由非门集成电路74LS00及外围RC元件构成的。

【可调频率的方波信号发生器（74LS00）电路】

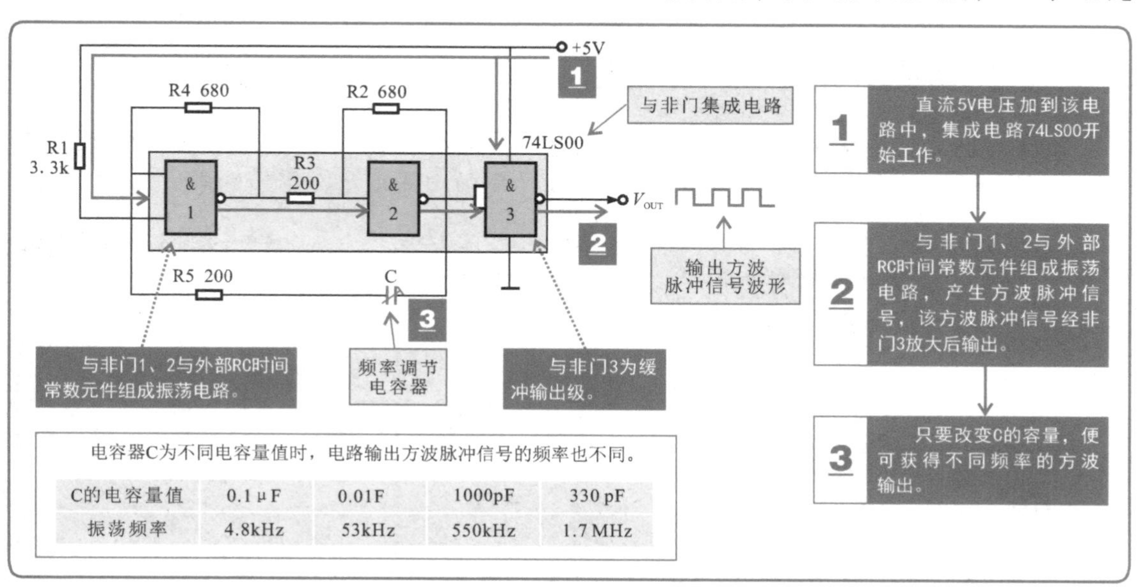

电容器C为不同电容量值时，电路输出方波脉冲信号的频率也不同。

C的电容量值	0.1μF	0.01F	1000pF	330 pF
振荡频率	4.8kHz	53kHz	550kHz	1.7MHz

3.2.8 锯齿波信号产生电路的识读训练

如果运算放大器的输入端在正/负电压之间切换，则输出端会有三角波信号，利用这个特点可以组成所需要的振荡电路。

【典型张弛振荡器及输出电压波形】

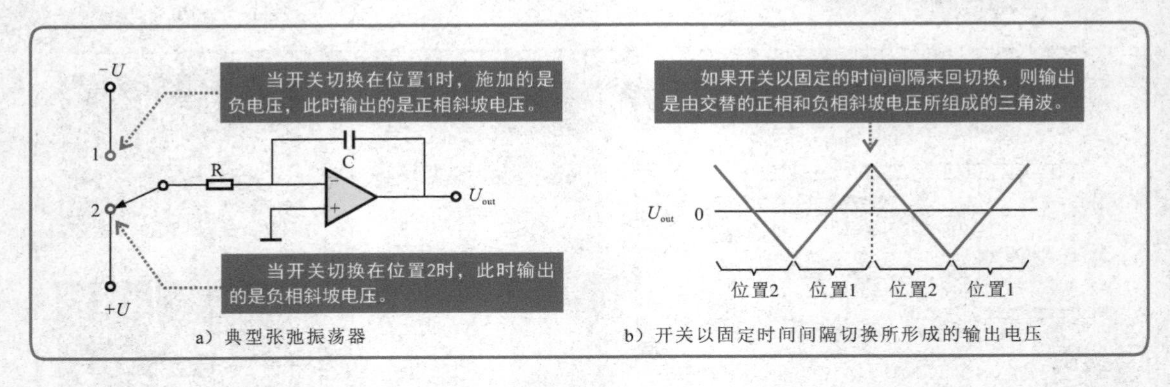

a）典型张弛振荡器　　b）开关以固定时间间隔切换所形成的输出电压

当斜坡电压值到达上触发点时，比较器的输入端也得到正电位最大值。此正电位使张弛振荡器的斜坡电压从最高点逐渐下降，并改变到负电压方向。斜坡电压在这一个方向持续下降，一直到比较器的下触发点为止后，比较器的输入也降到负电位最大值，持续重复此循环，输出连续的三角波。

【运用两个运算器的三角波振荡器】

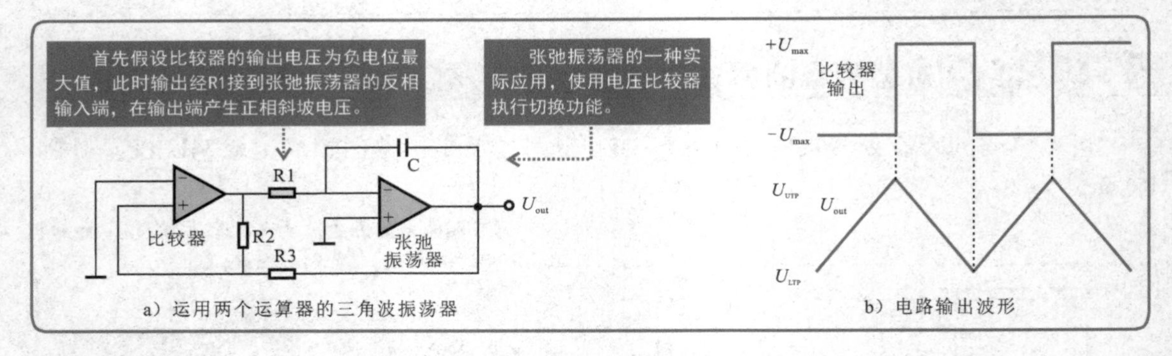

a）运用两个运算器的三角波振荡器　　b）电路输出波形

当输入端采用可调直流控制电压时，三角波振荡器就成为锯齿波振荡器。输入信号端采用可控晶闸管VT与反馈电容器并联，使每个斜坡电压截止在指定的电平上。

【电压控制锯齿波振荡器】

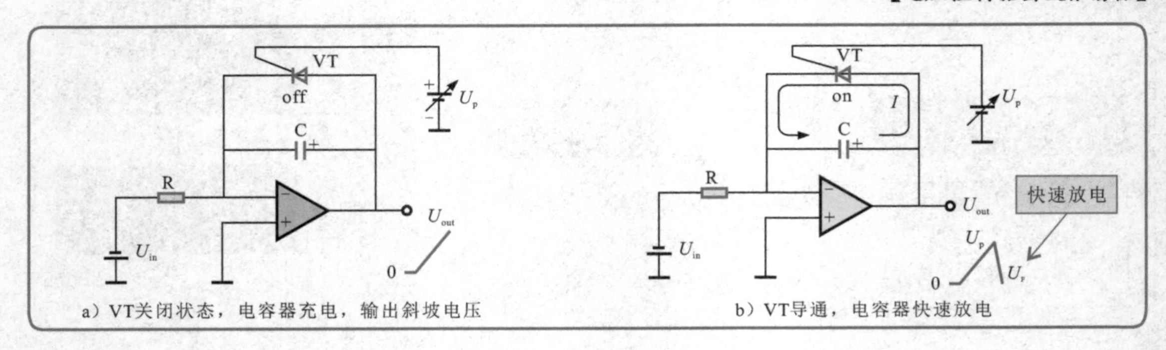

a）VT关闭状态，电容器充电，输出斜坡电压　　b）VT导通，电容器快速放电

特别提醒

首先，锯齿波振荡器一开始是负直流输入电压$-U_{in}$在输出端产生正相斜坡。当可控单结晶闸管的阳极输出的斜坡电压超过栅极电压0.7V时，单结晶闸管触发导通。栅极电压的设定值约等于预期的锯齿波峰值电压。

当VT导通时，电容器快速放电，因为VT正相电压U_F的关系，电容器并不会完全放电到零。放电过程一直持续到VT的电流低于保持电流。此时，单结晶闸管截止，电容器再度开始充电，产生新的输出斜坡电压。不断重复这种循环，输出的信号就会是一个重复的锯齿状波形。锯齿波的振幅和周期可以通过改变VT的栅极电压来调整。

下面是彩色电视机场扫描电路中的锯齿波信号产生电路。

【彩色电视机场扫描电路中的锯齿波信号产生电路】

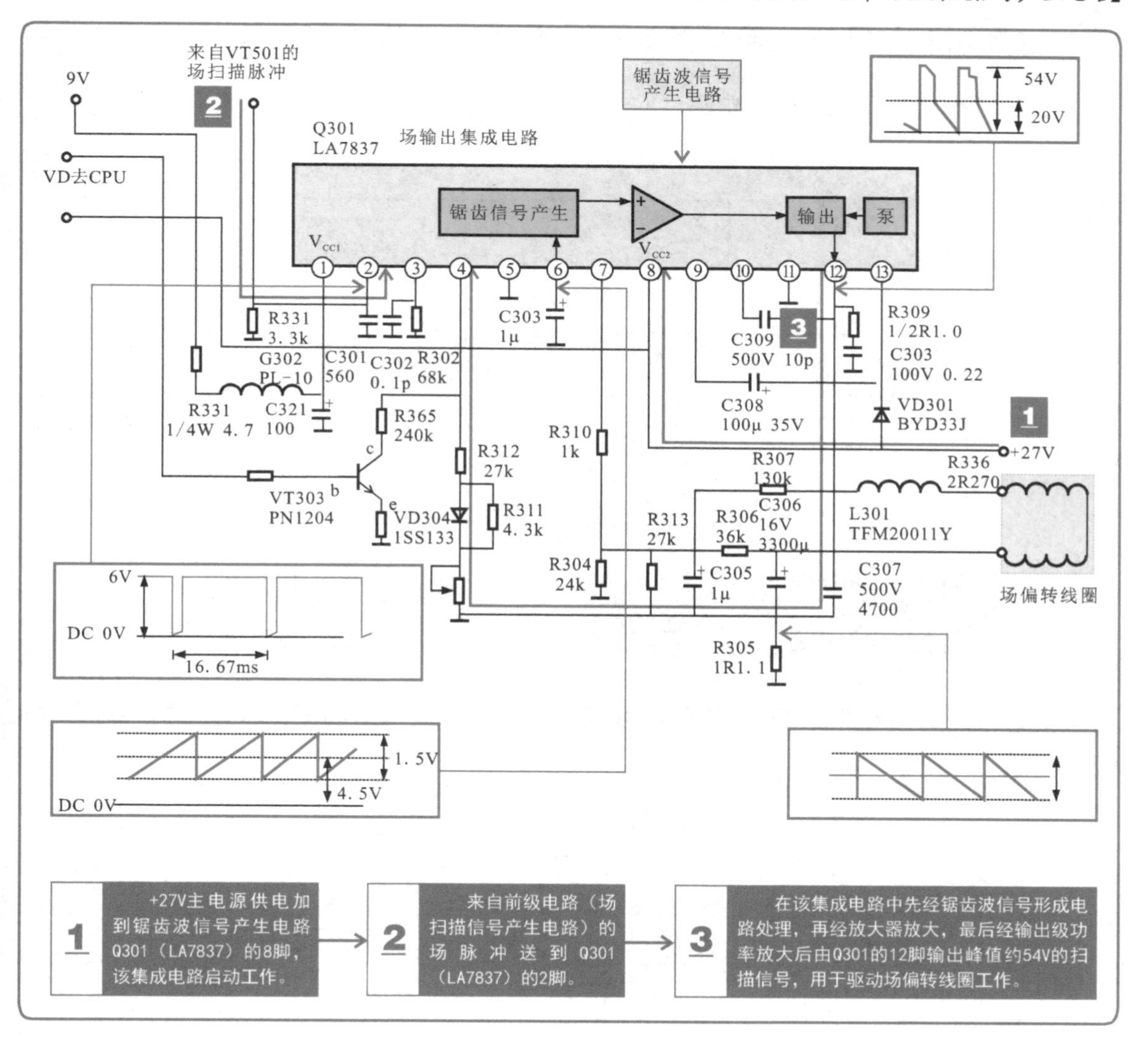

3.2.9 开关信号产生电路的识读训练

开关信号产生电路是由两个反相器构成的，按动一下开关SW1便可输出一个脉冲，它可以避免开关抖动时所产生的干扰脉冲。

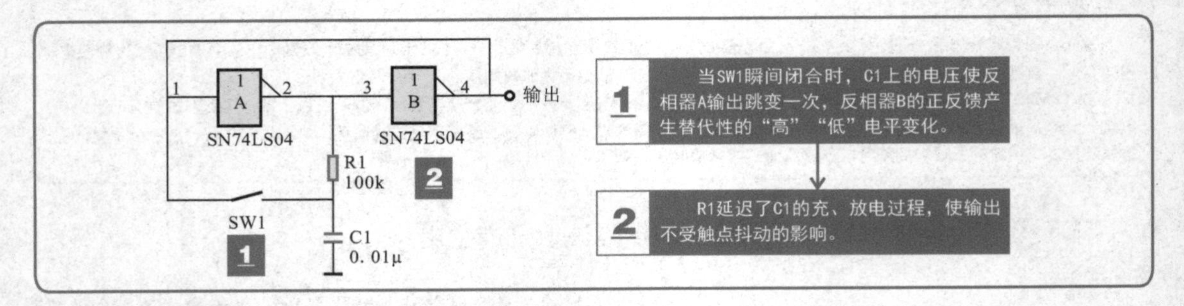

3.2.10 集成锁相环基准脉冲产生电路的识读训练

集成锁相环基准脉冲产生电路（MC14046B）常用于信号发生器中做信号源使用。

【集成锁相环基准脉冲产生电路(MC14046B)】

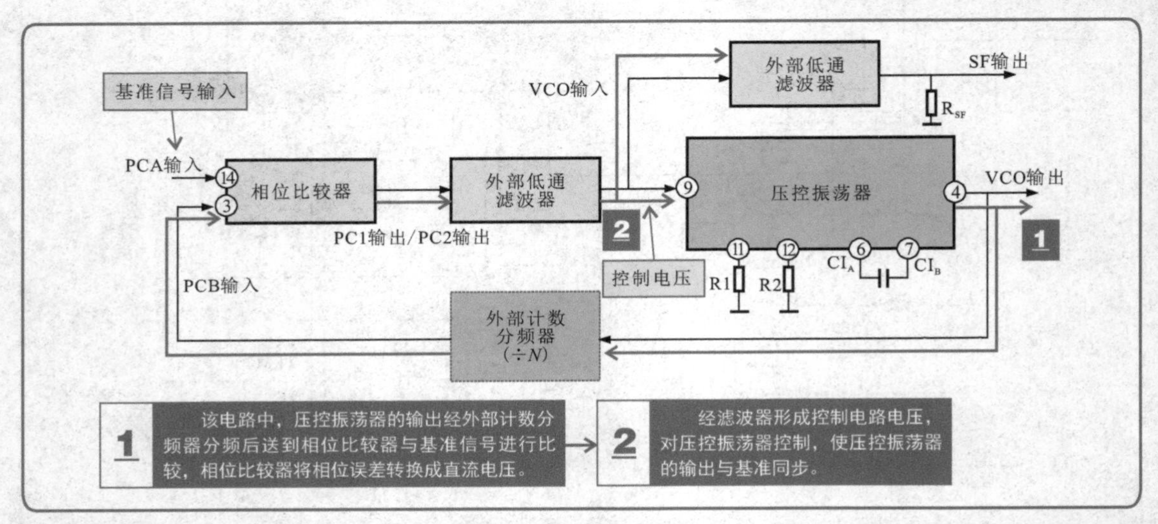

特别提醒

芯片MC14046B的引脚排列及内部功能框图。

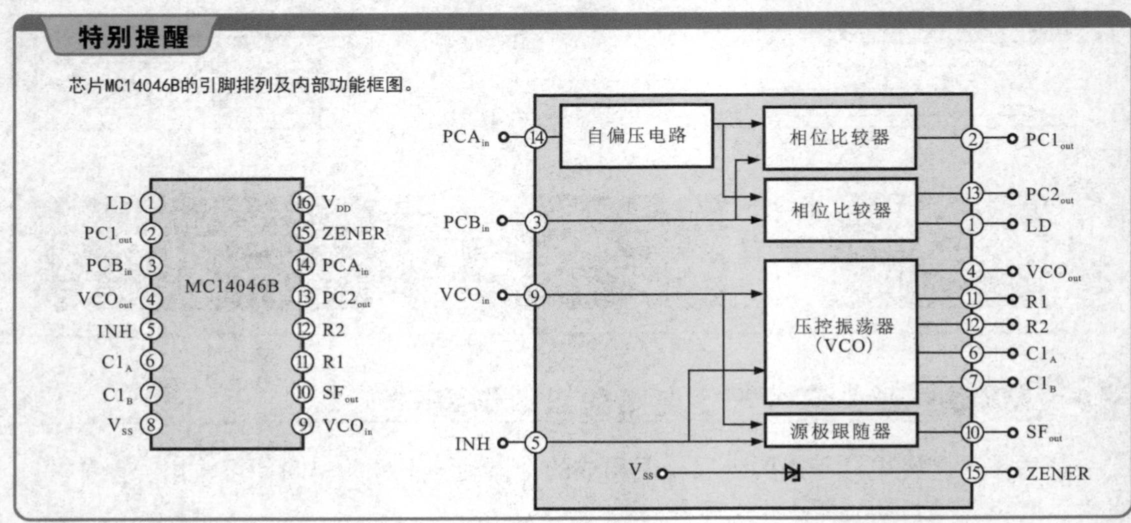

3.2.11 触发脉冲发生器电路的识读训练

触发脉冲发生器电路主要是由触发器SN7474、与非门SN7400等构成的。

【触发脉冲发生器电路】

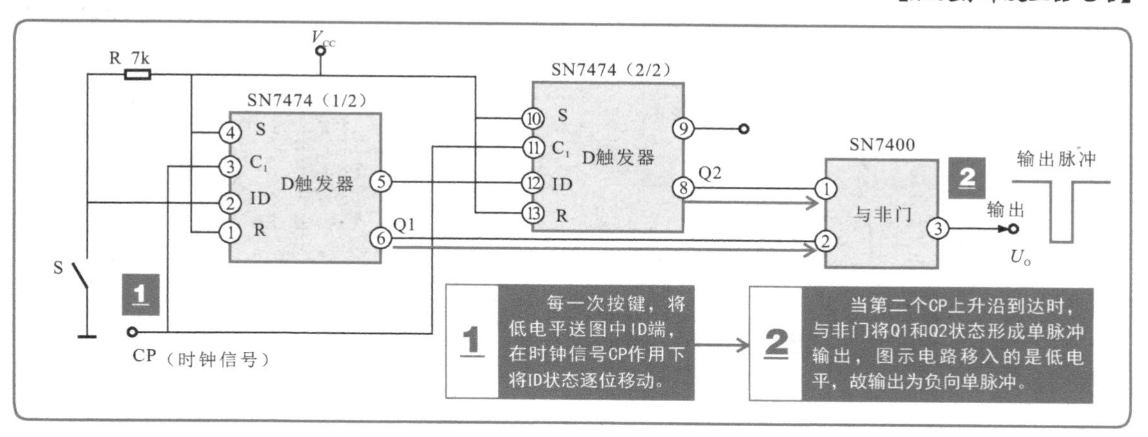

3.2.12 阶梯波信号产生电路的识读训练

阶梯波信号产生电路主要是由二进制计数器CD4060、三端稳压器IC2、晶体管V等构成的。

【阶梯波信号产生电路】

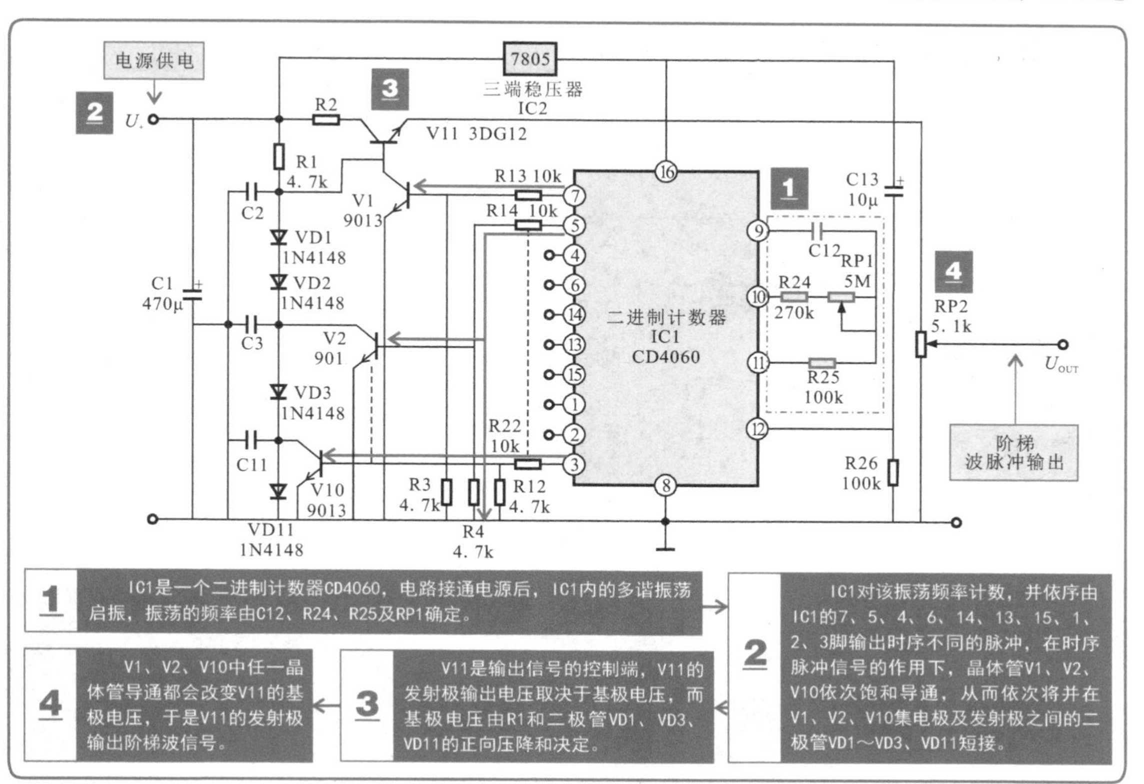

3.2.13 谐音讯响信号发生器电路的识读训练

谐音讯响信号发生器电路主要是由多谐振荡器、方波产生器、扬声器BL、驱动电路等构成的。

【谐音讯响信号发生器电路】

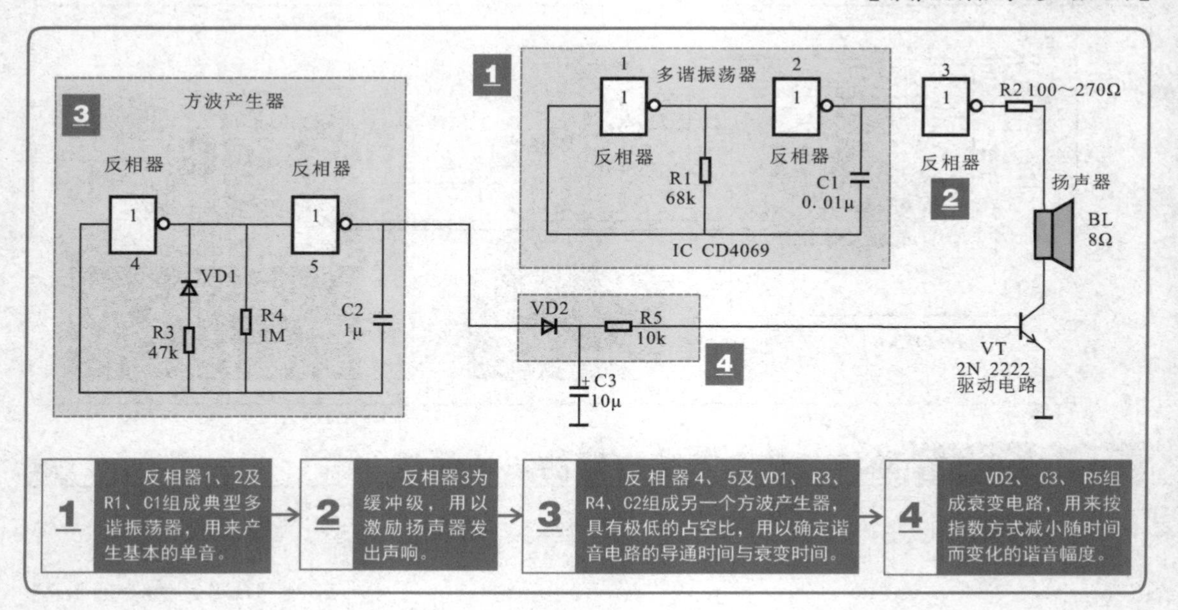

3.2.14 警笛信号发生器电路（CD4069）的识读训练

警笛信号发生器电路（CD4069）主要是由六反相器集成电路CD4069组成的。

【警笛信号发生器电路（CD4069）】

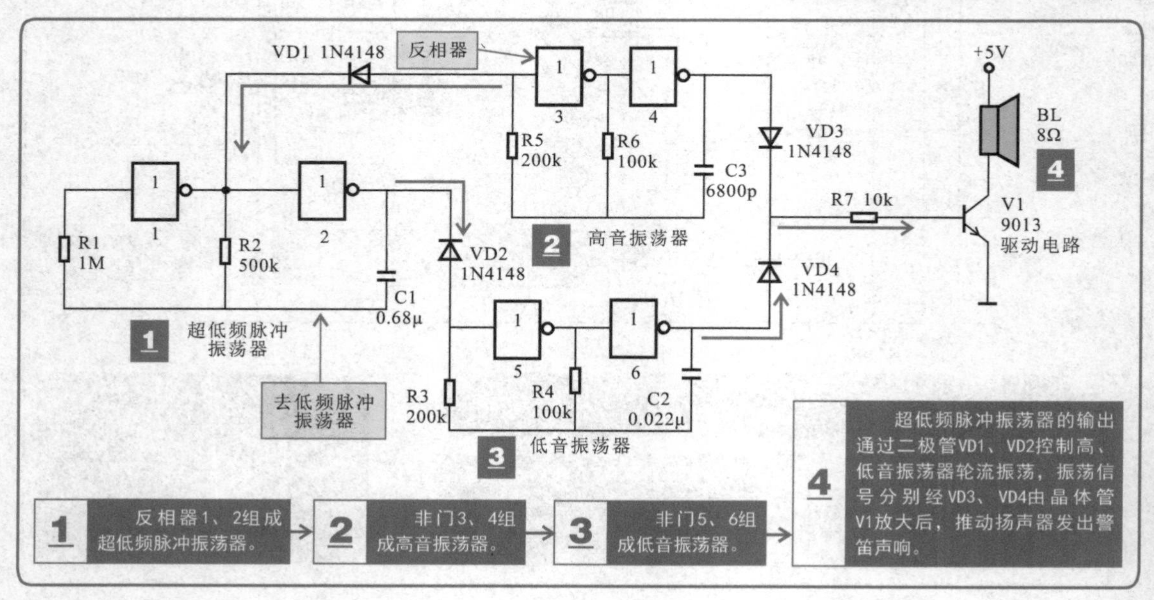

第4章 电源电路的识读

4.1 电源电路的功能应用与结构组成

4.1.1 电源电路的功能应用

电源电路是电子电路中最常见、最基本的功能电路。根据电路结构的不同，电源电路可分为线性稳压电源电路和开关电源电路两种。

1. 线性稳压电源电路的功能特点

线性稳压电源电路是利用晶体管线性放大器的原理，对电流进行线性放大，相当于控制晶体管的内阻实现稳压输出。

【线性稳压电源电路的功能特点】

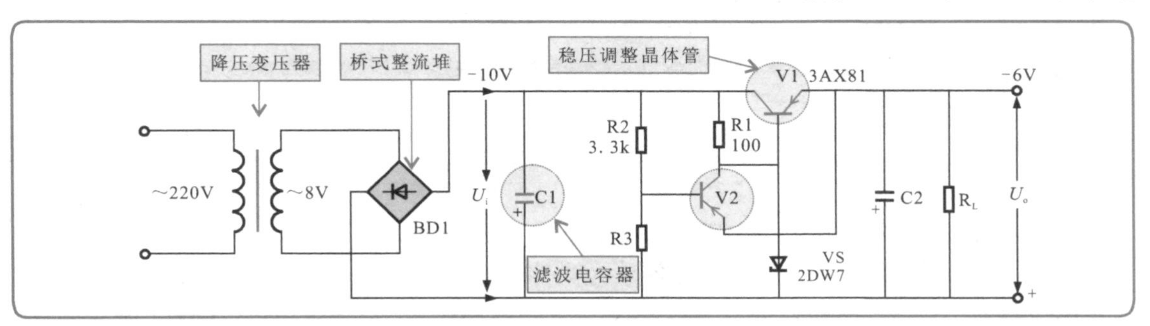

特别提醒

线性电源电路通常先用降压变压器将交流220V电压变成交流低压，再经整流、滤波后得到波纹很小的直流电压，最后由稳压电路稳压后输出稳定的直流电压。

线性稳压电源电路结构较为简单，可靠性高，应用也较为广泛，如电磁炉内的电源电路采用的就是线性稳压电源电路。

【线性稳压电源电路的应用】

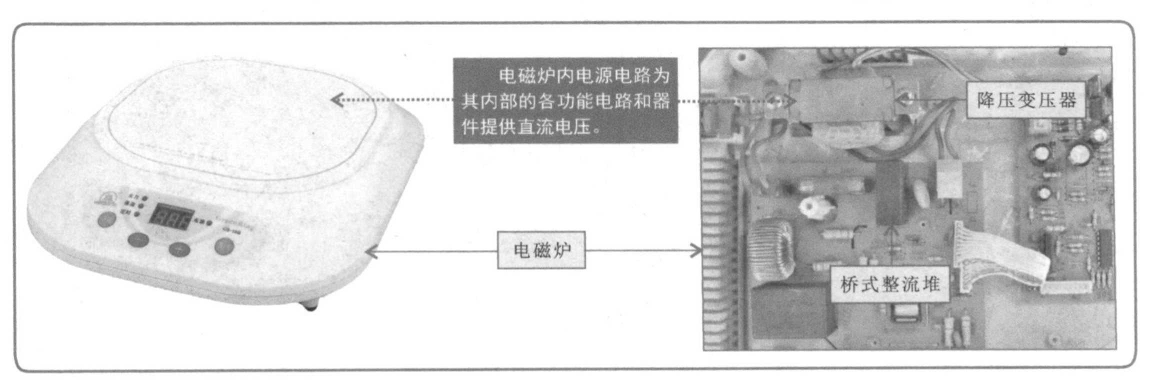

2. 开关电源电路的功能特点

开关电源电路是将直流电压经开关振荡电路变成高频高压开关脉冲信号，再经开关变压器变成多组低压脉冲信号，然后经整流、滤波输出直流电压。

【开关电源电路的功能特点】

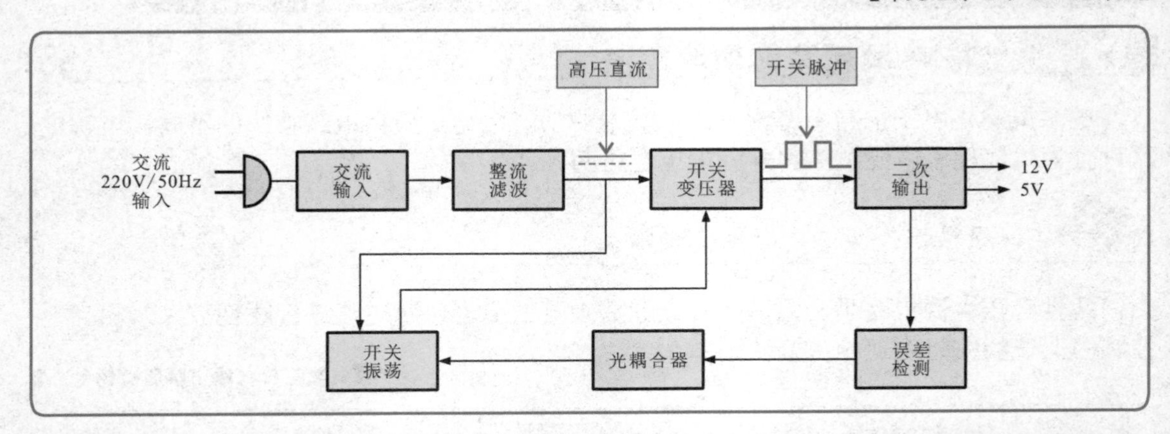

特别提醒

开关电源就是先将交流220V电压变成直流，再经开关振荡电路变成高频脉冲信号，然后对高频脉冲信号进行变压、整流和滤波，这样变压器和滤波电容器的体积就能大大减小，损耗也能随之减小，效率得到提高。

开关电源电路的应用十分广泛，可为各种电子产品供电。例如，在彩色电视机中，开关电源电路主要用来为彩色电视机各单元电路和元器件提供工作电压，保证彩色电视机正常工作。

【开关电源电路的应用】

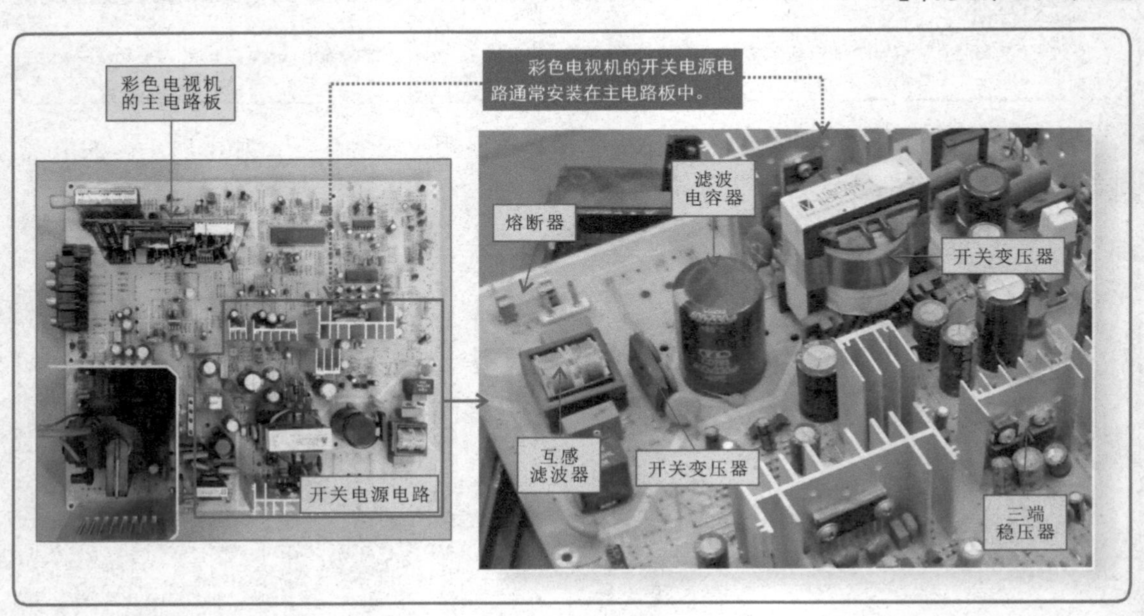

4.1.2 电源电路的结构组成

要想识读电源电路，就要对电路的结构有所了解。

1. 线性稳压电源电路的结构组成

线性稳压电源电路主要是由降压变压器、桥式整流堆、滤波电容器及稳压调整晶体管、稳压二极管等元器件组成的。

【线性稳压电源电路的结构组成】

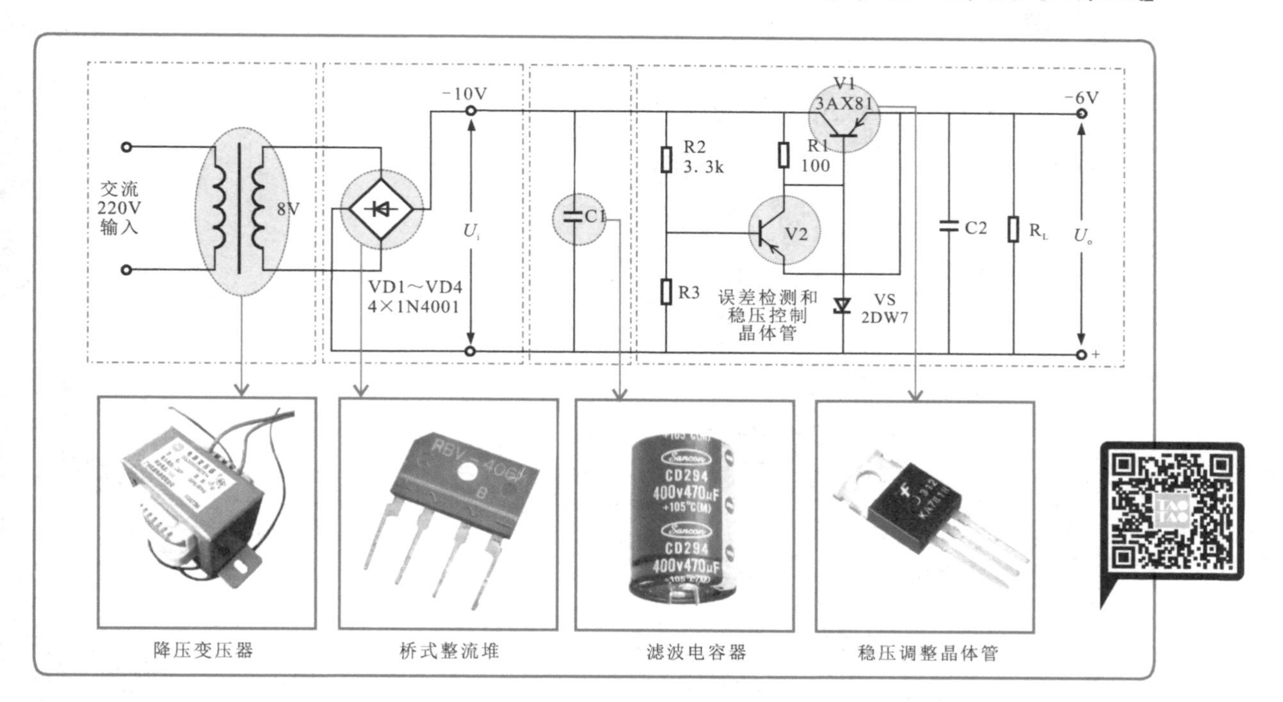

特别提醒

在一些线性稳压电源电路中，使用三端稳压器作为稳压电路，三端稳压器是将线性稳压电路的主要器件集成为一体的模块，其功能与上述电路基本相同，有些模块还增加了保护功能。

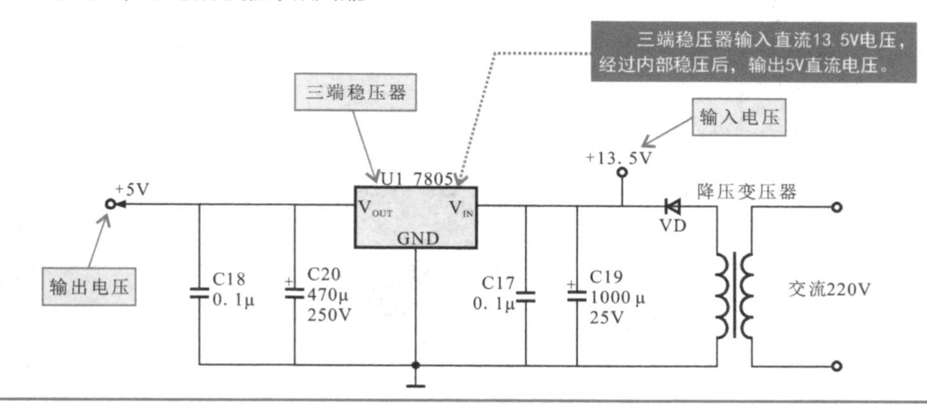

2. 开关电源电路的结构组成

开关电源电路主要是由熔断器、互感滤波器、桥式整流堆、滤波电容、开关场效应晶体管、开关振荡集成电路、开关变压器、光耦合器、误差检测放大器及外围元器件等构成的。

【开关电源电路的结构组成】

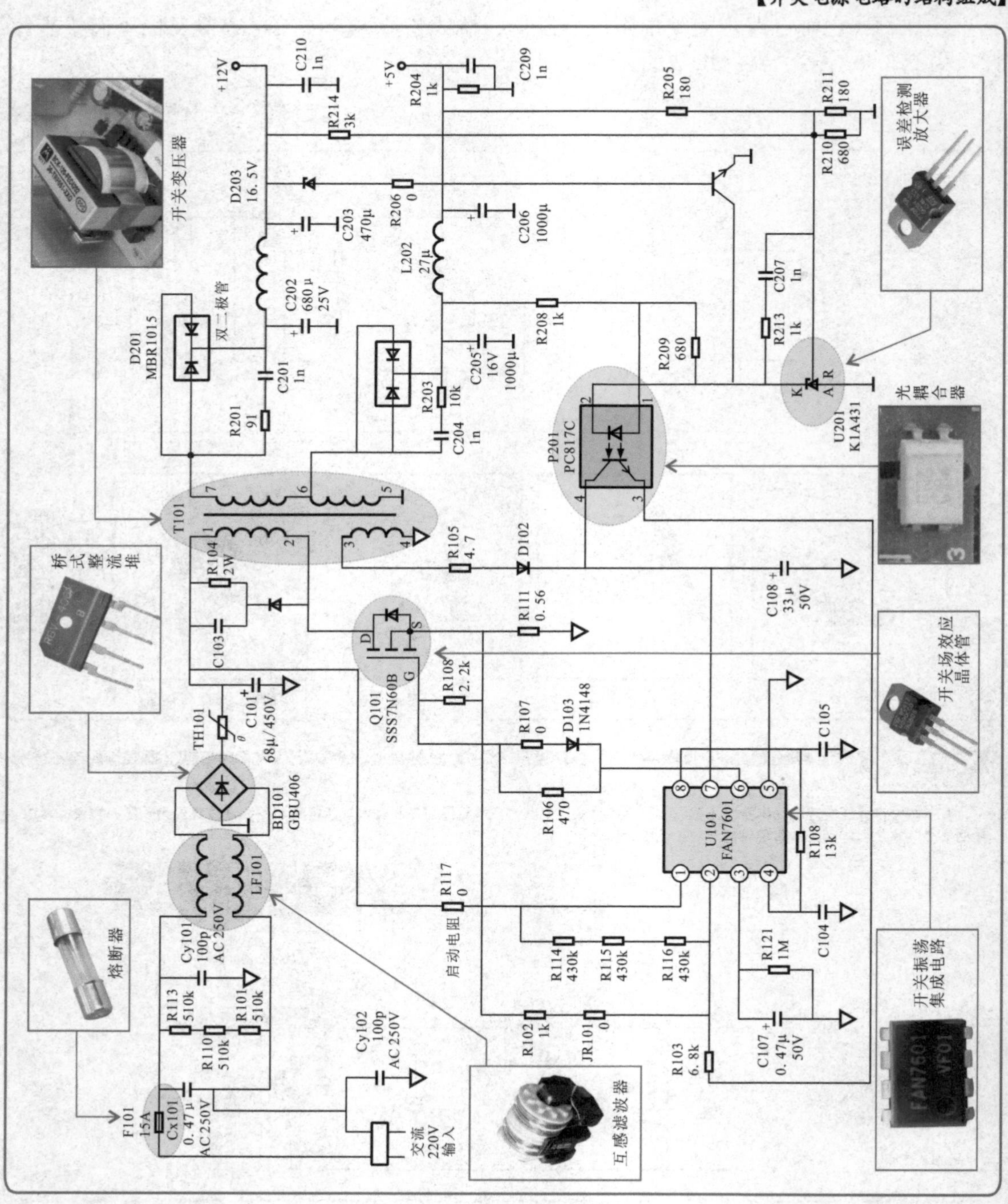

4.2 电源电路的识读训练

电源电路的种类多样，用途广泛，不同电子产品中电源电路输出的电压值也有所不同。因此，识读电源电路要从电路的主要部件入手，找准控制关系，进而沿信号流程，完成对电源电路工作过程的分析。

【电源电路中主要器件的识读】

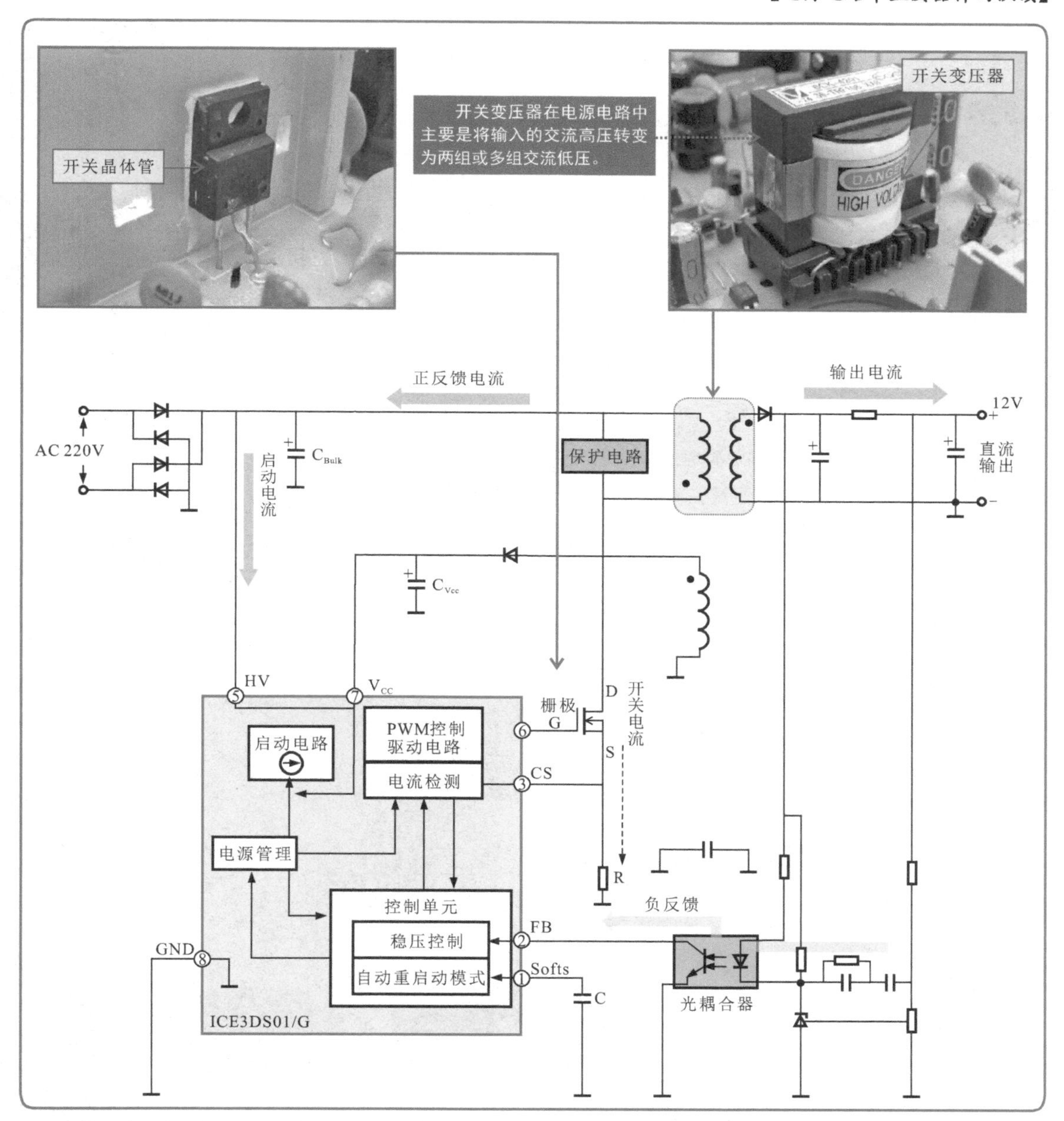

特别提醒

开关集成电路在开关电源电路中主要用来使开关变压器启振，并维持开关变压器的正常工作。

4.2.1 典型开关电源电路的识读训练

典型开关电源电路主要是由熔断器F1、互感滤波器LF1、滤波电容器C1、桥式整流堆VD1～VD4、滤波电容器C2、开关振荡集成电路U1 TEA1523P、开关变压器T1、光耦合器、误差检测放大器U3 TL431A、取样电阻器R14、R11等部分构成的。它可将交流220V转换成不同电压值的直流电压。

【典型开关电源电路】

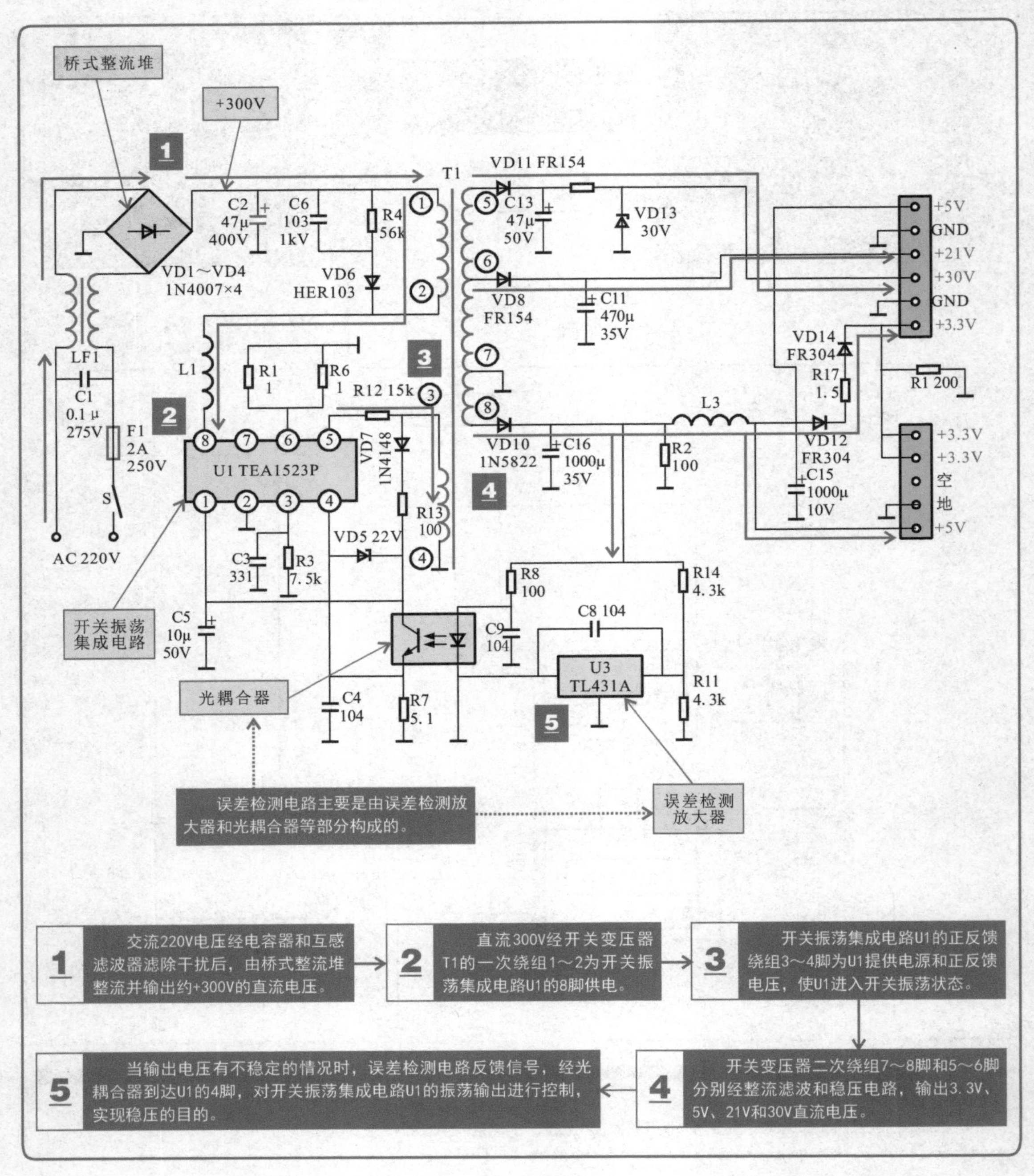

4.2.2 典型线性电源电路的识读训练

典型线性电源电路主要是由降压变压器、桥式整流电路、稳压调整晶体管V1及三端稳压器7805、7812构成的。

【典型线性电源电路】

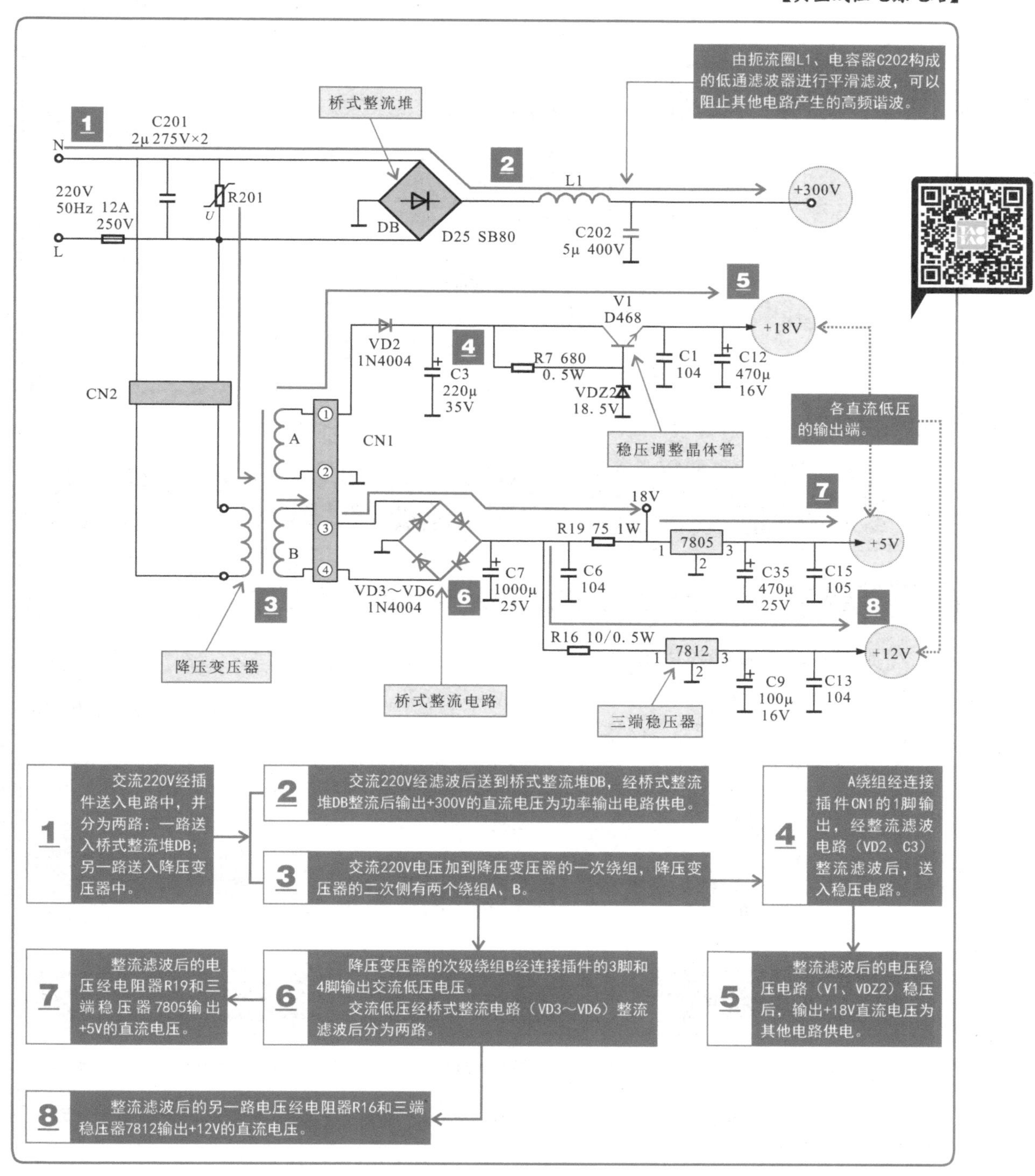

4.2.3 步进式可调集成稳压电源电路的识读训练

步进式可调集成稳压电源电路设有档位开关，可以通过调节不同的档位，改变三端稳压器调整端的分压电阻，从而改变控制电压，使三端稳压器的输出电压可调。

【步进式可调集成稳压电源电路】

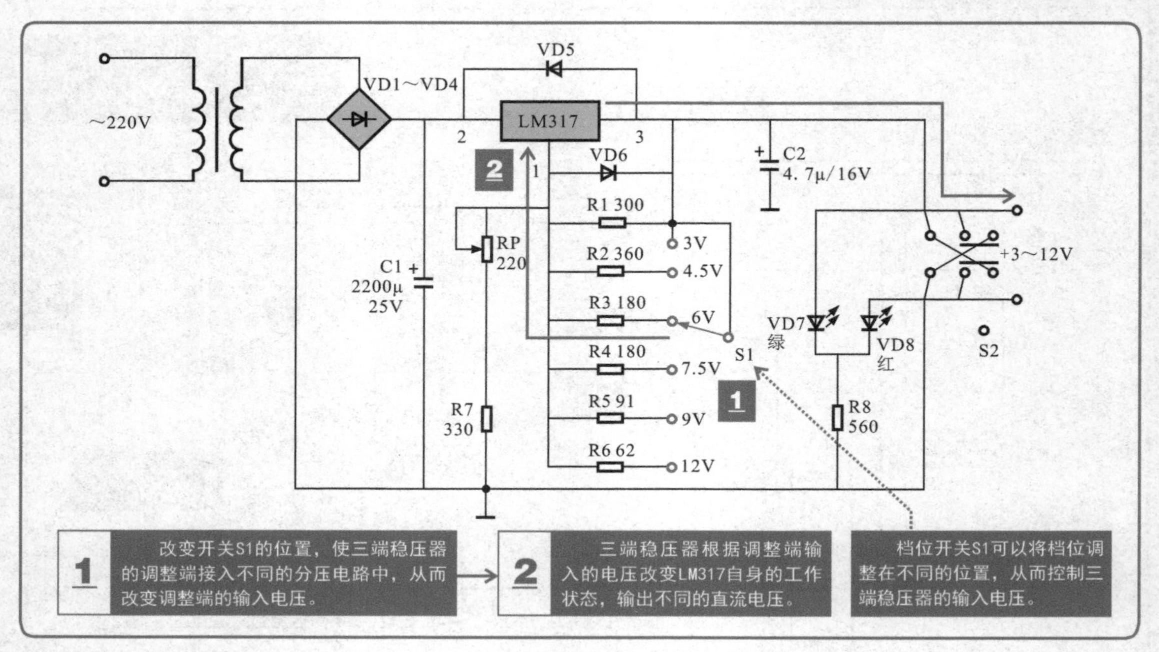

4.2.4 典型直流并联稳压电源电路的识读训练

在典型直流并联稳压电源电路中，使用了两只电解电容器C1、C2对脉冲直流电压进行平滑滤波。

【典型直流并联稳压电源电路】

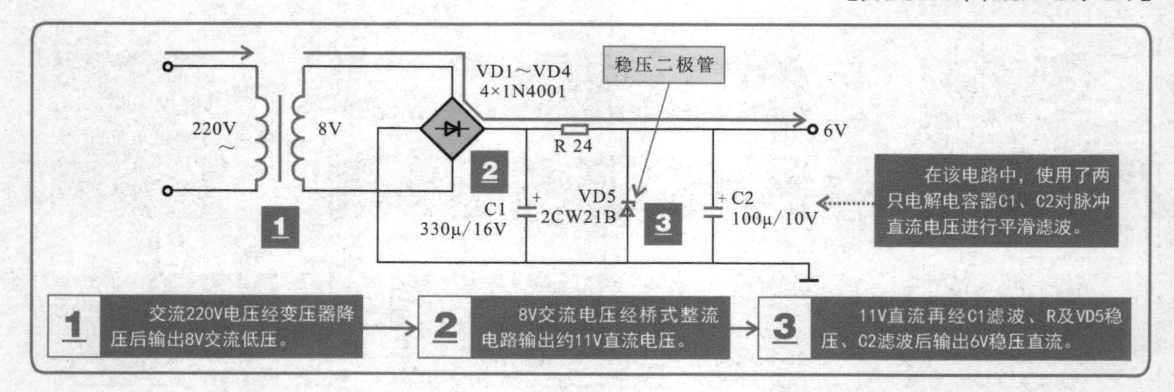

特别提醒

利用稳压二极管稳压的电源电路虽然简单，但在负载断电的情况下，稳压二极管仍然有电流消耗，负载电流越小，稳压二极管上流过的电流相对较大，故该稳压电源仅适用于负载电流较小且变化不大的场合。

4.2.5 典型可调直流稳压电源电路的识读训练

典型可调直流稳压电源电路主要是由桥式整流堆、调整电位器RP等构成的。

【典型可调直流稳压电源电路】

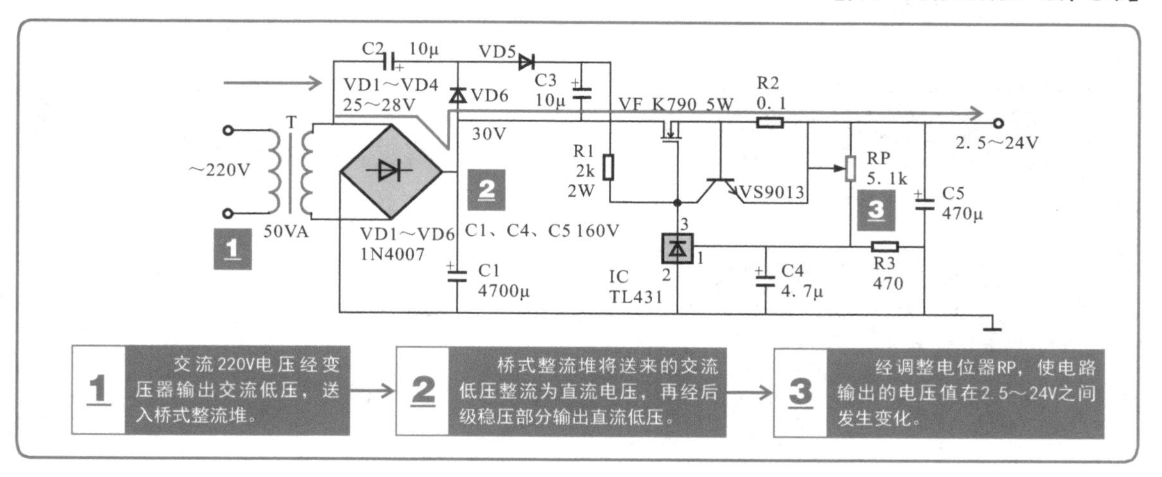

4.2.6 具有过电压保护功能的直流稳压电源电路的识读训练

具有过电压保护功能的直流稳压电源电路，可以提高稳压电源工作的安全可靠性。

【具有过电压保护功能的直流稳压电源电路】

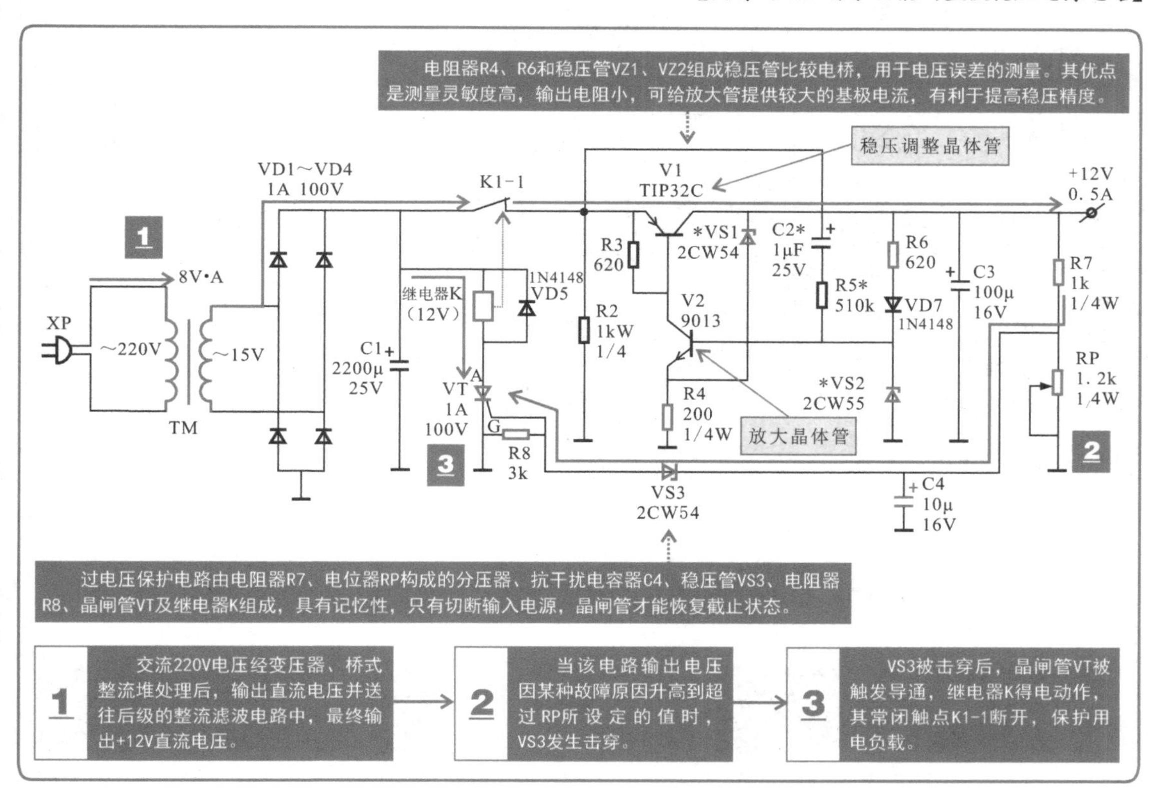

4.2.7 典型影碟机电源电路的识读训练

在识读该类较为复杂的电路时，可先找到电路中的主要元器件，再根据电路中各部件的功能划分电路，将电路简化后再识读整个电路。

【典型影碟机的电源电路】

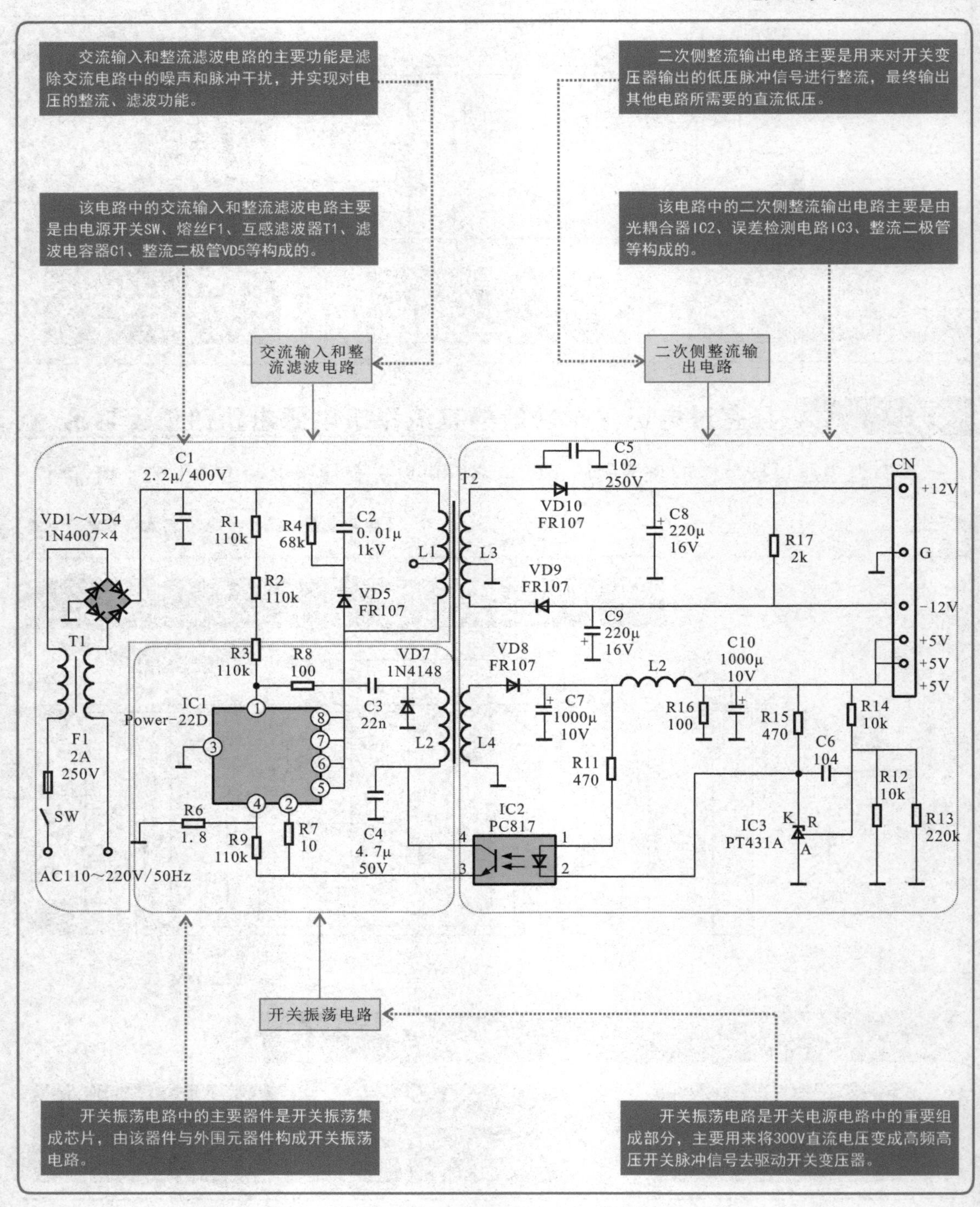

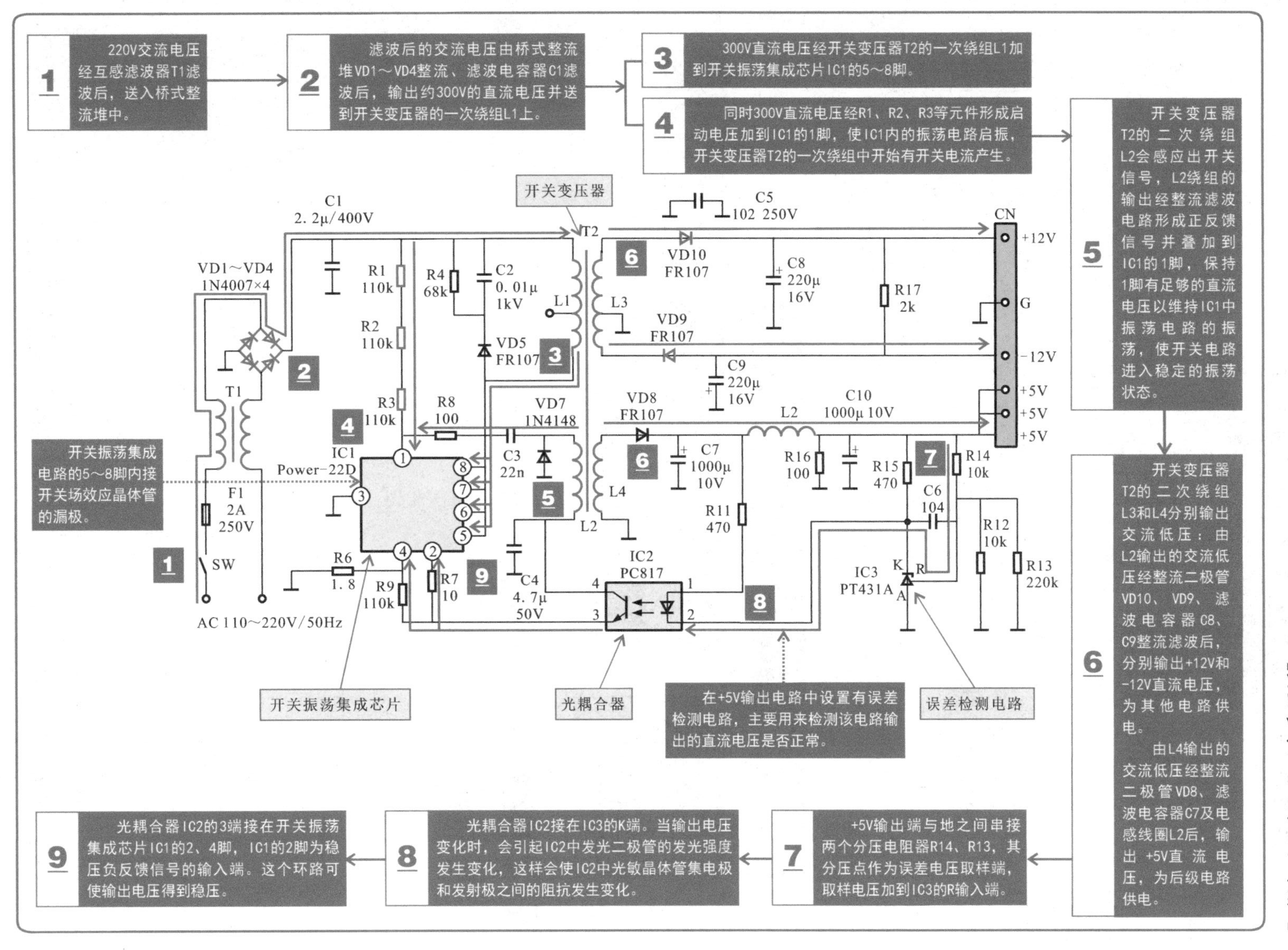

1 220V交流电压经互感滤波器T1滤波后，送入桥式整流堆中。
2 滤波后的交流电压由桥式整流堆VD1～VD4整流、滤波电容器C1滤波后，输出约300V的直流电压并送到开关变压器的一次绕组L1上。
3 300V直流电压经开关变压器T2的一次绕组L1加到开关振荡集成芯片IC1的5～8脚。
4 同时300V直流电压经R1、R2、R3等元件形成启动电压加到IC1的1脚，使IC1内的振荡电路启振，开关变压器T2的一次绕组中开始有开关电流产生。
5 开关变压器T2的二次绕组L2会感应出开关信号，L2绕组的输出经整流滤波电路形成正反馈信号并叠加到IC1的1脚，保持1脚有足够的直流电压以维持IC1中振荡电路的振荡，使开关电路进入稳定的振荡状态。
6 开关变压器T2的二次绕组L3和L4分别输出交流低压：由L2输出的交流低压经整流二极管VD10、VD9、滤波电容器C8、C9整流滤波后，分别输出+12V和-12V直流电压，为其他电路供电。
由L4输出的交流低压经整流二极管VD8、滤波电容器C7及电感线圈L2后，输出+5V直流电压，为后级电路供电。
7 +5V输出端与地之间串接两个分压电阻器R14、R13，其分压点作为误差电压取样端，取样电压加到IC3的R输入端。
8 光耦合器IC2接在IC3的K端。当输出电压变化时，会引起IC2中发光二极管的发光强度发生变化，这样会使IC2中光敏晶体管集电极和发射极之间的阻抗发生变化。
9 光耦合器IC2的3端接在开关振荡集成芯片IC1的2、4脚，IC1的2脚为稳压负反馈信号的输入端。这个环路可使输出电压得到稳压。
开关振荡集成电路的5～8脚内接开关场效应晶体管的漏极。
开关变压器
开关振荡集成芯片
光耦合器
在+5V输出电路中设置有误差检测电路，主要用来检测该电路输出的直流电压是否正常。
误差检测电路
C1 2.2μ/400V
VD1～VD4 1N4007×4
T1
F1 2A 250V
SW
AC 110～220V/50Hz
R1 110k
R2 110k
R3 110k
R4 68k
C2 0.01μ 1kV
VD5 FR107
R8 100
IC1 Power-22D
R6 1.8
R9 110k
R7 10
C3 22n
VD7 1N4148
C4 4.7μ 50V
T2
L1
L2
L3
L4
C5 102 250V
VD10 FR107
VD9 FR107
C8 220μ 16V
C9 220μ 16V
R17 2k
VD8 FR107
C7 1000μ 10V
C10 1000μ 10V
R16 100
R11 470
R15 470
R14 10k
C6 104
R12 10k
R13 220k
IC2 PC817
IC3 PT431A
K R A
CN
+12V
G
-12V
+5V
+5V
+5V

4.2.8 典型压力锅电源电路的识读训练

典型压力锅电源电路主要是由降压变压器、加热控制继电器、三端稳压器、桥式整流电路等构成的。

【典型压力锅电源电路】

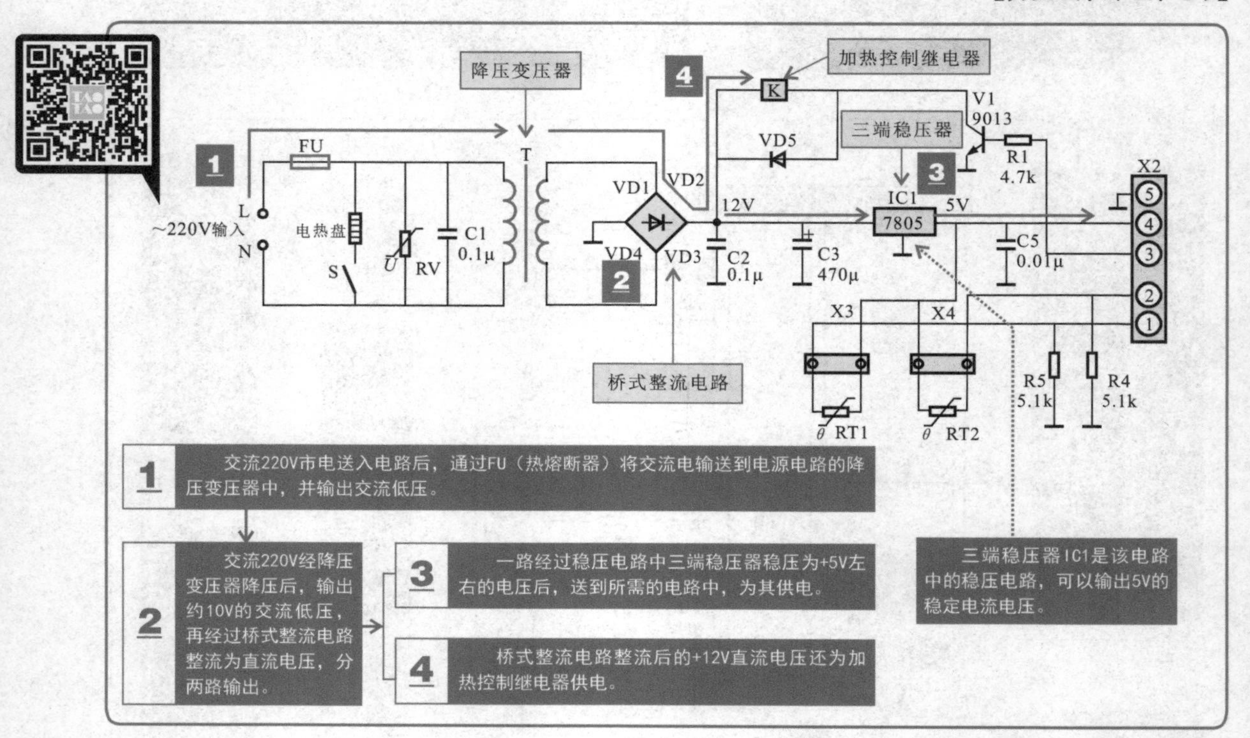

4.2.9 典型充电器电源电路的识读训练

典型充电器电源电路主要是由变压器、桥式整流堆、振荡电路等构成的。

【典型充电器电源电路】

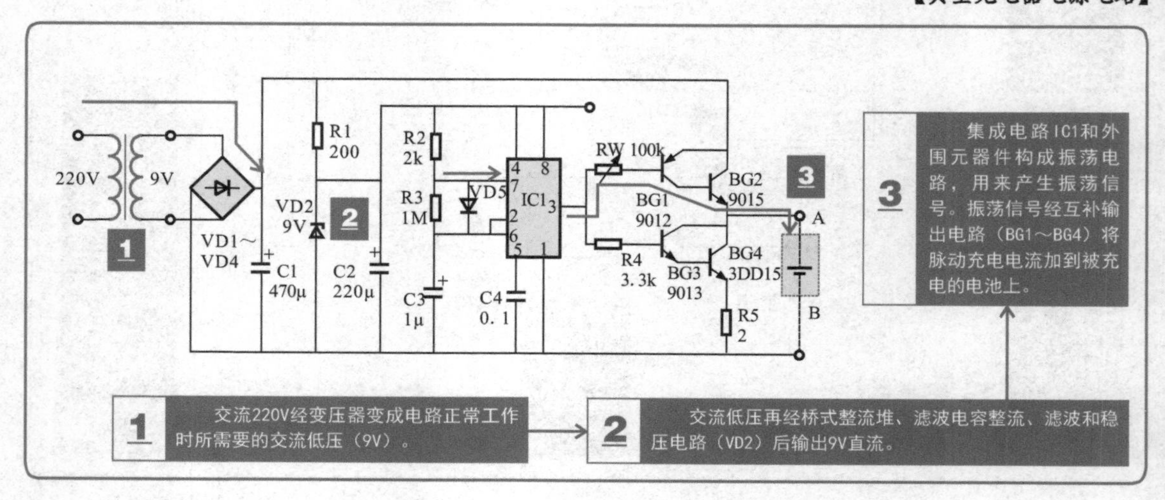

第5章 音频电路的识读

5.1 音频电路的功能应用与结构组成

5.1.1 音频电路的功能应用

音频电路是家用电器及电子设备中处理及放大音频信号的电路，使前级输出的音频信号具有足够的功率去驱动扬声器，使扬声器发出声音，完成声音的输出。下面将以典型的音频电路为例，详细介绍该电路的功能特点。

【双声道音频电路的功能特点】

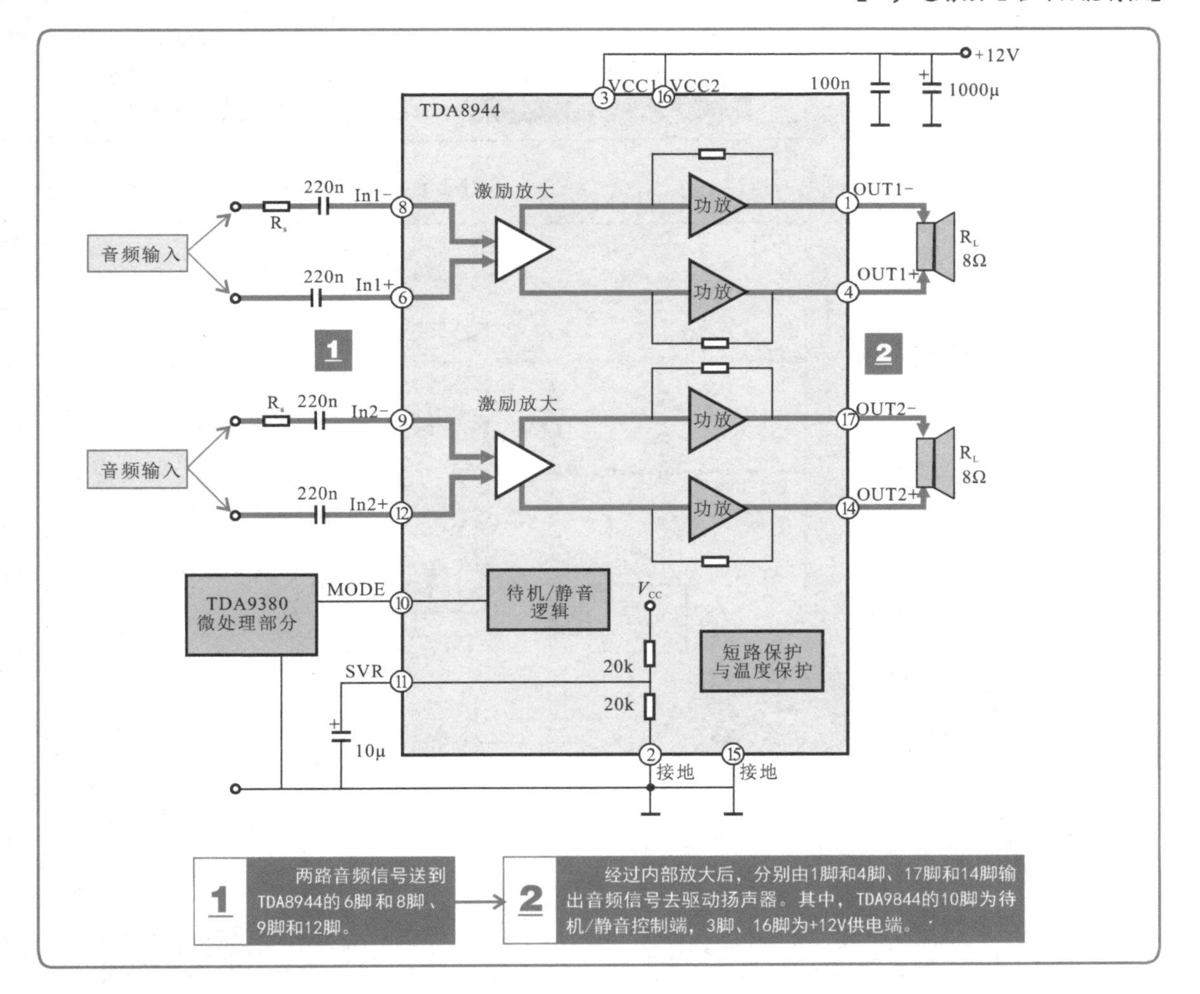

特别提醒

双声道音频信号处理电路用于处理两个声道的音频信号，完成双声道音频（左、右音频信号）功率放大。

【单声道音频电路的功能特点】

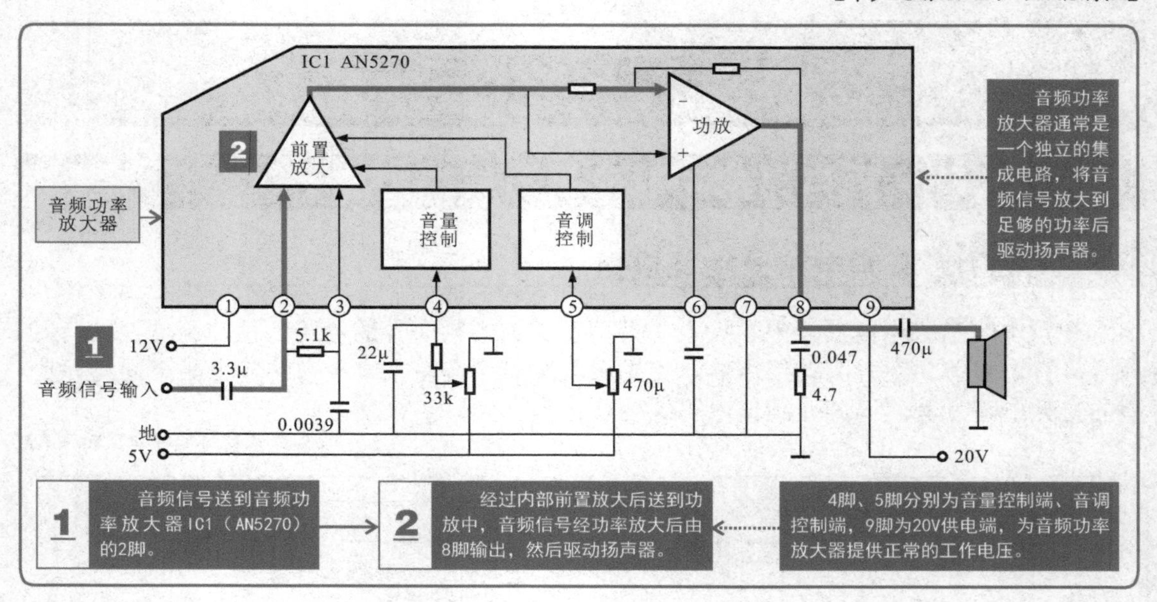

【由多个芯片构成的音频电路的功能特点】

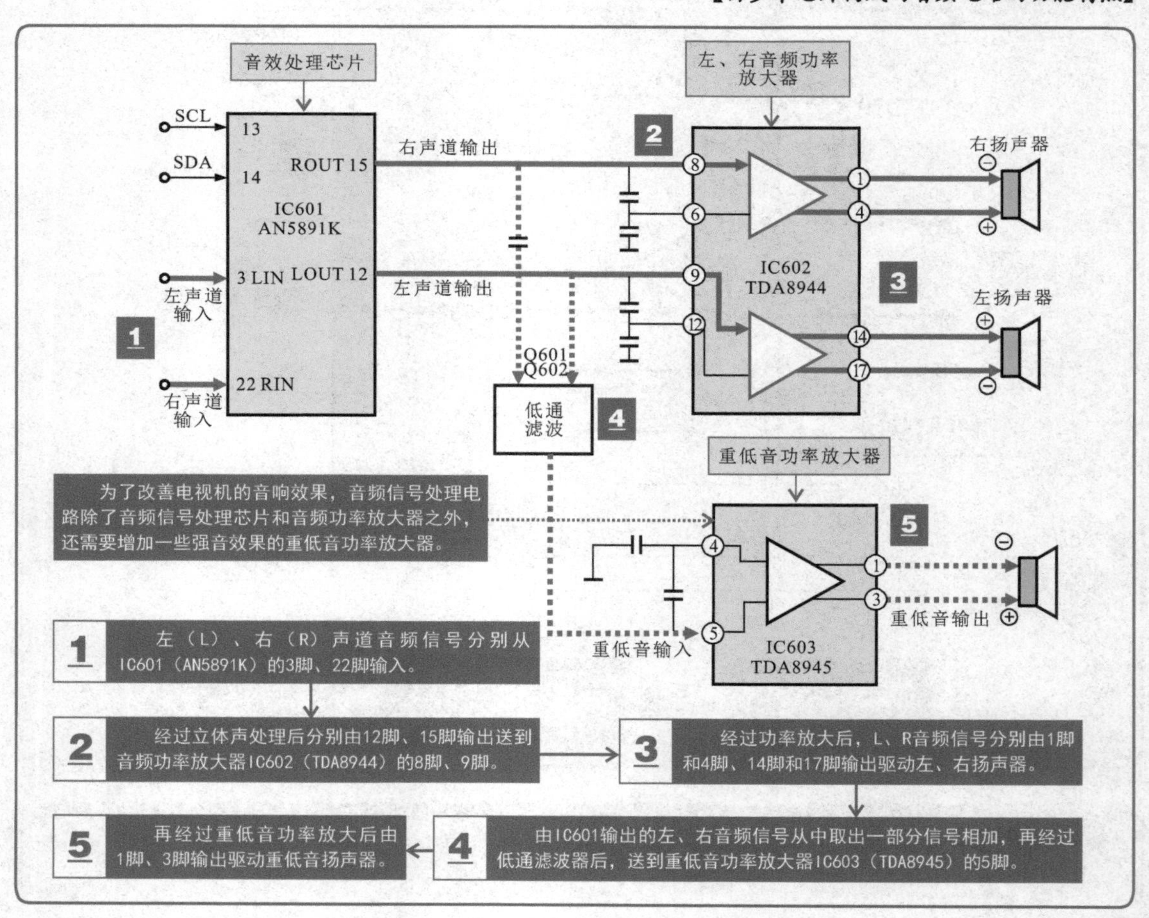

目前，音频电路已广泛应用于彩色/平板电视机、影碟机、汽车音响等各种家用电器及电子设备中。通常，音频电路的音频信号处理芯片和音频功率放大器均采用独立的电路结构，音频信号经处理和放大后驱动扬声器发声。其外围电路简单，工作可靠性高。

【应用于电视机中的音频电路】

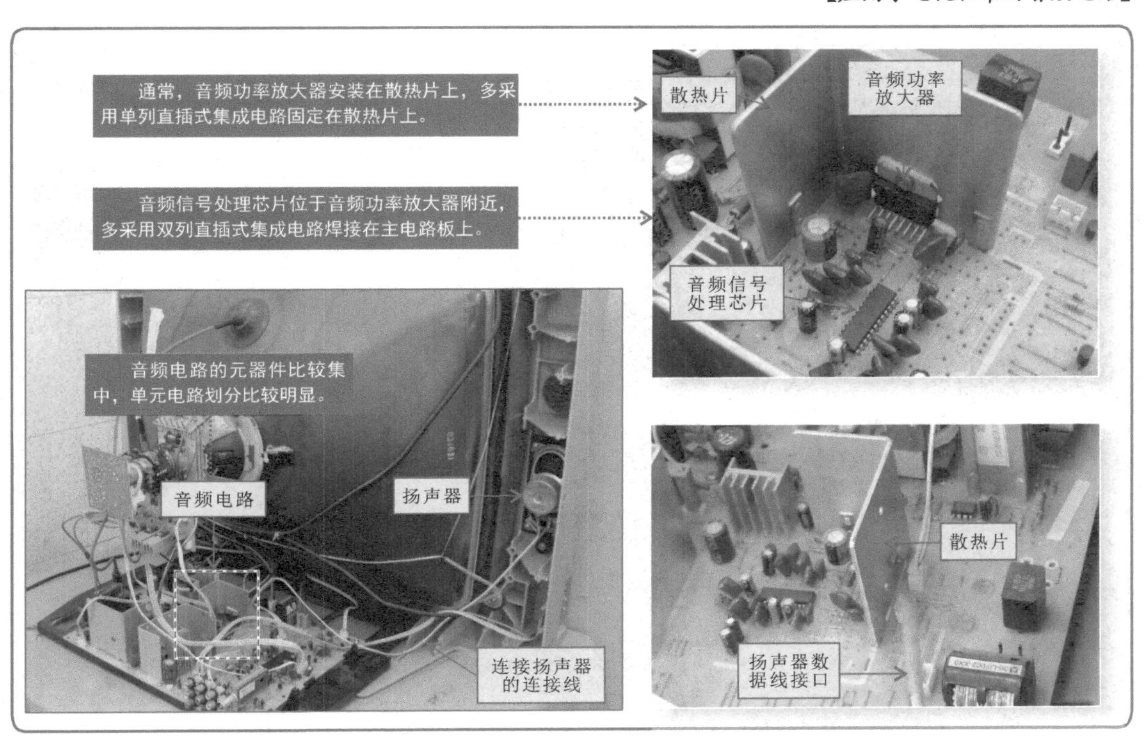

【应用于影碟机中的音频电路】

▶ 5.1.2 音频电路的结构组成

想要识读音频电路，就要了解电路的结构组成。只有知晓音频电路的功能、结构及电子元器件的作用后，才能对音频电路进行识读。

音频电路主要是由音频信号处理芯片、音频功率放大器构成的。

【音频电路的结构】

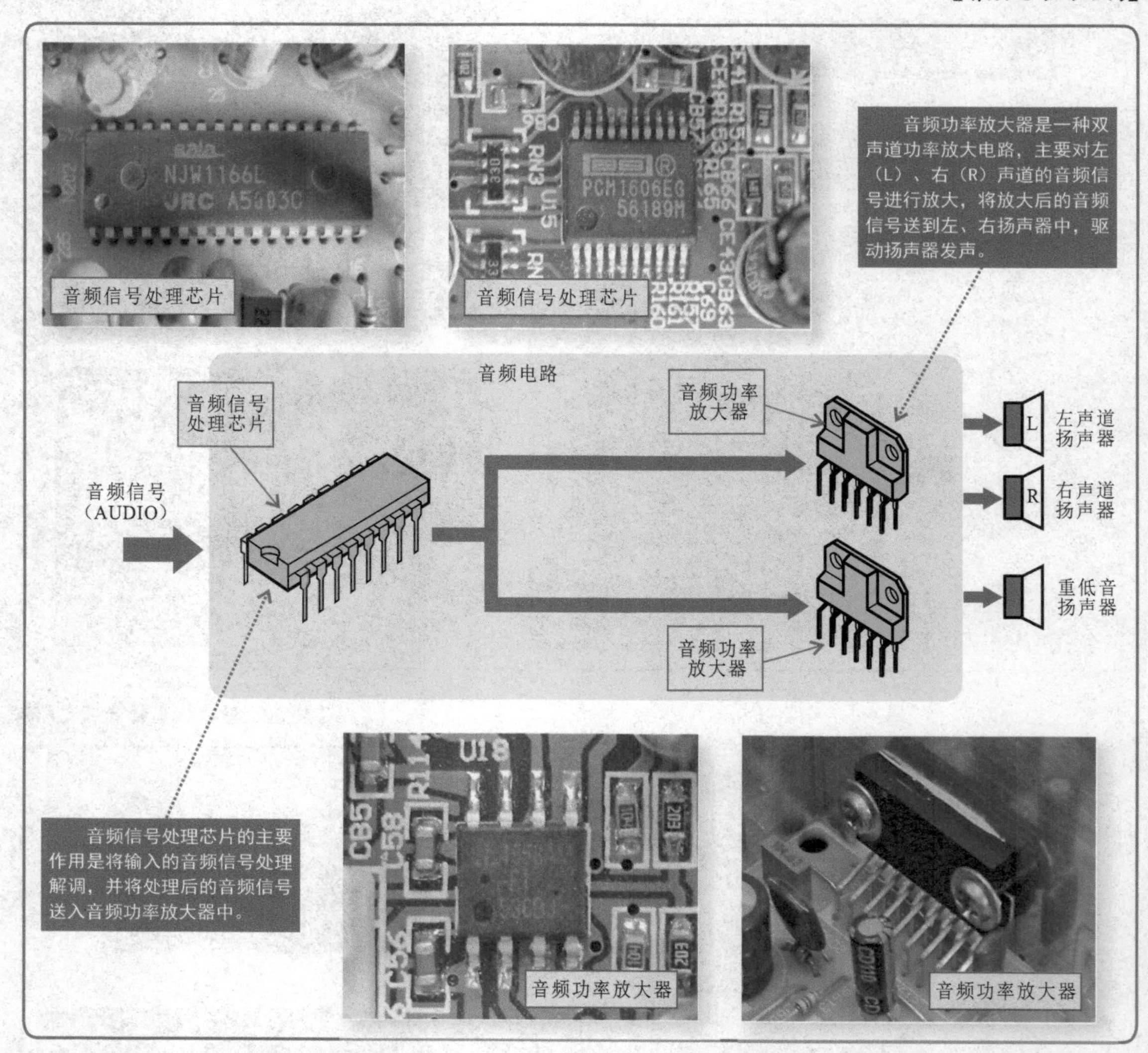

特别提醒

音频信号处理电路处理来自前级电路送来的音频信号，因此，送入音频信号处理芯片的音频信号通过数字处理，可以将单声道变成立体声或虚拟环绕立体声，然后将处理后的音频信号送到音频功率放大器中进一步处理和功率放大，然后驱动扬声器发声。

为了更好地理解音频电路的结构关系，在识读音频电路之前，首先要建立音频电路图与实物电路的对应关系。在一般情况下，进行音频信号处理电路与电路图的对照时，可以将实物电路板与电路图中的相关文字或符号标识相对应查找。

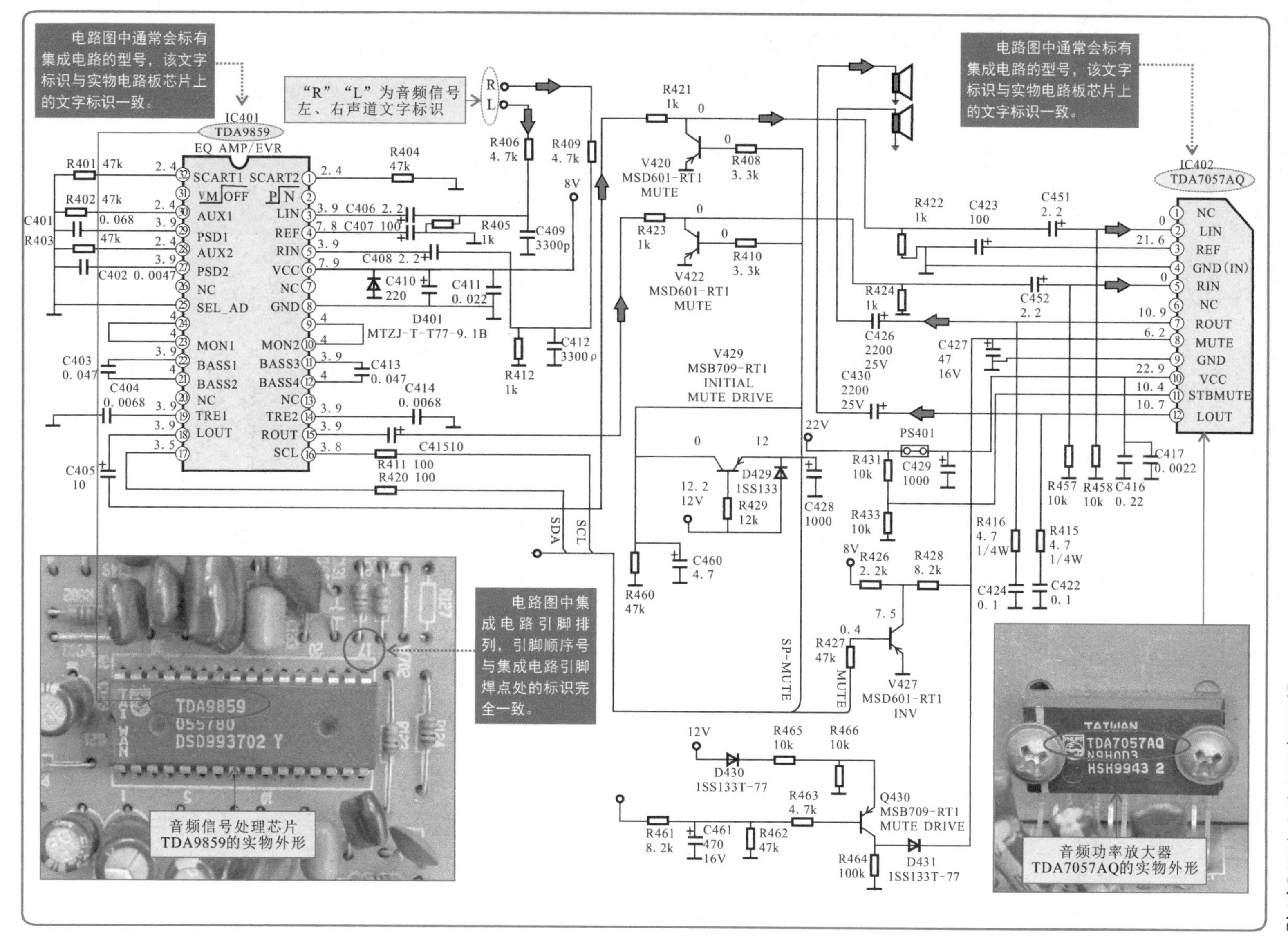

电路图中通常会标有集成电路的型号，该文字标识与实物电路板芯片上的文字标识一致。
IC401
TDA9859
“R”“L”为音频信号左、右声道文字标识
电路图中通常会标有集成电路的型号，该文字标识与实物电路板芯片上的文字标识一致。
IC402
TDA7057AQ
V429
MSB709-RT1
INITIAL
MUTE DRIVE
SP-MUTE
电路图中集成电路引脚排列，引脚顺序号与集成电路引脚焊点处的标识完全一致。
音频信号处理芯片TDA9859的实物外形
音频功率放大器TDA7057AQ的实物外形

5.2 音频电路的识读训练

音频电路的种类多样，用途广泛，不同的控制部件，不同的连接方式，就可以实现不同的音频控制效果。因此，识读音频电路要从电路的组成部件入手，找准控制关系，进而沿信号流程完成对音频电路工作过程的分析。

5.2.1 音频A-D转换电路的识读训练

音频A-D转换电路主要是由A-D转换器CS5333及外围电路构成的，常用在数码产品中，将传声器信号或音频信号转换成数字信号进行处理和存储。

【典型音频A-D转换电路】

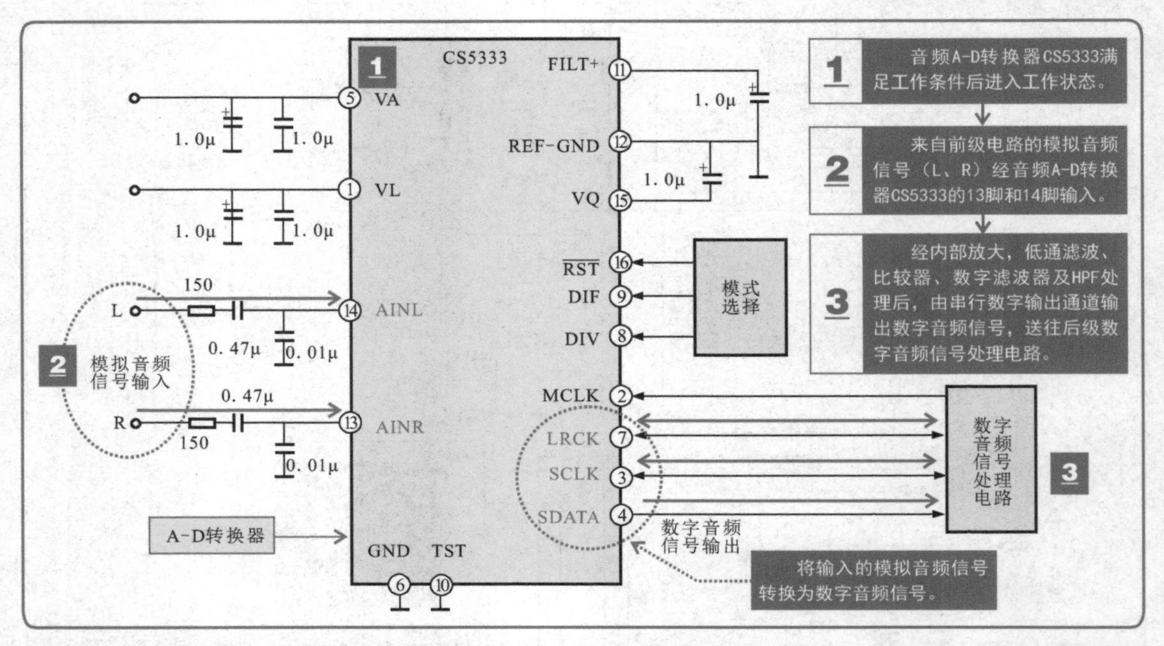

特别提醒

CS5333是一种高性能24bit、96kHz立体声A-D转换器，了解其内部结构对识图和深刻理解A-D转换的过程很有帮助。

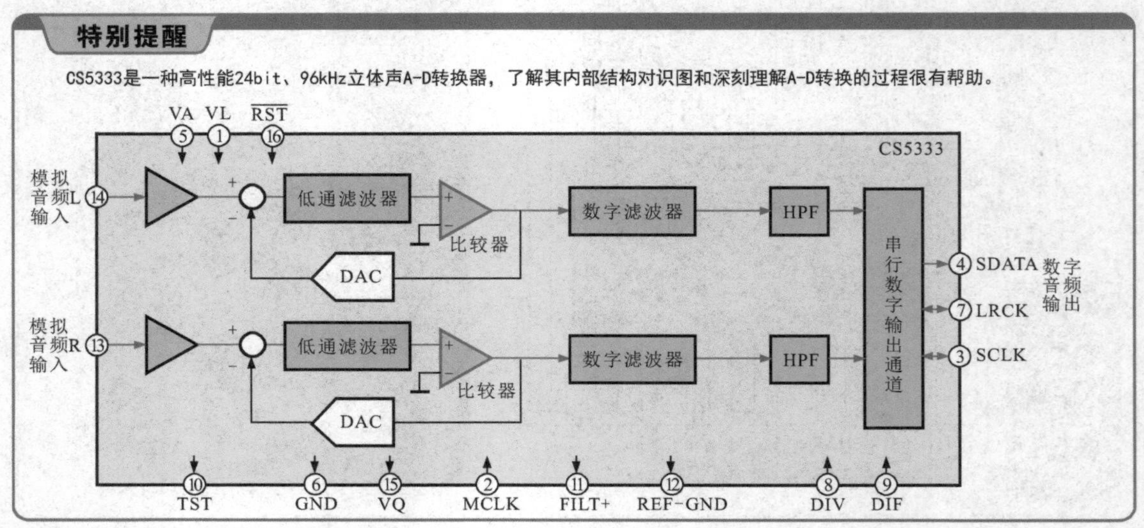

5.2.2 双声道低频功率放大器AN7135电路的识读训练

双声道低频功率放大器AN7135对输入的左、右声道音频信号进行功率放大。

【典型双声道低频功率放大器AN7135电路】

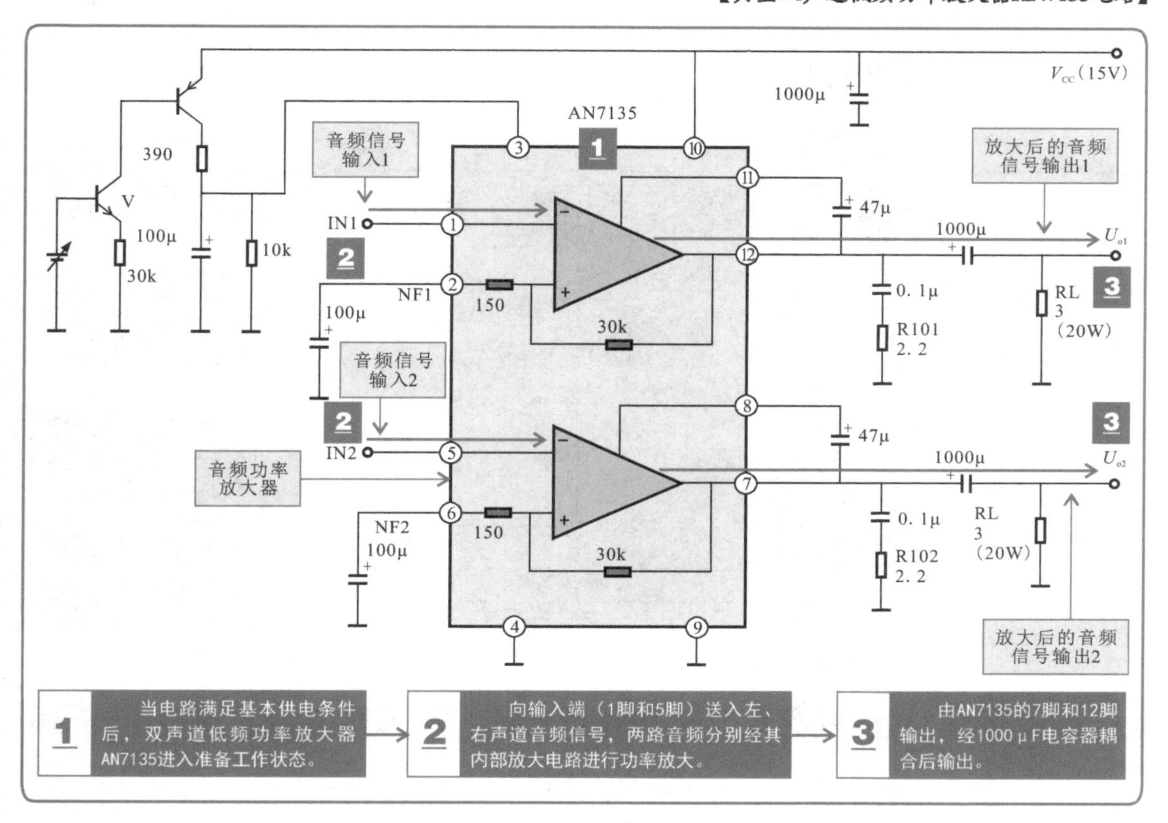

5.2.3 展宽立体声效果电路的识读训练

展宽立体声效果电路可应用于收录机中，电路简单，效果明显，由两路主放大器构成。两路信号输入时分出一路信号经电阻器送到另一路放大器的输入端，两路输入信号输入端相位相反，使每一路中都包含另一路相位不同的信号分量，经合成后，具有展宽的立体声效果。

【展宽立体声效果电路】

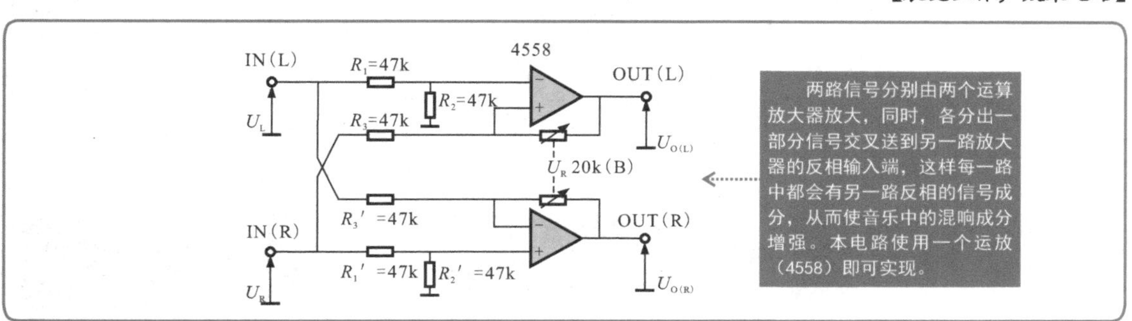

5.2.4 典型音量控制集成电路TC9211P的识读训练

典型音量控制集成电路TC9211P经接口电路译码和D-A转换变成模拟电压控制音频信号的幅度，达到控制音量的目的。

【典型音量控制集成电路TC9211P】

1 输入的立体声信号分别由TC9211P的3、18脚输入。

2 在外部CPU的控制下对输入信号进行音量调整和控制后，由2、19脚输出。

3 CPU的控制信号（时钟、数据和待机）从10～12脚送入TC9211P中，经接口电路译码和D-A转换，变成模拟电压控制音频信号的幅度，达到控制音量的目的。

5.2.5 立体声录音机中放音信号放大器电路的识读训练

立体声录音机中的放音信号放大器电路主要是由双声道磁头放大器（TA8125S）及外围元器件构成的，对送入的低频信号进行放大处理。

【立体声录音机中放音信号放大器电路】

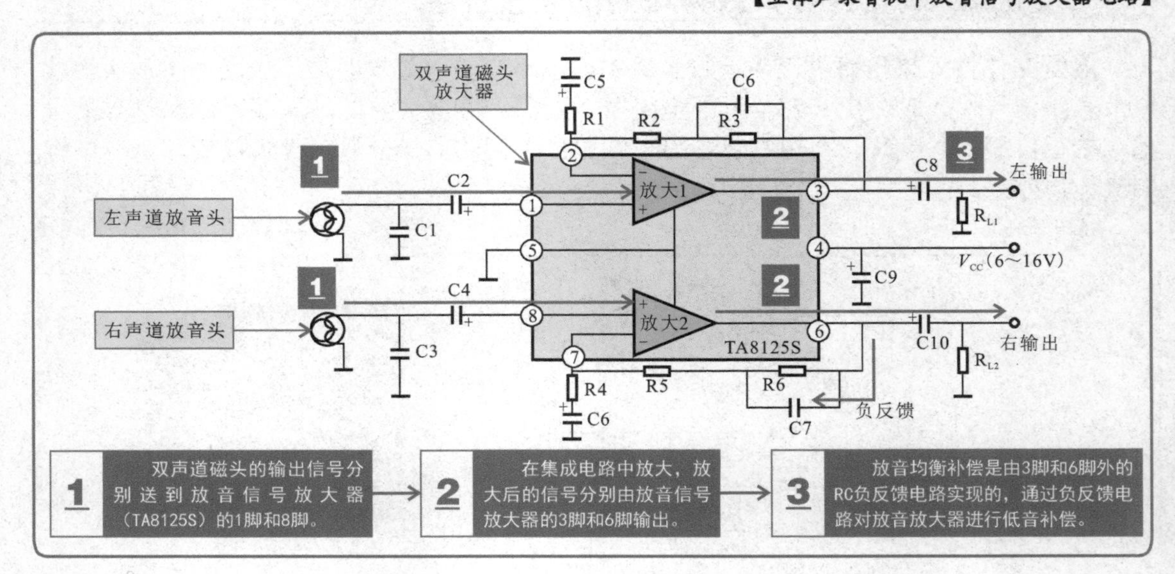

5.2.6 录音机录放音电路TA8142AP的识读训练

录音机录放音电路TA8142AP主要是由录音均衡放大器CH1、CH2等构成的。

【录音机录放音电路TA8142AP】

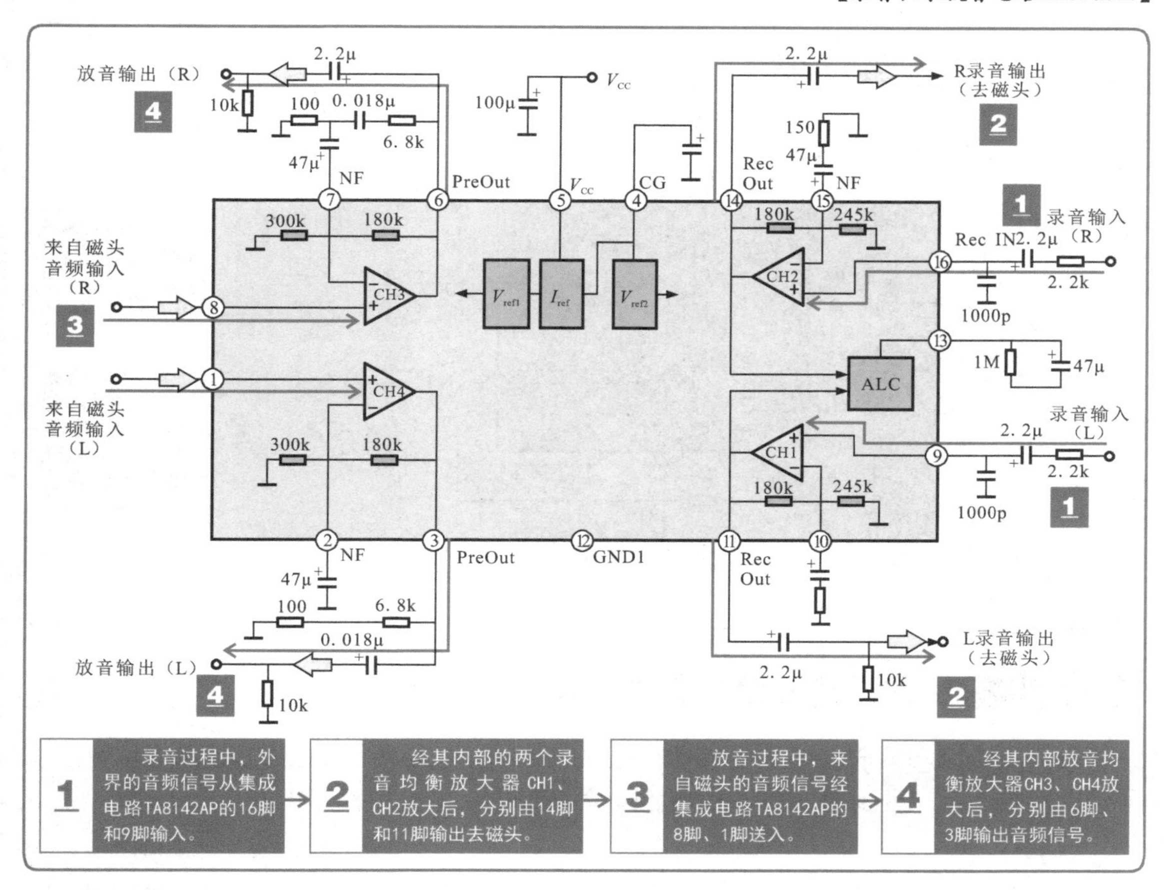

5.2.7 助听器电路的识读训练

助听器电路主要是由电感器、电容器、前置音频放大电路等构成的。

【助听器电路】

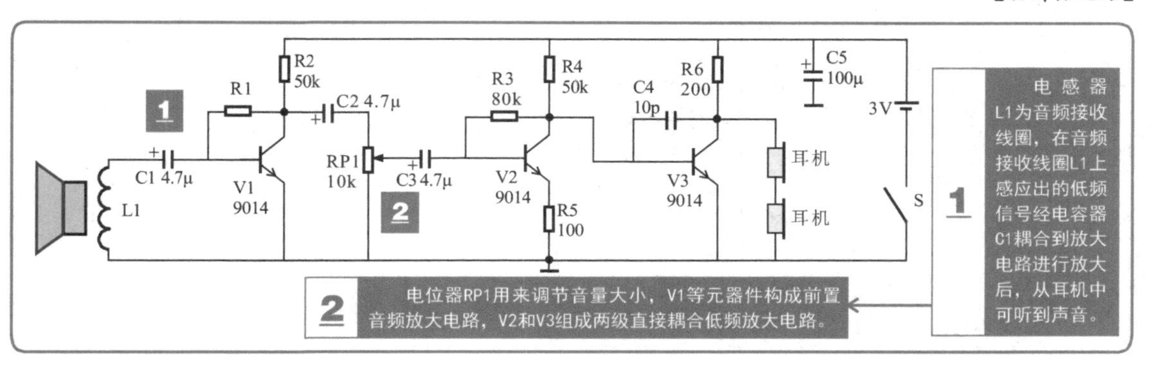

5.2.8 立体声音频信号前置放大电路的识读训练

立体声音频信号前置放大电路主要是由前置均衡放大器、功率放大器等构成的。

【立体声音频信号前置放大电路】

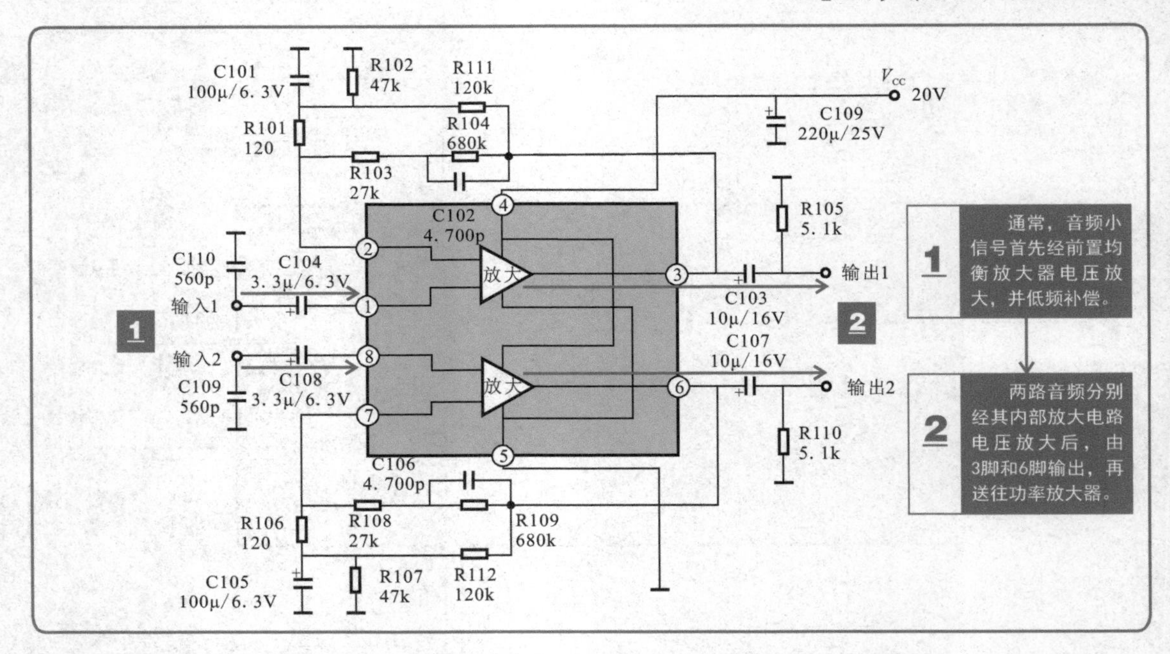

5.2.9 双声道音频功率放大器电路的识读训练

双声道音频功率放大器电路中4脚、2脚分别为左、右声道音频信号输入端，音频信号经功率放大后，分别由7脚和12脚输出，并驱动左、右扬声器发声。

【双声道音频功率放大器电路】

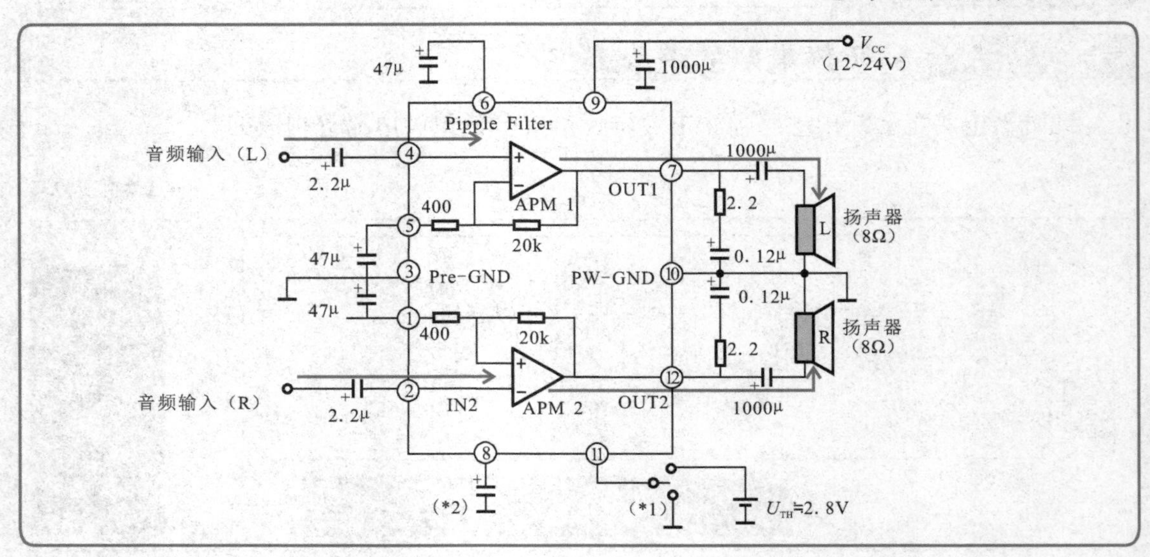

5.2.10 杜比降噪功能录放音电路HA12134/5/6A的识读训练

杜比降噪电路可在录音时提升小信号，使小信号在录音时不会被埋没在背景噪声之中，而在放音时，再对小信号进行等量的衰减，在衰减后，小信号恢复原状，而噪声也得到了等量的衰减，总体达到降噪的效果。

【杜比降噪功能录放音电路HA12134/5/6A】

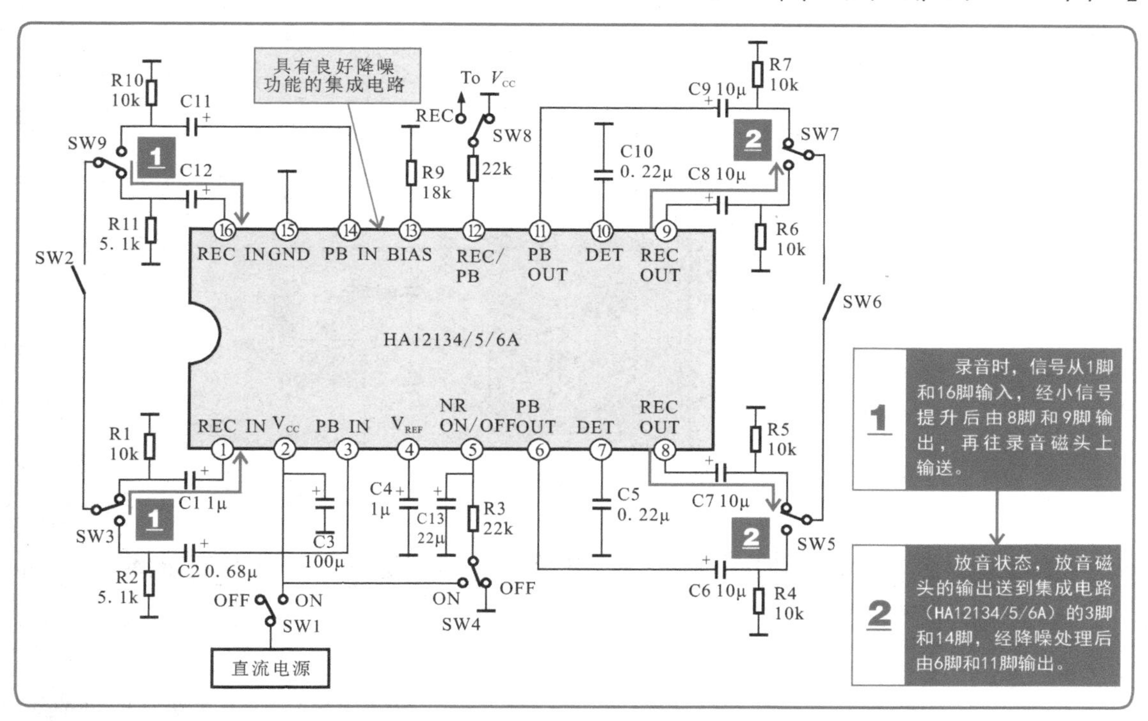

特别提醒

由于电路精度要求较高，因而各元器件都被制作在集成电路之中。通过集成电路（HA12134/5/6A）的内部功能框图可以更好地了解电路的功能。

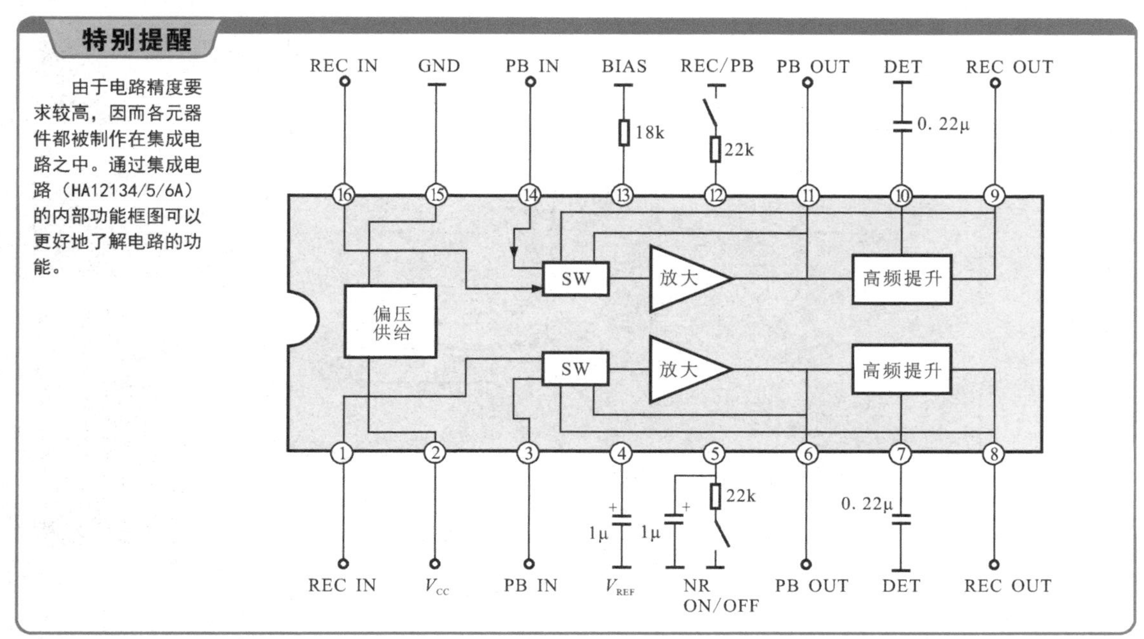

5.2.11 采用TA7215P芯片的双声道音频功率放大器电路的识读训练

采用TA7215P芯片的双声道音频功率放大器电路中，TA7215P的2脚和18脚分别为左、右声道音频信号的输入端。送来的音频信号经TA7215P内部功率放大后，分别由9脚和11脚输出，并驱动左、右扬声器发声。

【采用TA7215P芯片的双声道音频功率放大器电路】

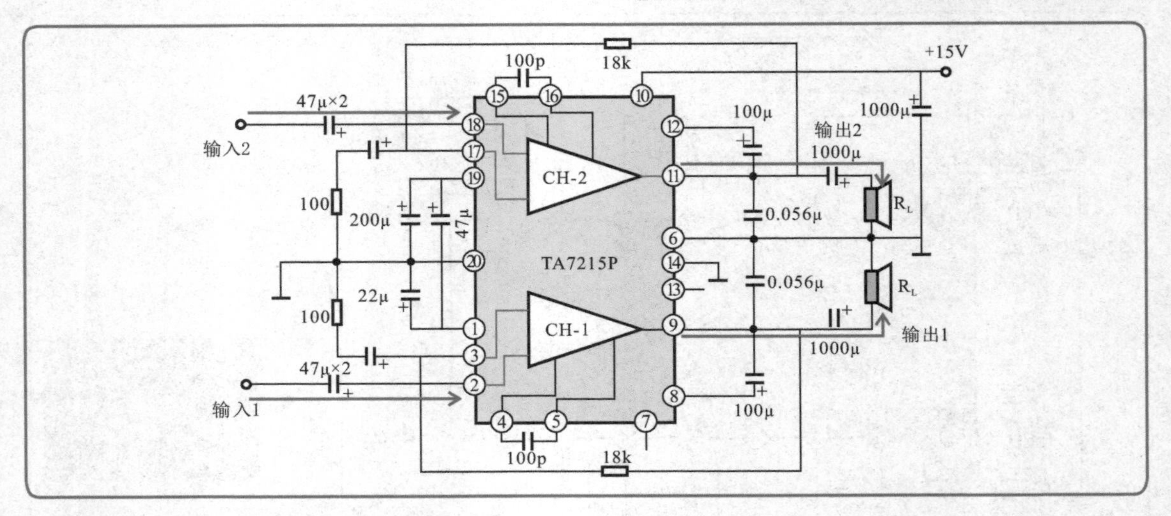

5.2.12 随环境噪声变化的自动音量控制电路的识读训练

随环境噪声变化的自动音量控制电路主要是由限幅放大器、噪声检出放大器、检波器等构成的。

【随环境噪声变化的自动音量控制电路】

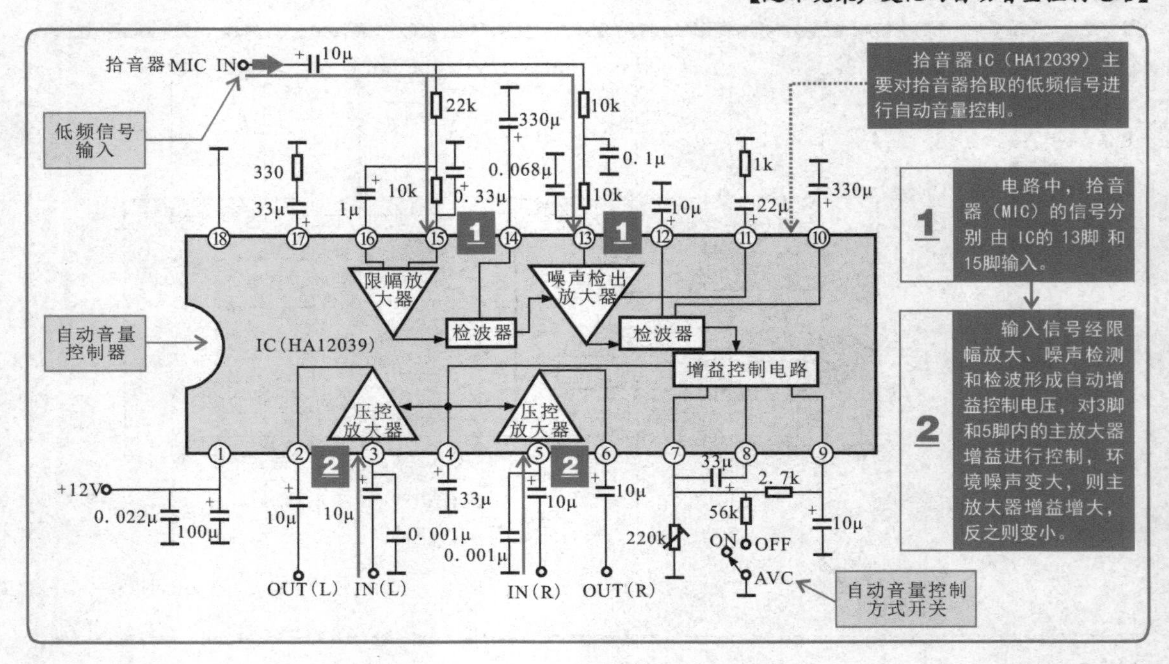

5.2.13 双声道音频功率放大器IC601（LA4282）的识读训练

IC601（LA4282）是功放集成电路，是一个双声道功率放大器。

【双声道音频功率放大器IC601（LA4282）电路】

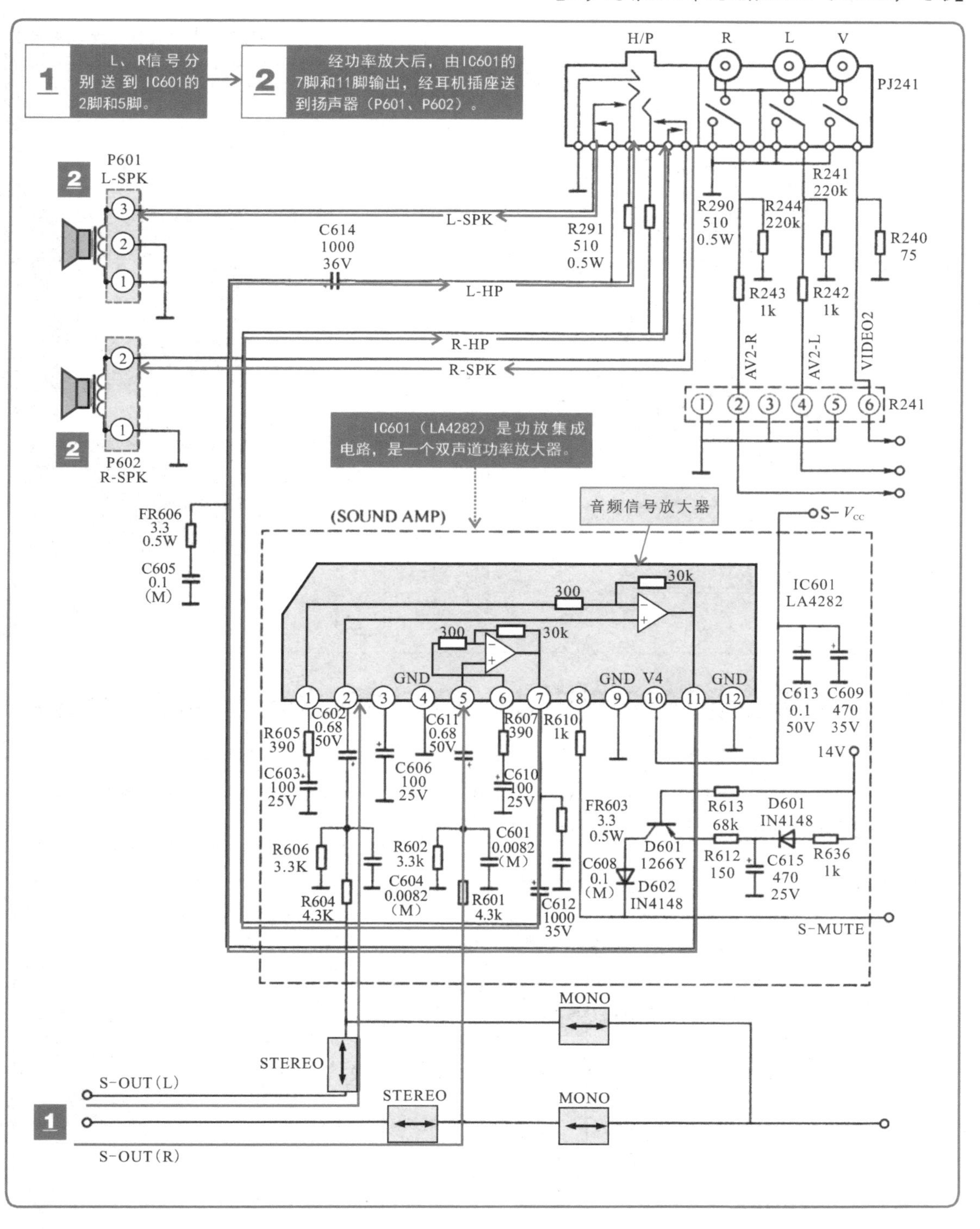

5.2.14 多声道环绕立体声音频信号处理电路的识读训练

多声道音频信号处理电路是AV功放设备中的立体声电路，有多个外部音频信号输入接口，可同时输入CD、VCD、DVD、摄录像机的音频信号（双声道）。

【多声道环绕立体声音频信号处理电路】

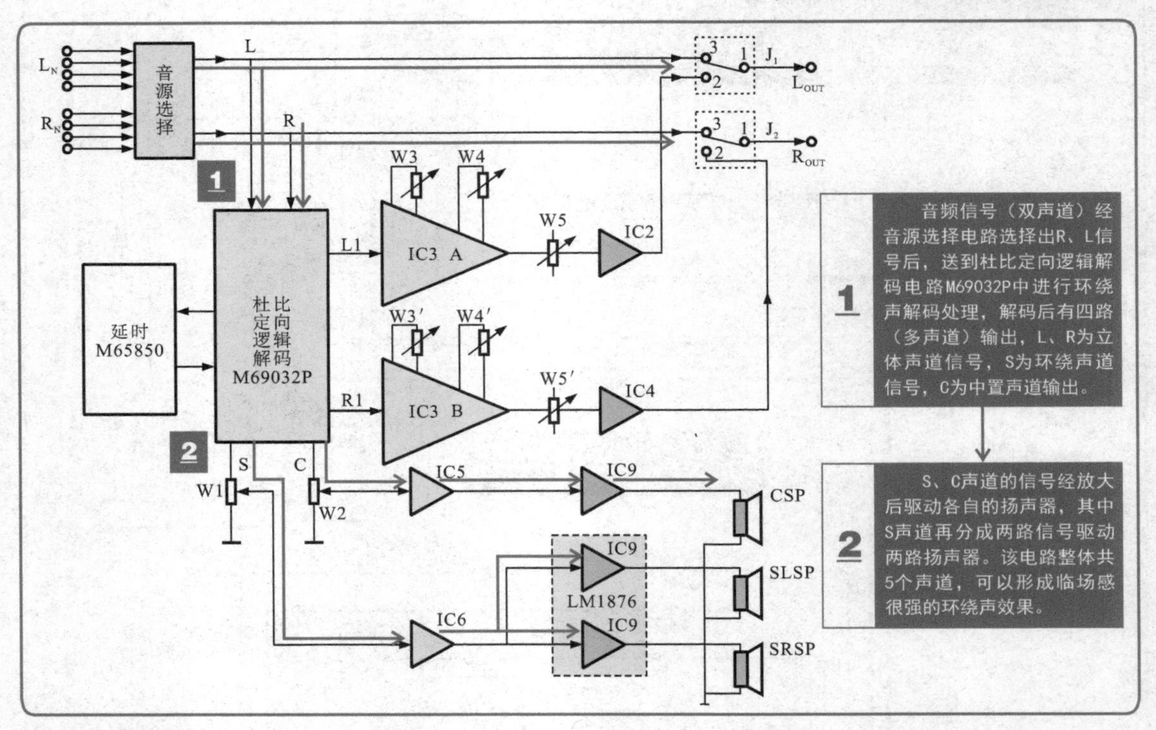

5.2.15 采用TA8216H芯片的音频功率放大器电路的识读训练

采用TA8216H芯片的音频功率放大器电路中，音频功率放大器TA8200AH的4、2脚分别为左、右声道音频信号的输入端。送来的音频信号经TA8200AH内部功率放大后，分别由7脚和12脚输出，驱动左、右扬声器发声。

【采用TA8216H芯片的音频功率放大器电路】

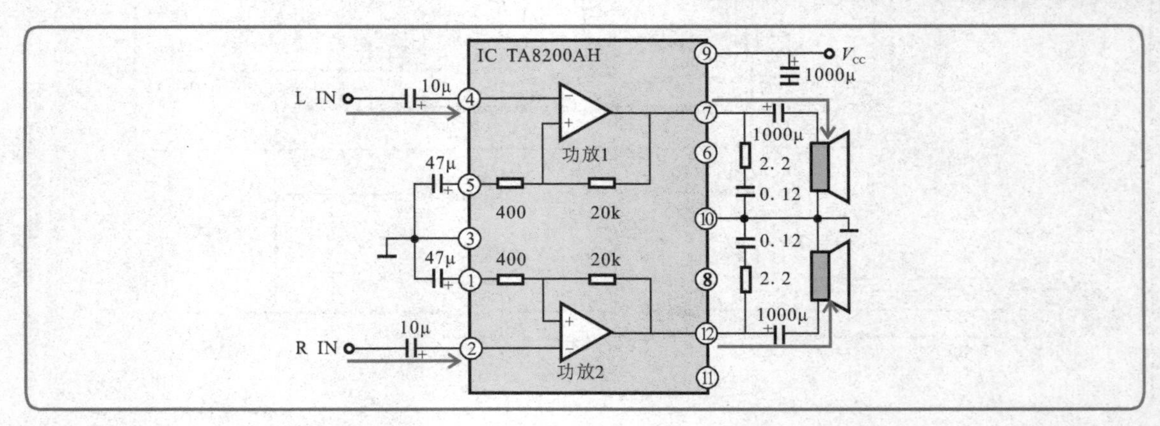

5.2.16 影碟机中音频D-A转换电路的识读训练

在典型影碟机中音频D-A转换电路中，数字信号在D-A转换器内部进行D-A转换处理。

【影碟机中音频D-A转换电路】

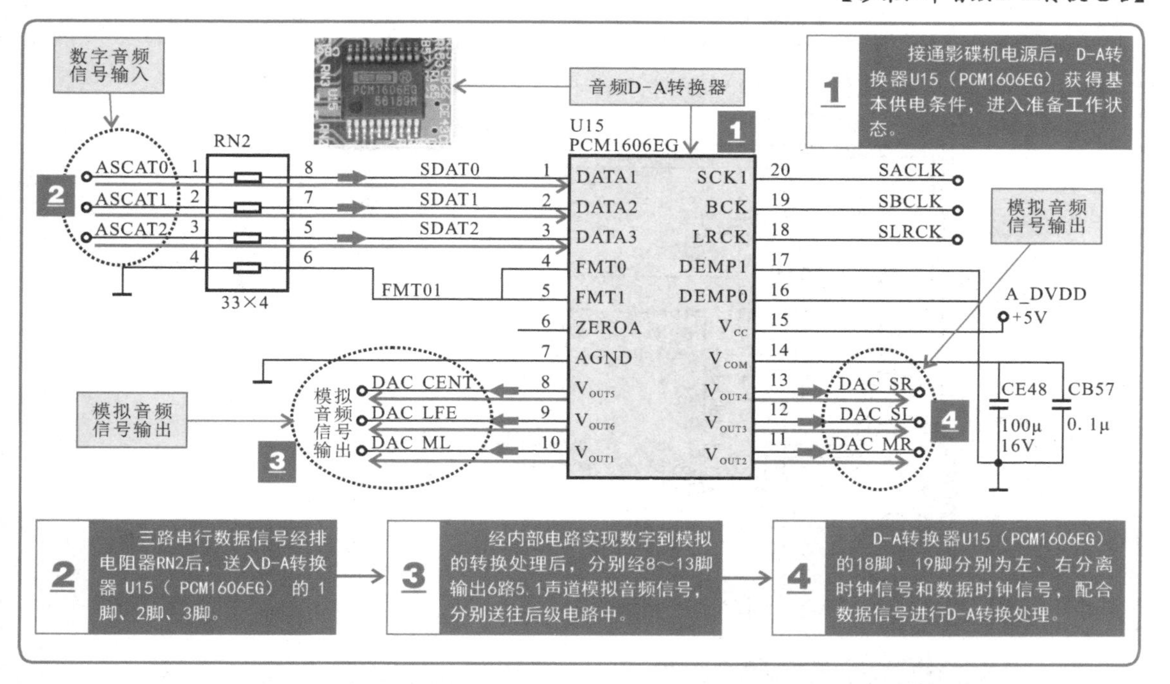

特别提醒

下图为音频D-A转换器PCM1606EG的内部功能框图，可以看到，送入芯片的内部数据信号首先经串行数据输入接口、取样和数字滤波器电路，再经内部的多电平ΔΣ调制器、DAC电路后，由输出放大器和低通滤波器分别经输出多路多声道模拟信号，了解该芯片的内部结构对识图和深刻理解D-A转换的过程很有帮助。

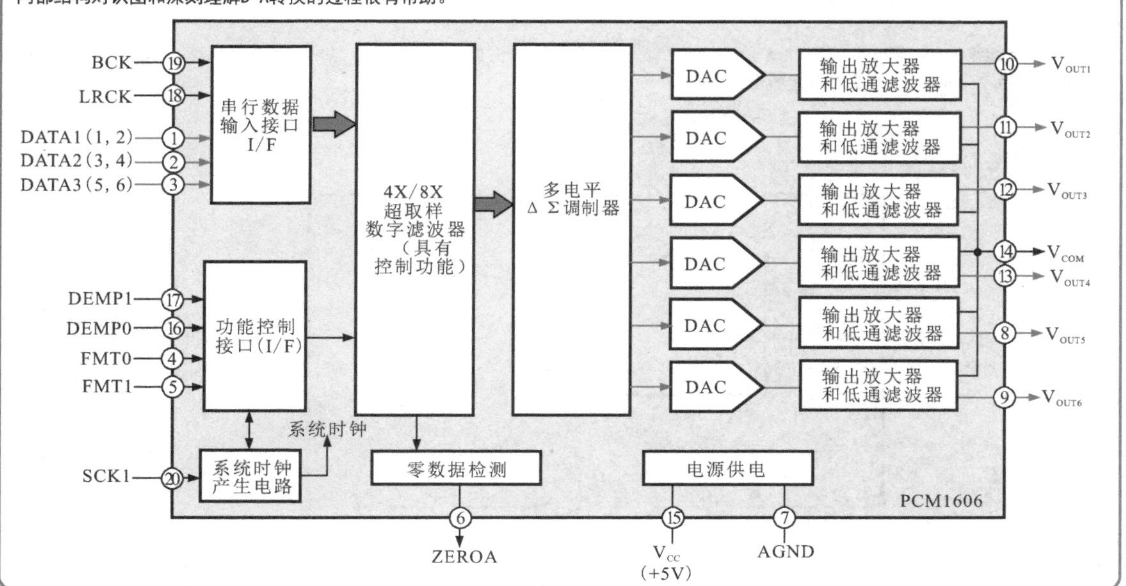

5.2.17 MP4机中音频D-A转换电路的识读训练

MP4机中音频D-A转换电路中的音频D-A转换器对信号进行D-A转换，将数字音频信号变为模拟音频信号。

【MP4机中音频D-A转换电路的识读训练】

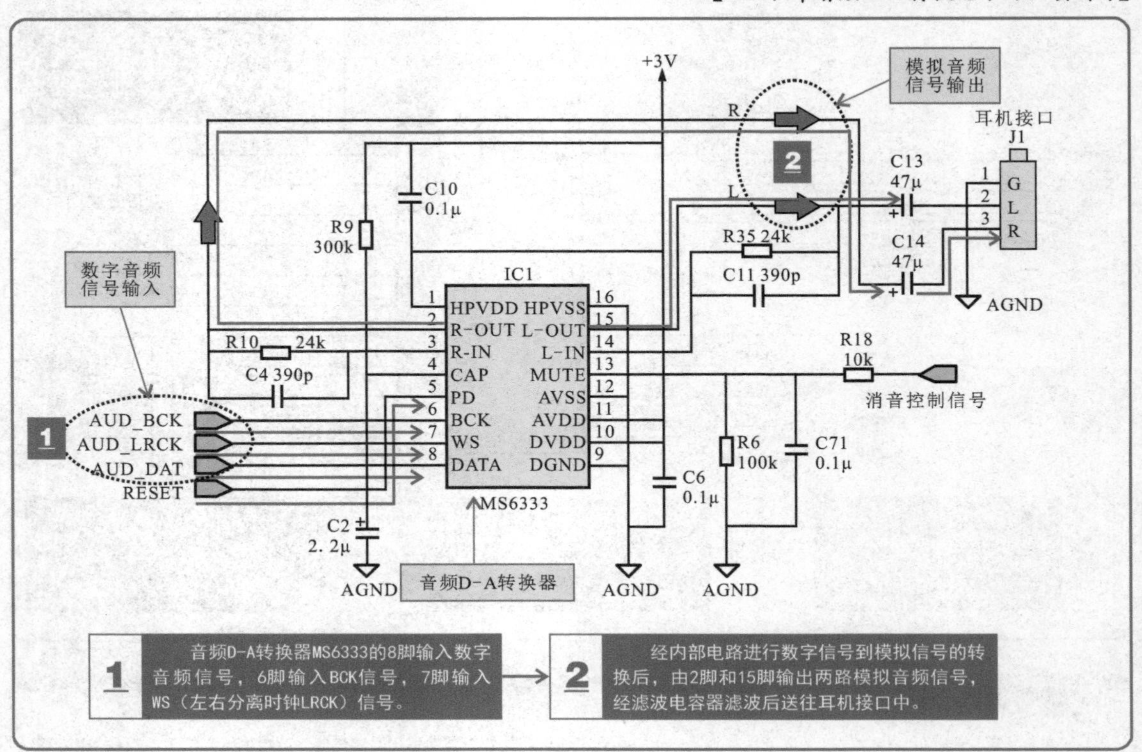

特别提醒

下图为音频D-A转换器MS6333的内部功能框图。该音频D-A转换器MS6333为一只16bit的音频D-A转换器，了解其内部结构对识图分析和深刻了解数字到模拟的转换处理过程很有帮助。

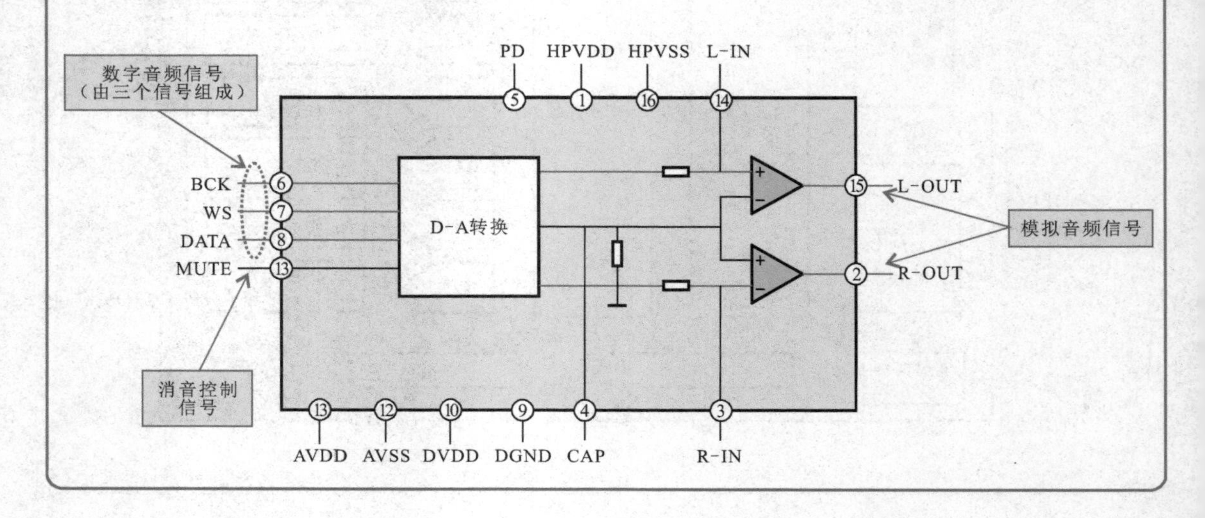

5.2.18 按钮式电子音量音调控制电路的识读训练

按钮式电子音量音调控制电路主要是由音量控制集成电路IC1（TC9153AP）、音调调整集成电路IC2（TC9155AP）、音调调整集成电路IC3（TC9155AP）等构成的。

【按钮式电子音量音调控制电路】

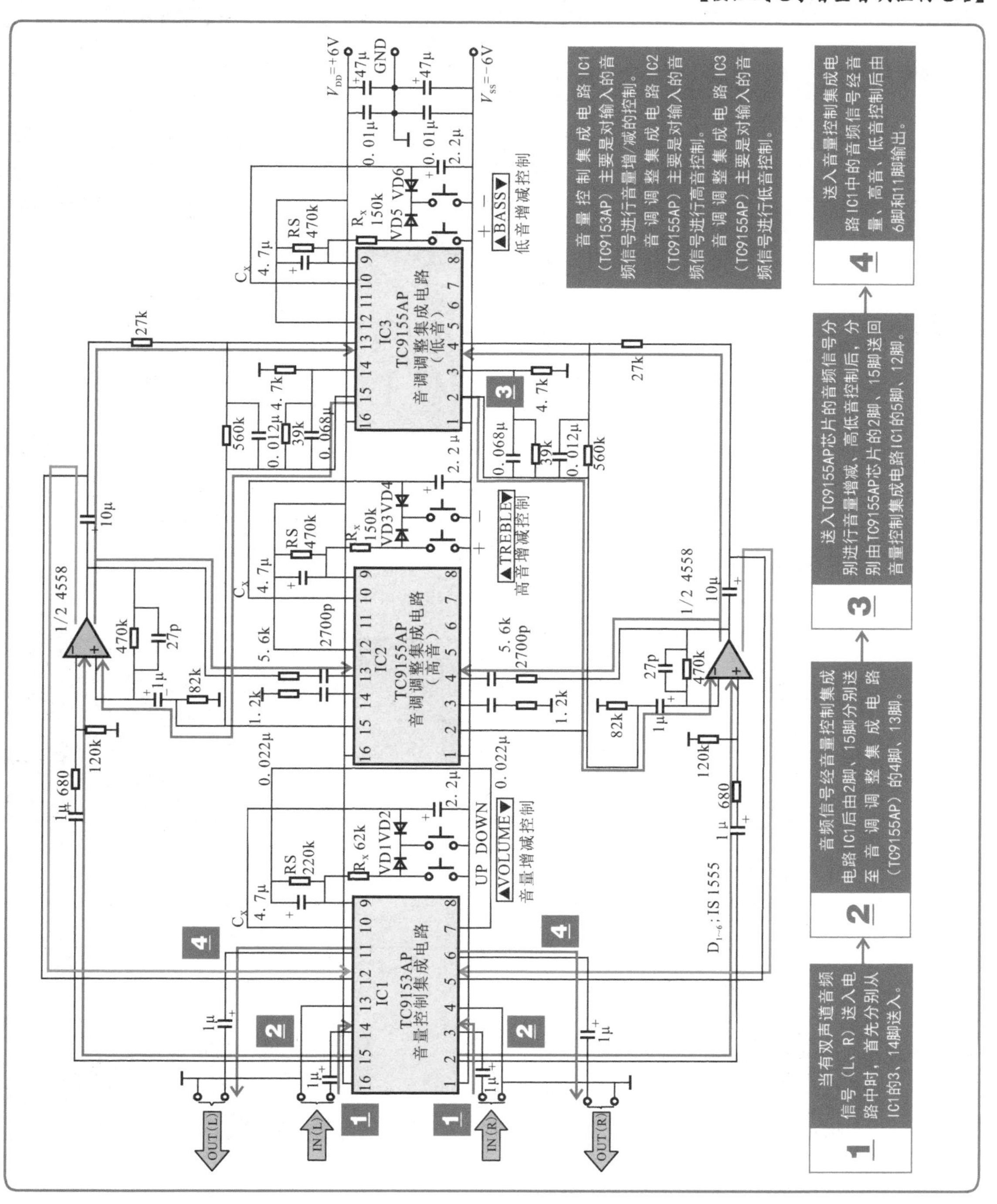

第6章

遥控电路的识读

6.1 遥控电路的功能应用与结构组成

6.1.1 遥控电路的功能应用

遥控电路是一种通过红外光波传输人工指令（控制信号）的电路，采用无线、非接触控制技术，具有抗干扰能力强、信息传输可靠、功耗低、成本低、易实现等特点。通常，遥控电路可分为红外发射电路和红外接收电路两部分，且两部分一般采用独立的电路结构，通过发射和接收红外光信号来实现控制指令的发送和接收。

1. 红外发射电路的功能特点

红外发射电路的主要作用是将操作指令调制后，以红外光的形式由红外发光二极管送给红外接收电路。

【红外发射电路】

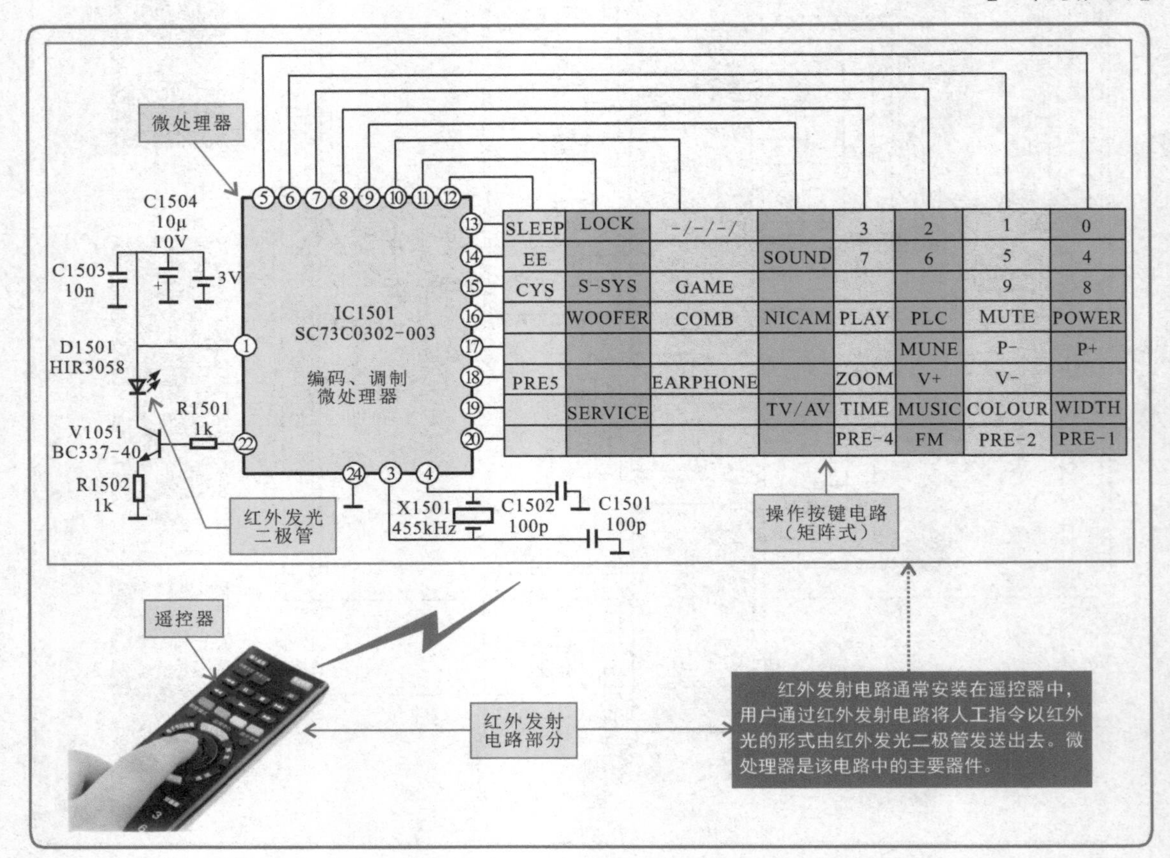

2. 红外接收电路的功能特点

红外接收电路主要是将红外光信号转换成电信号，再经放大选频、滤波、整形后，将调制在红外光信号上的控制信号取出，送到微处理器中，完成遥控操作指令的输入。

【红外接收电路】

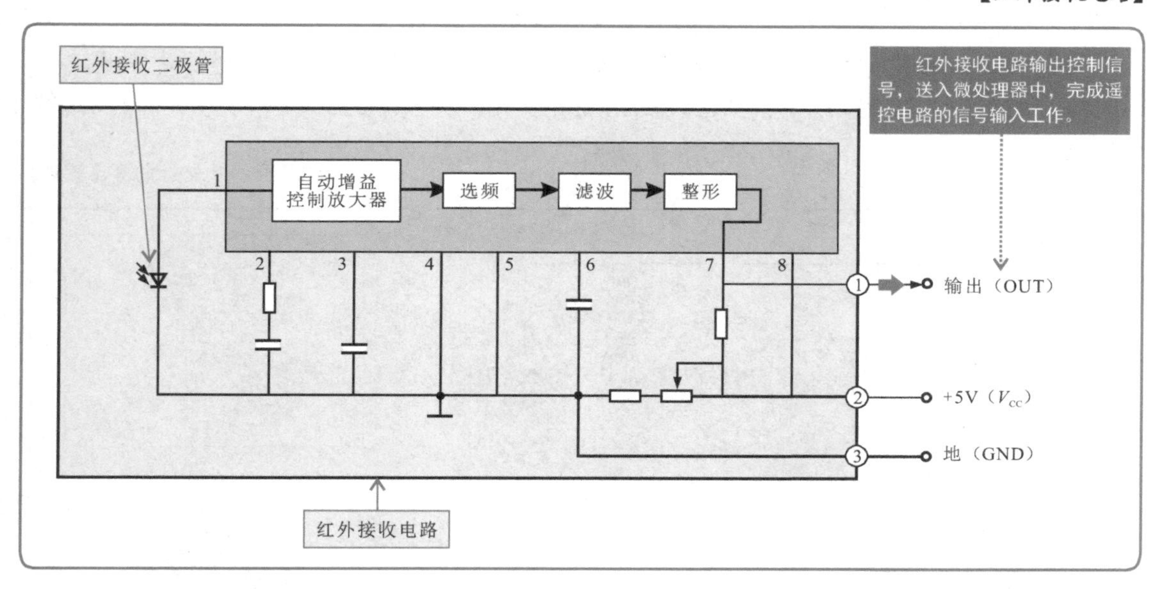

红外接收电路通常应用在一些电子产品中接收红外发射电路送来的控制信号。该电路主要是由红外接收二极管及集成电路等构成的。

【红外接收电路的应用】

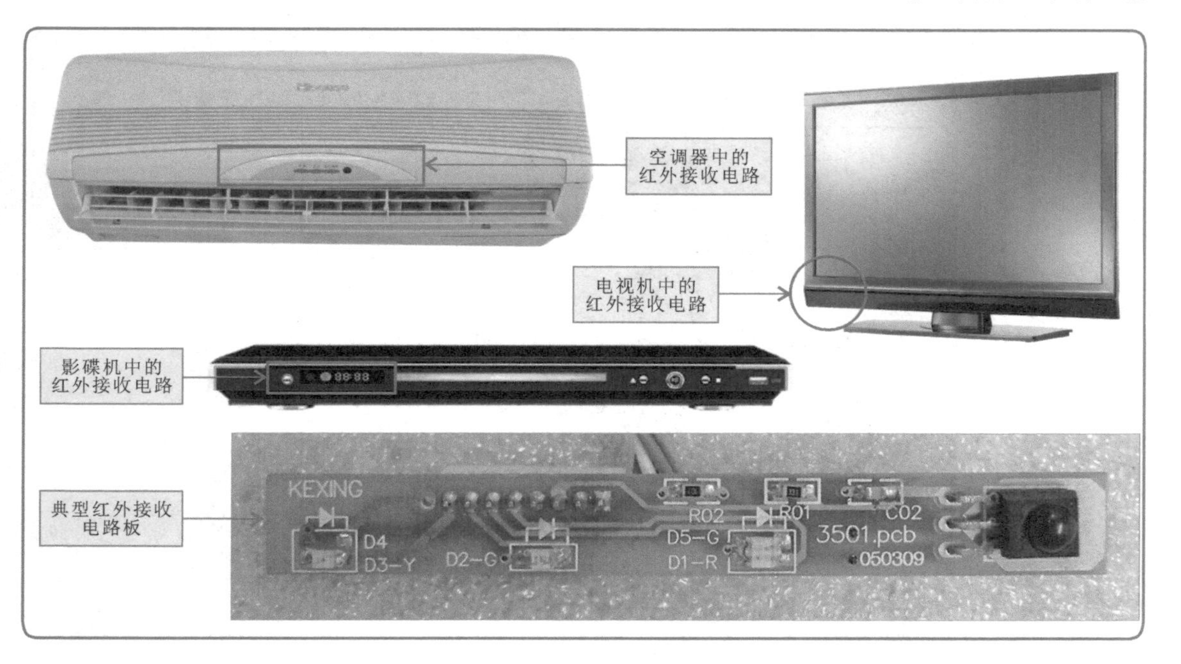

6.1.2 遥控电路的结构组成

想要识读遥控电路，就要了解电路的结构组成。只有知晓遥控电路的功能、结构及各元器件的功能后，才能对遥控电路进行识读。

1. 红外发射电路的结构组成

红外发射电路是由按键、红外发光二极管、集成电路及一些外围元器件构成的。

单信号红外发射电路主要是由按键S、红外发光二极管、555时基电路及外围元器件构成的。

【单信号红外发射电路的结构】

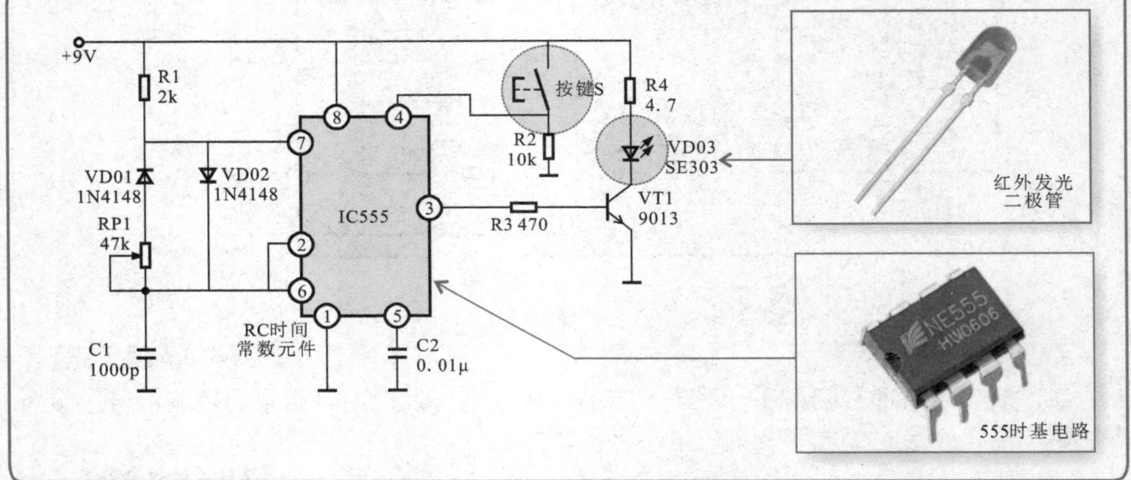

特别提醒

有些红外发射电路为采用编码式遥控发射电路，由遥控键盘矩阵电路、M550110P调制编码集成电路及放大驱动电路三部分组成。

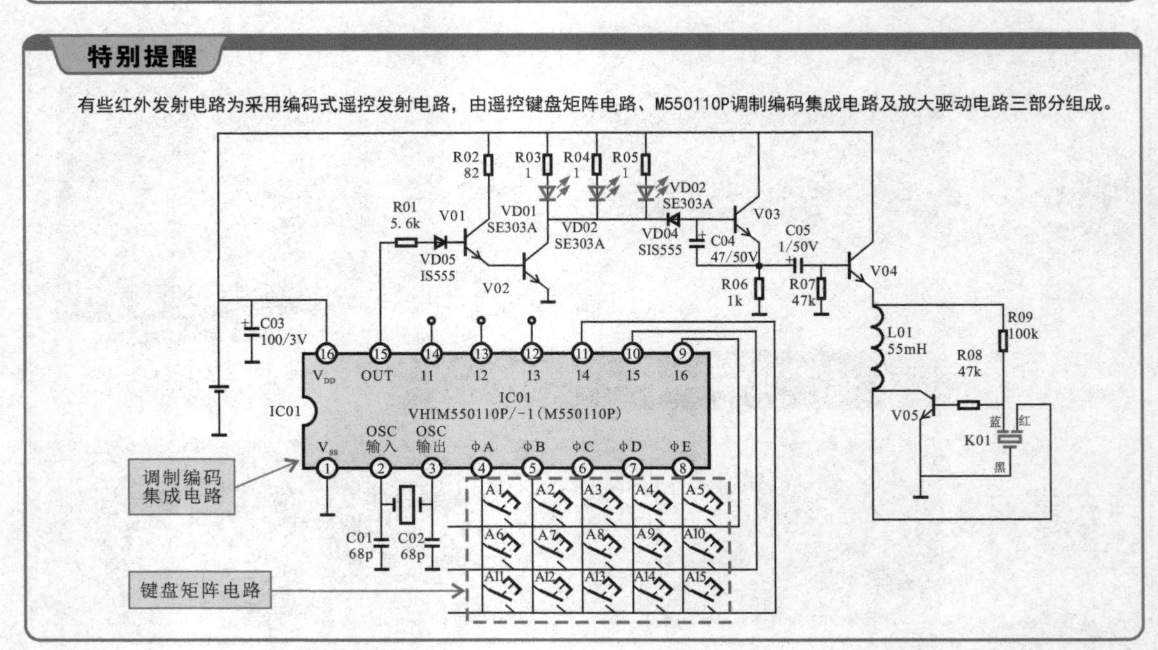

2. 红外接收电路的结构组成

红外接收电路是由红外接收二极管、放大器、滤波器和整形电路等构成的。在学习识读红外接收电路之前，首先要了解红外接收电路的结构组成，明确红外接收电路中红外接收二极管、集成电路及一些外围元器件的电路对应关系。

【红外接收电路的结构】

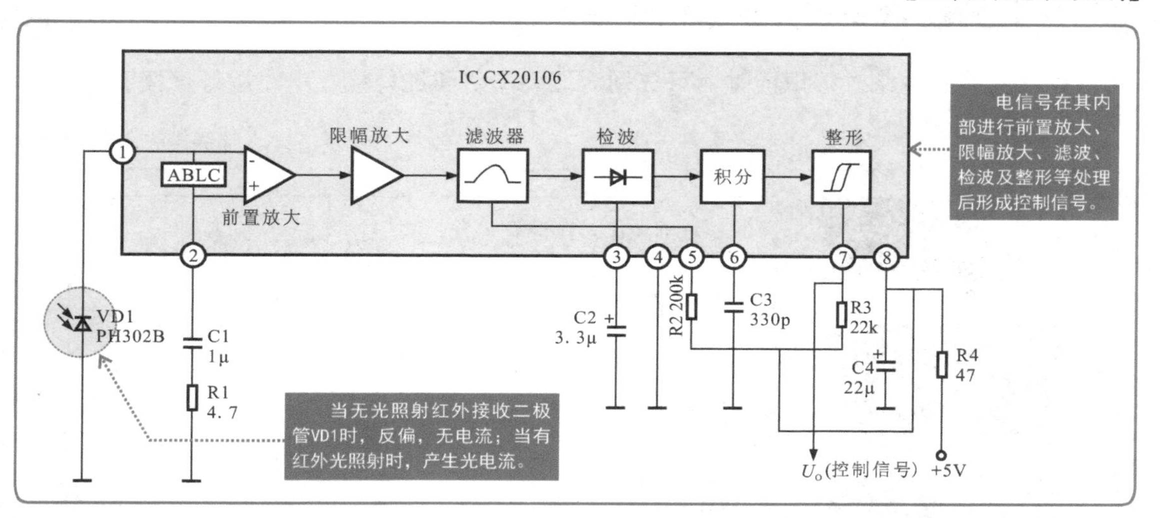

特别提醒

在实际应用中，通常将红外接收电路制成一个只有3个引脚的电路模块，简称遥控接收器或遥控接收头。其中，2脚为5V工作电压端，3脚为接地端，1脚输出提取后的电信号经连接插件J1的3脚送入控制电路中。

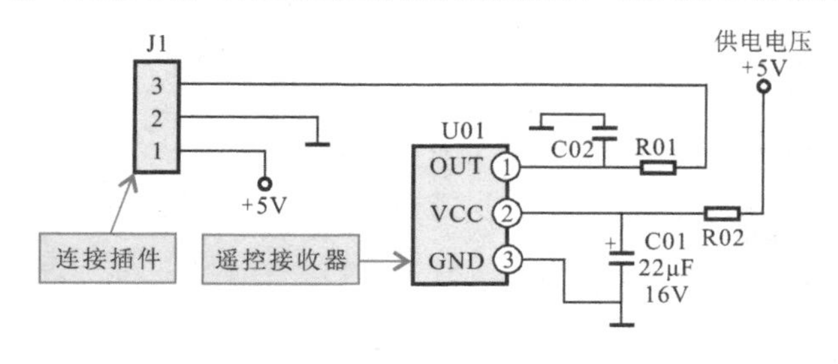

特别提醒

在红外发光二极管基本工作电路中，晶体管V1作为开关管使用，当在晶体管的基极加上驱动信号时，晶体管V1也随之饱和导通，接在集电极回路上的红外发光二极管VD1也随之导通工作，向外发出红外光（近红外光，波长约为0.93μm）。红外发光二极管的压降约为1.4 V，工作电流一般小于20 mA。为了适应不同的工作电压，红外发光二极管的回路中常串有限流电阻器R2控制工作电流。

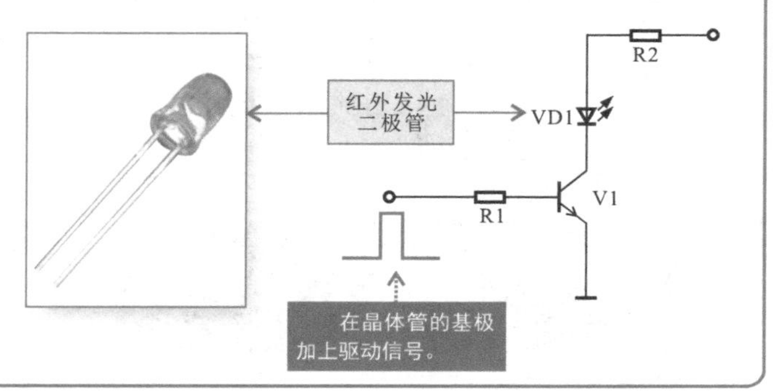

6.2 遥控电路的识读训练

遥控电路的应用较为广泛，不同的产品中遥控电路的构成部件也有所不同，因此，识读遥控电路就要从电路的组成器件入手，找准控制关系，进而沿信号流程，完成对遥控电路工作过程的分析。

6.2.1 微型遥控电路的识读训练

对微型遥控电路进行识读时，可分别对红外发射和红外接收电路进行识读。

【微型红外发射电路】

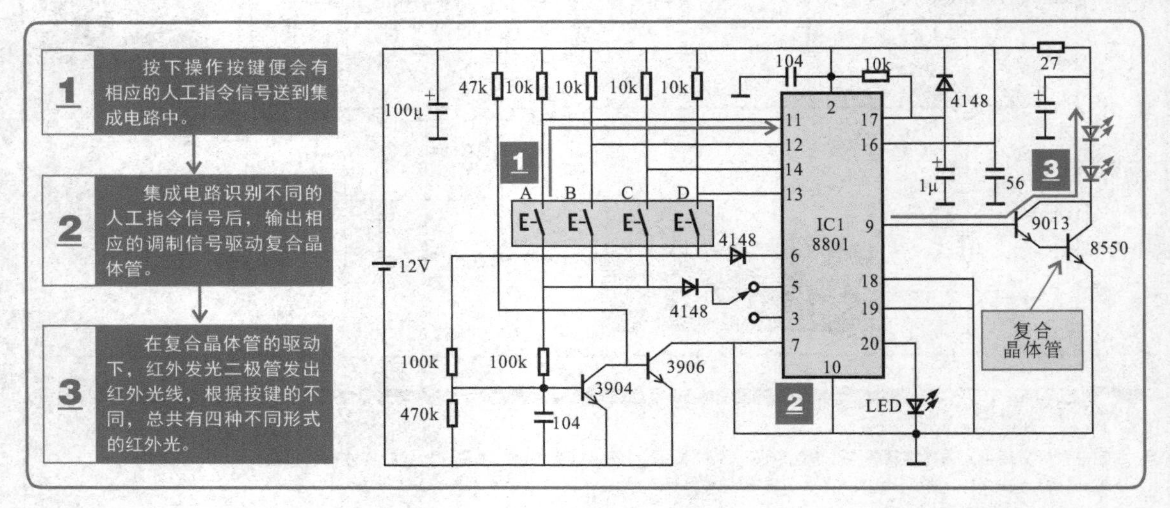

【微型红外接收电路】

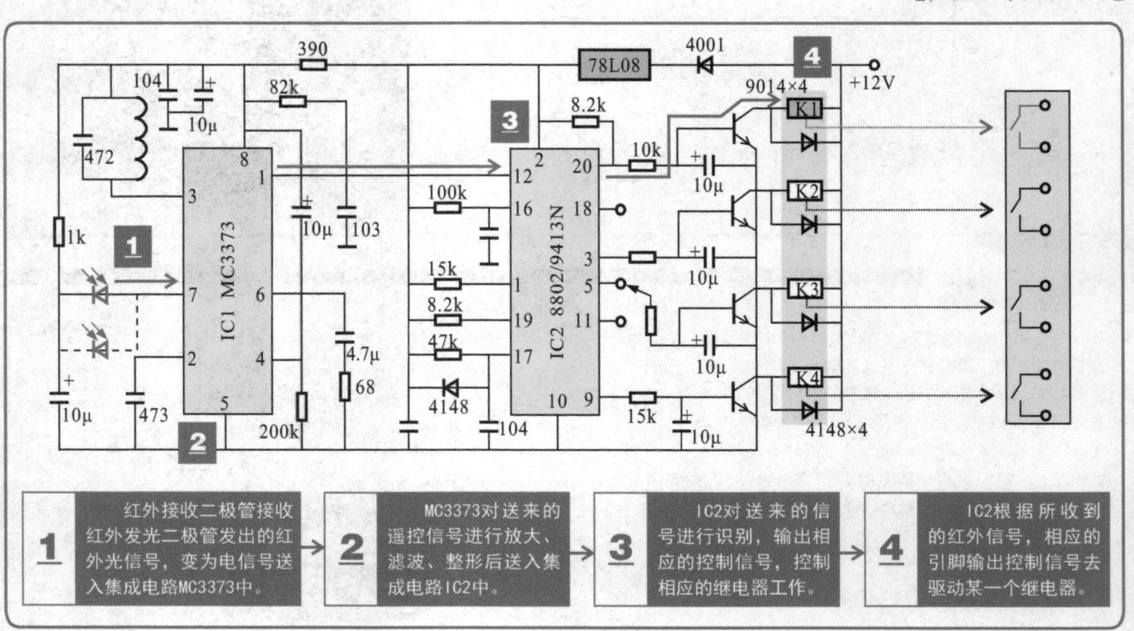

6.2.2 多功能遥控电路的识读训练

对多功能遥控电路进行识读时，可分别对红外发射和红外接收电路进行识读。

【多功能遥控发射电路】

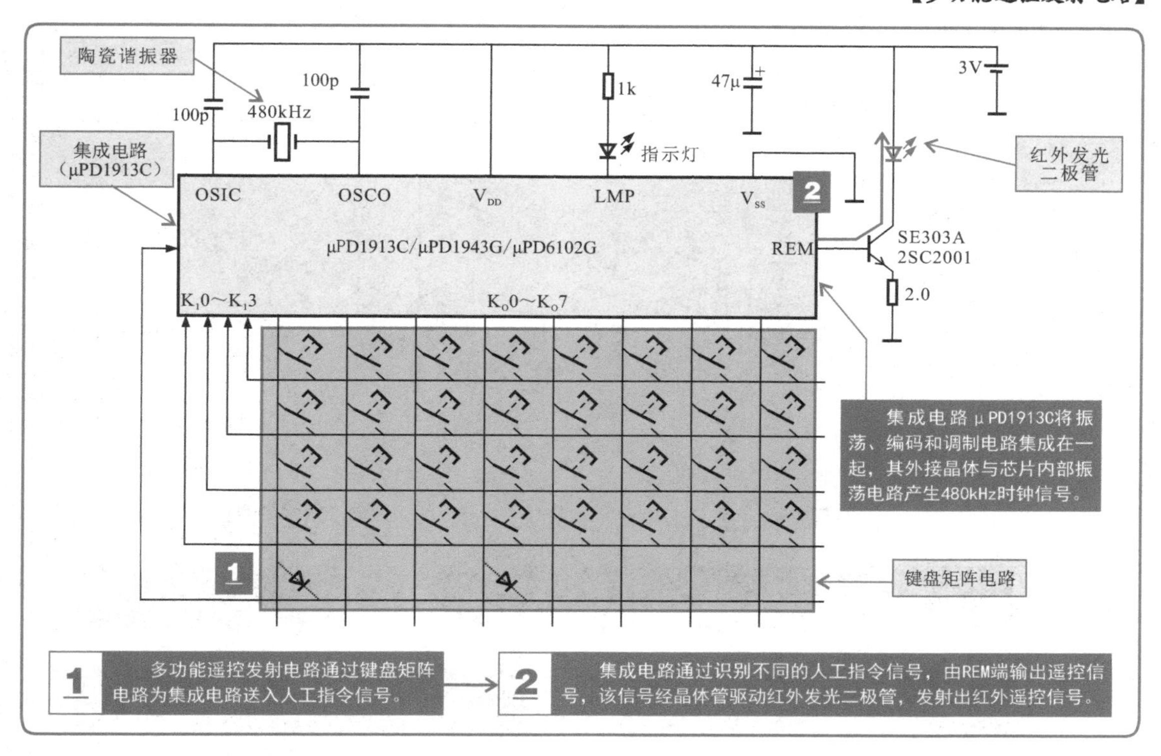

【多功能遥控接收电路】

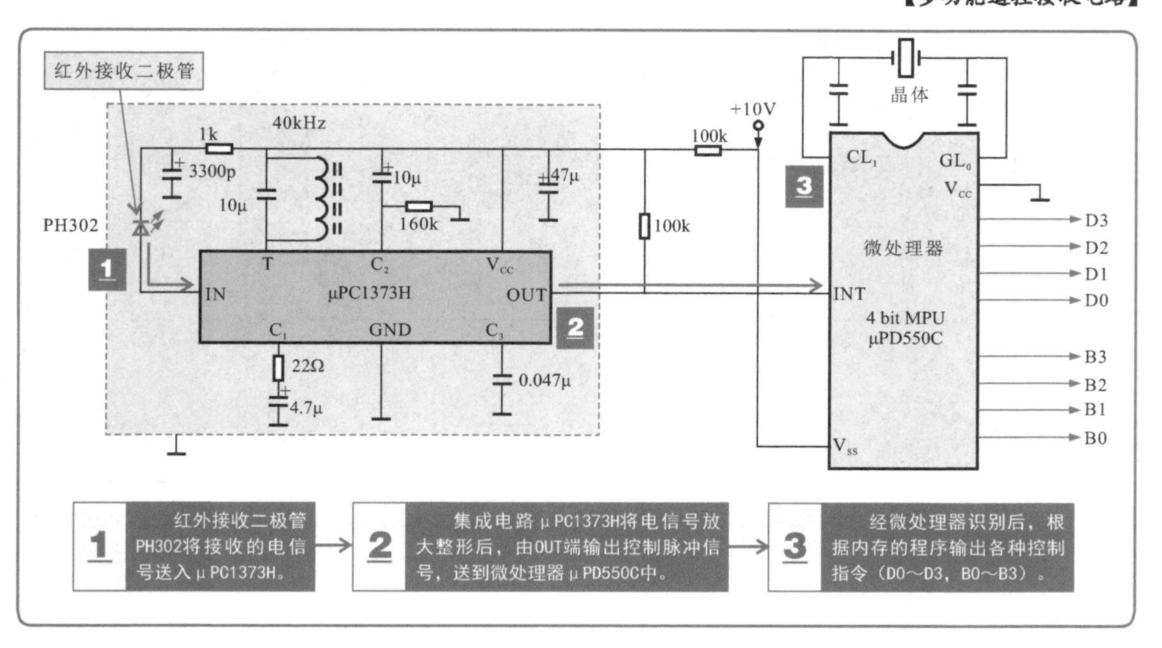

6.2.3 高灵敏度遥控电路的识读训练

红外发射电路采用SE303A红外发光二极管；红外接收电路采用PH302红外接收二极管。PH302红外接收二极管是与SE303A红外发光二极管相配套的一组器件，即PH302的光谱灵敏度与SE303A发光的频谱相对应，使遥控灵敏度达到最佳状态。

【高灵敏度遥控电路】

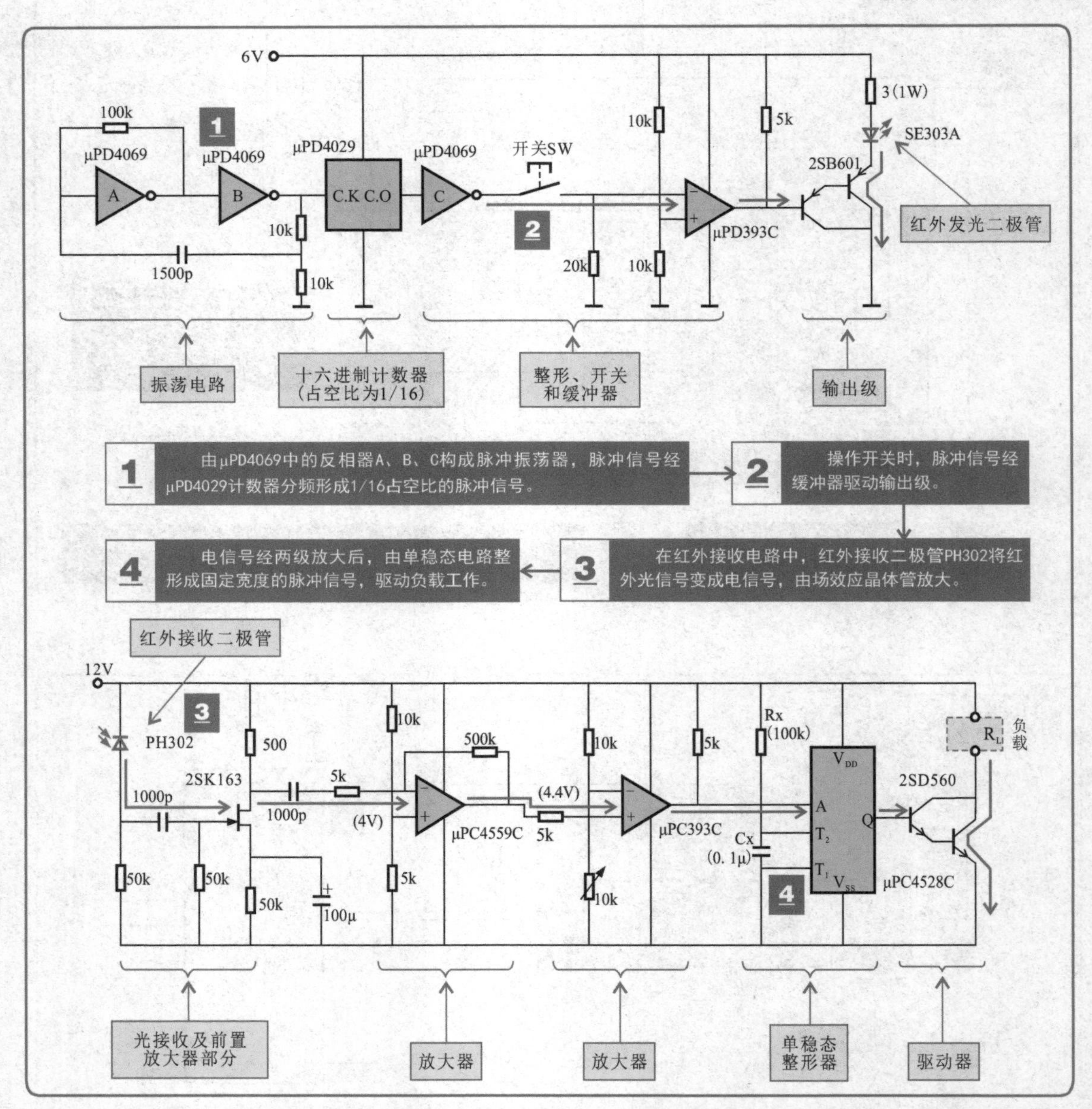

特别提醒

在识读该类遥控电路时，可首先找到红外发光二极管和红外接收二极管，根据电路图，沿信号流程分别逆向、正向识读，最终完成整个遥控电路的分析识图。

6.2.4 超声波红外发射电路的识读训练

超声波红外发射电路主要是由控制开关S、时基电路NE555、超声波发射器W1等构成的。

【超声波红外发射电路】

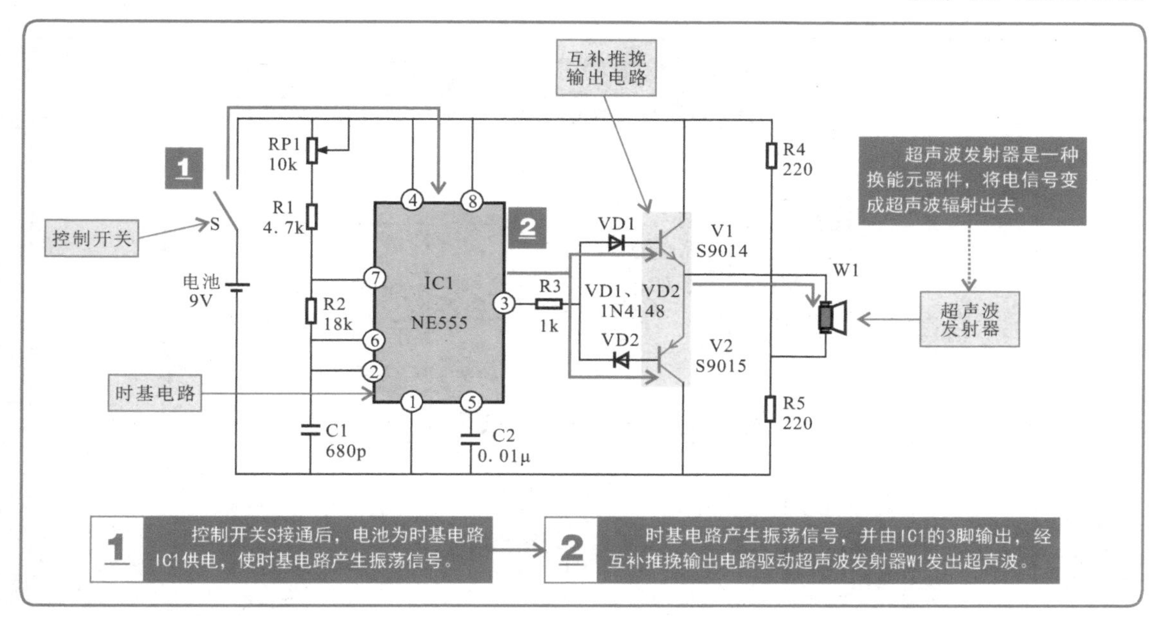

6.2.5 电动玩具无线红外发射电路的识读训练

电动玩具无线红外发射电路主要是由时基集成电路NE555、发光二极管LED1等构成的。

【电动玩具无线红外发射电路】

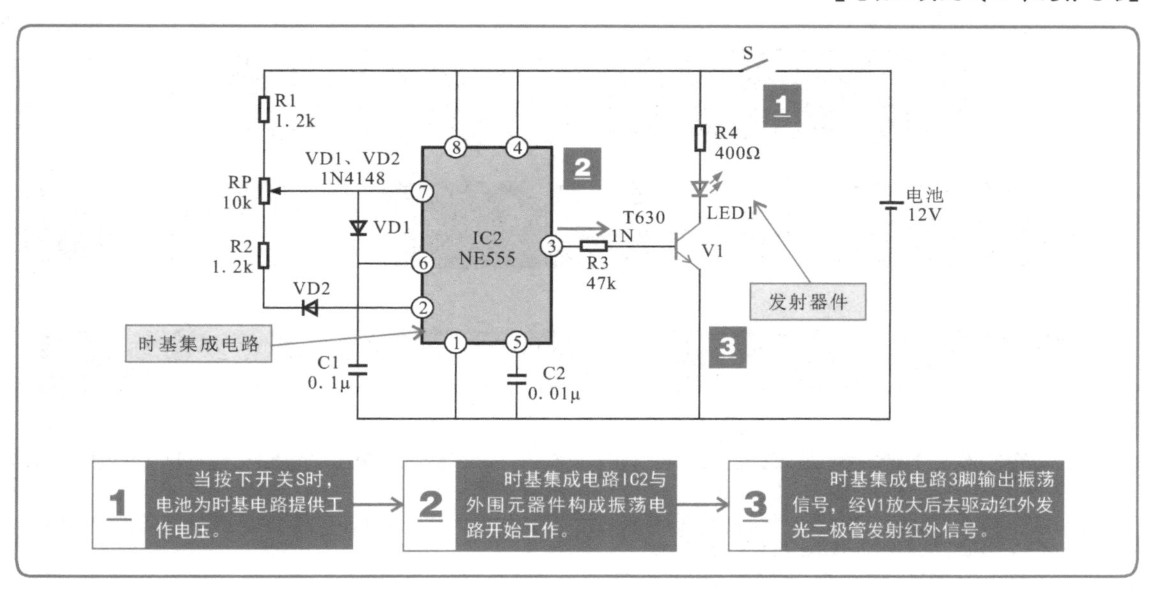

6.2.6 换气扇红外接收电路的识读训练

换气扇红外接收电路主要是由电源电路、遥控接收头IC1、时基电路NE555、反相器IC3等构成的。

【换气扇红外接收电路】

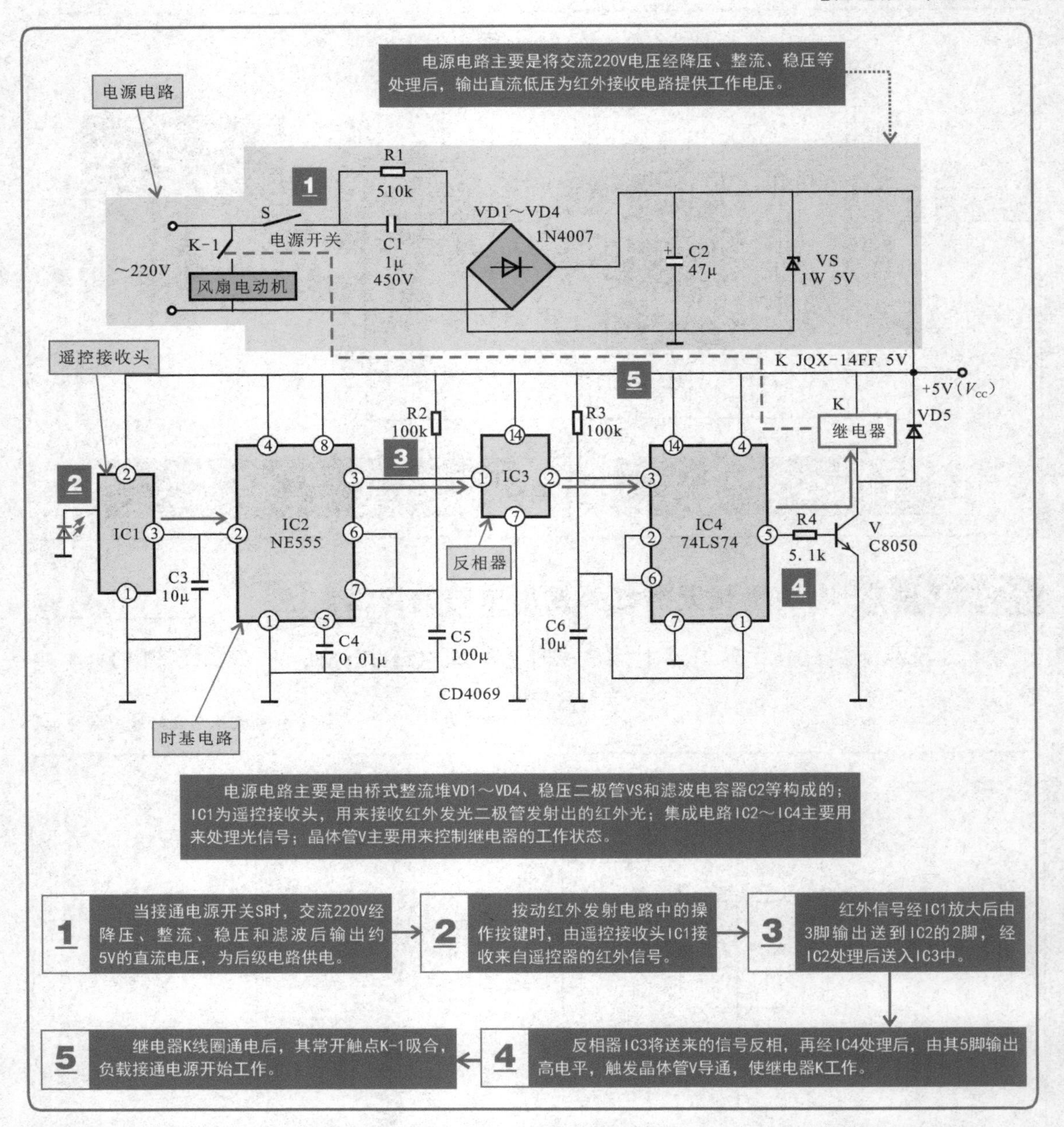

特别提醒

在电路中，遥控接收头接收的信号为光信号，该信号需要经过一系列的转换、调试或编码后才可以变为电信号驱动晶体管V正常工作，所以不同的遥控电路中具体的转换过程也是有所区别的。

6.2.7 高性能红外遥控电路的识读训练

高性能红外遥控电路主要是由红外发射电路和红外接收电路构成的。

【高性能红外遥控电路】

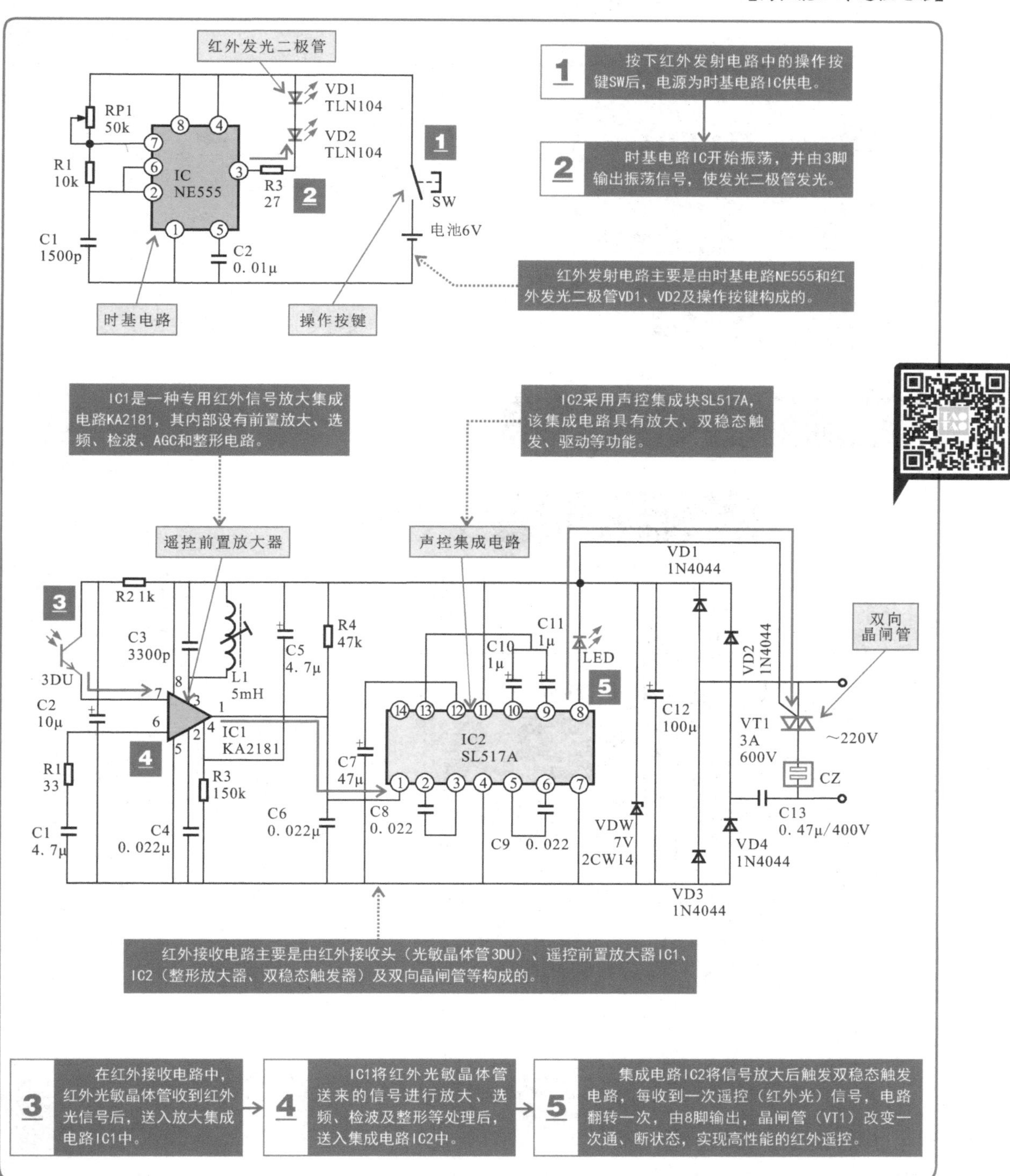

6.2.8 红外遥控开关电路的识读训练

红外遥控开关电路主要是由红外发射电路和红外接收电路构成的。其中红外发射电路主要是由时基电路NE555和红外发光二极管构成的；红外接收电路主要是由红外接收二极管VD1、信号放大和控制电路部分构成的。

【红外遥控开关电路】

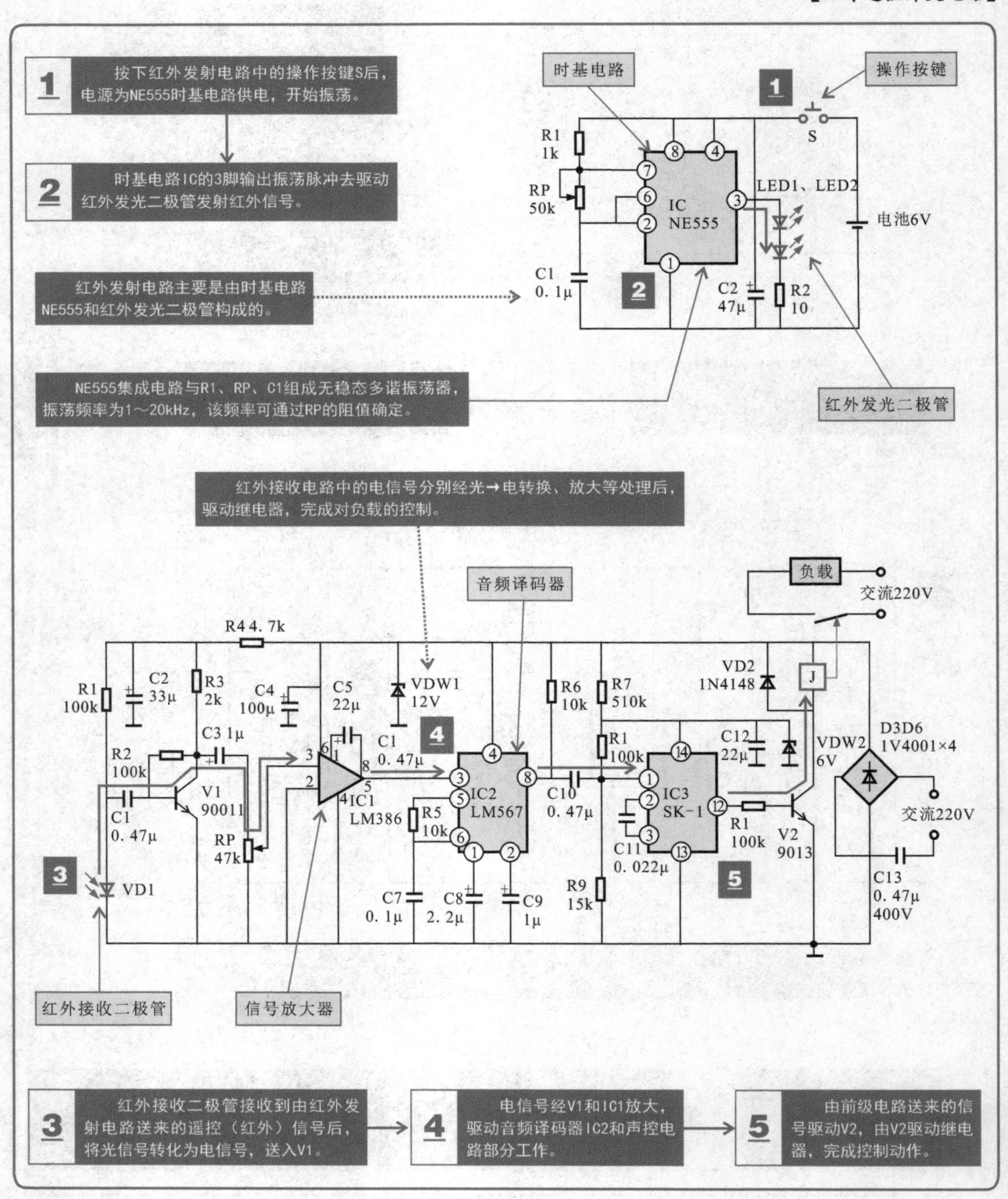

第7章

操作显示电路的识读

7.1 操作显示电路的功能特点与结构组成

7.1.1 操作显示电路的功能特点

操作显示电路是用来输入人工指令，并显示设备当前工作状态的电路，是用户与电子产品进行人机交互的重要电路。

操作显示电路是由显示部分和操作部分组成的。这种电路具有指令输入和状态显示功能，广泛应用在各种电子产品中，如电磁炉、微波炉、智能电冰箱、洗衣机、办公设备等，为设备与用户提供人机交互平台。

【操作显示电路的功能特点】

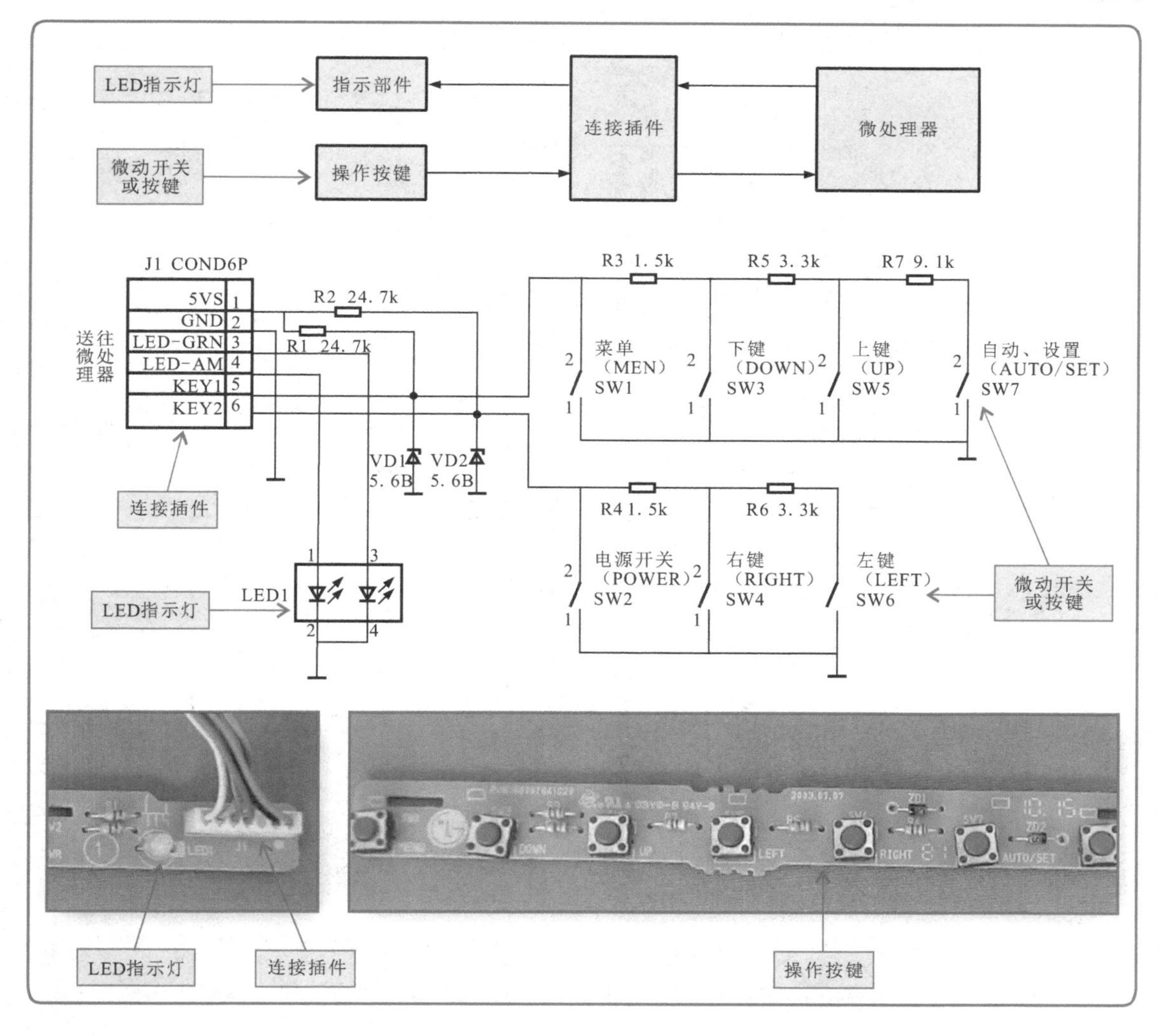

7.1.2 操作显示电路的结构组成

操作显示电路主要是由微处理器、数码显示管、指示灯及操作按键等器件构成的。其中微处理器主要接收人工指令并输出显示驱动信号。

【操作显示电路的结构组成】

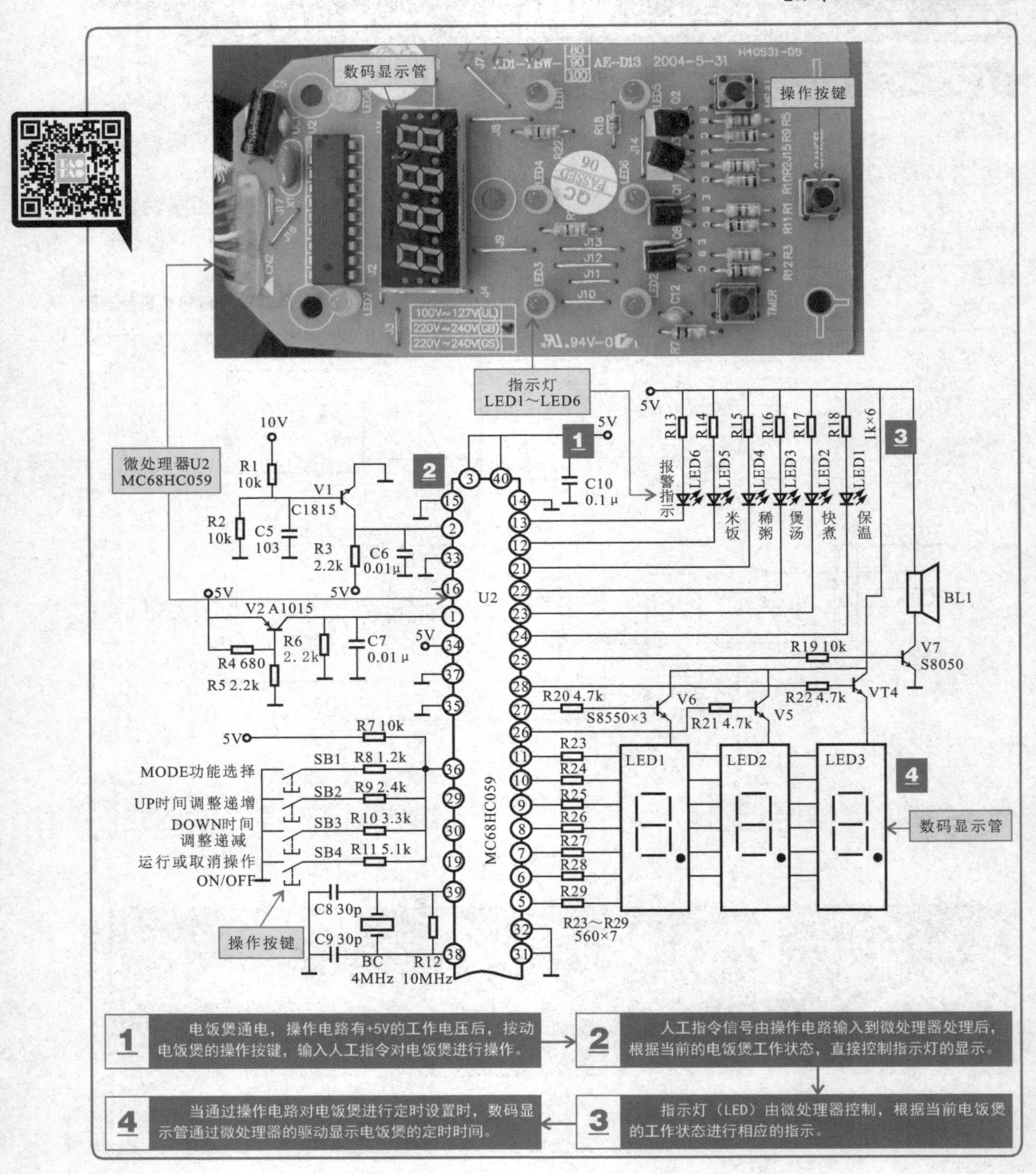

7.2 操作显示电路的识读训练

7.2.1 微波炉操作显示电路的识读训练

微波炉操作显示电路主要是由操作按键、微处理器、数码显示管等构成的。

【微波炉操作显示电路】

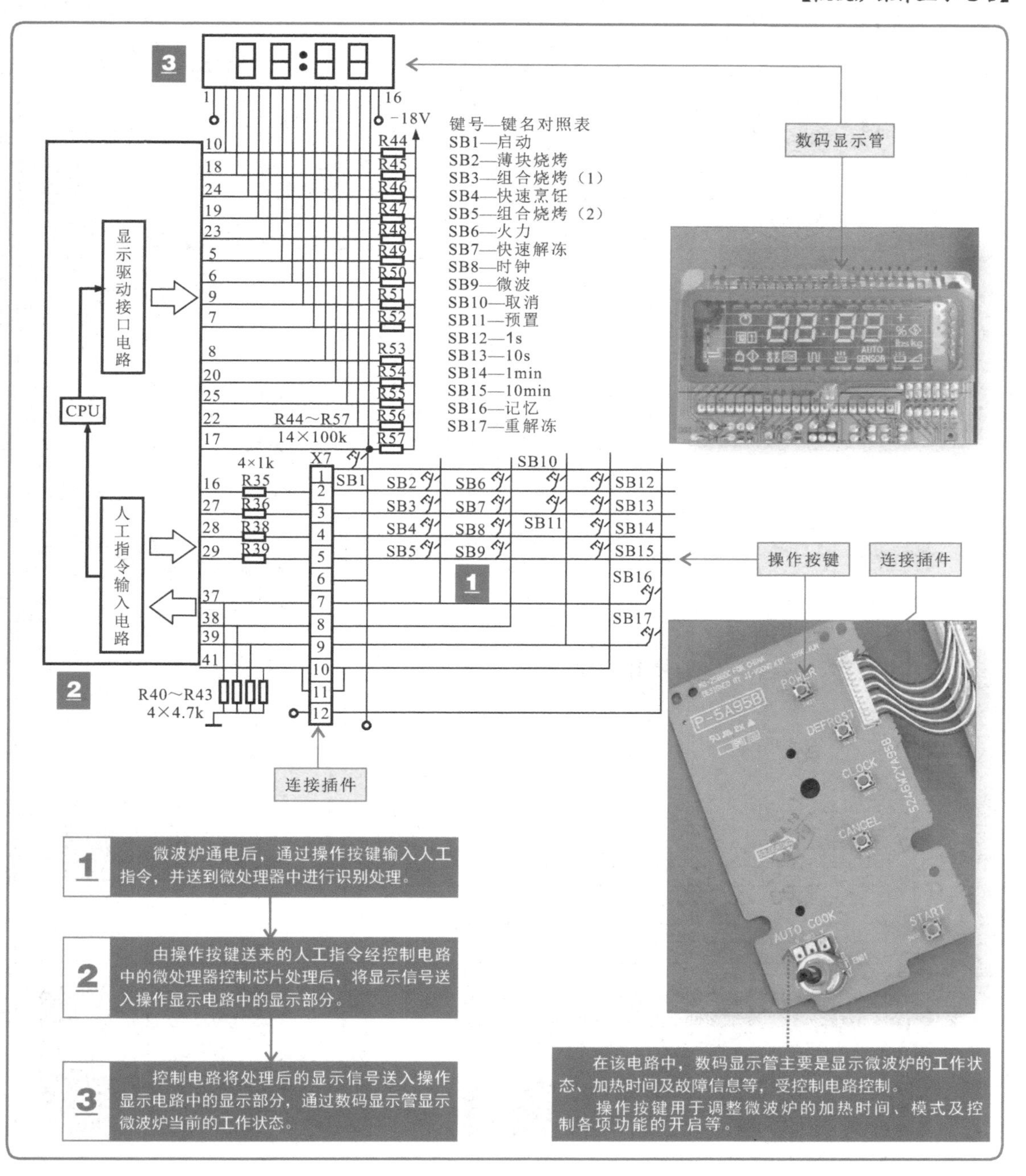

7.2.2 电磁炉操作显示电路的识读训练

电磁炉操作显示电路主要是由微动开关P20～P25、微处理器、指示灯、数码显示管等构成的。

【电磁炉操作显示电路】

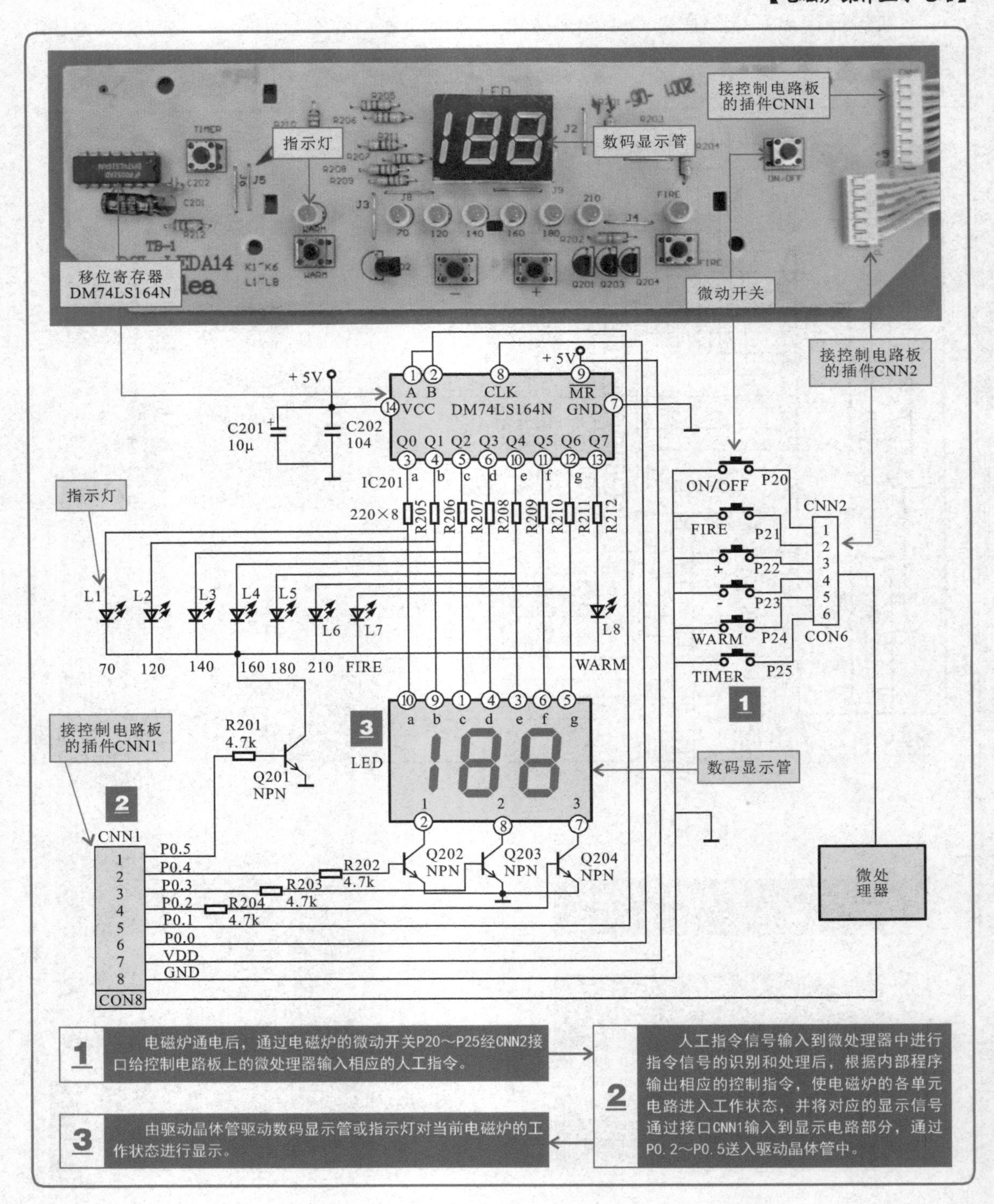

7.2.3 洗衣机操作显示电路的识读训练

洗衣机操作显示电路主要是由微处理器MN15828、操作按键、过程选择指示灯等构成的。

【洗衣机操作显示电路】

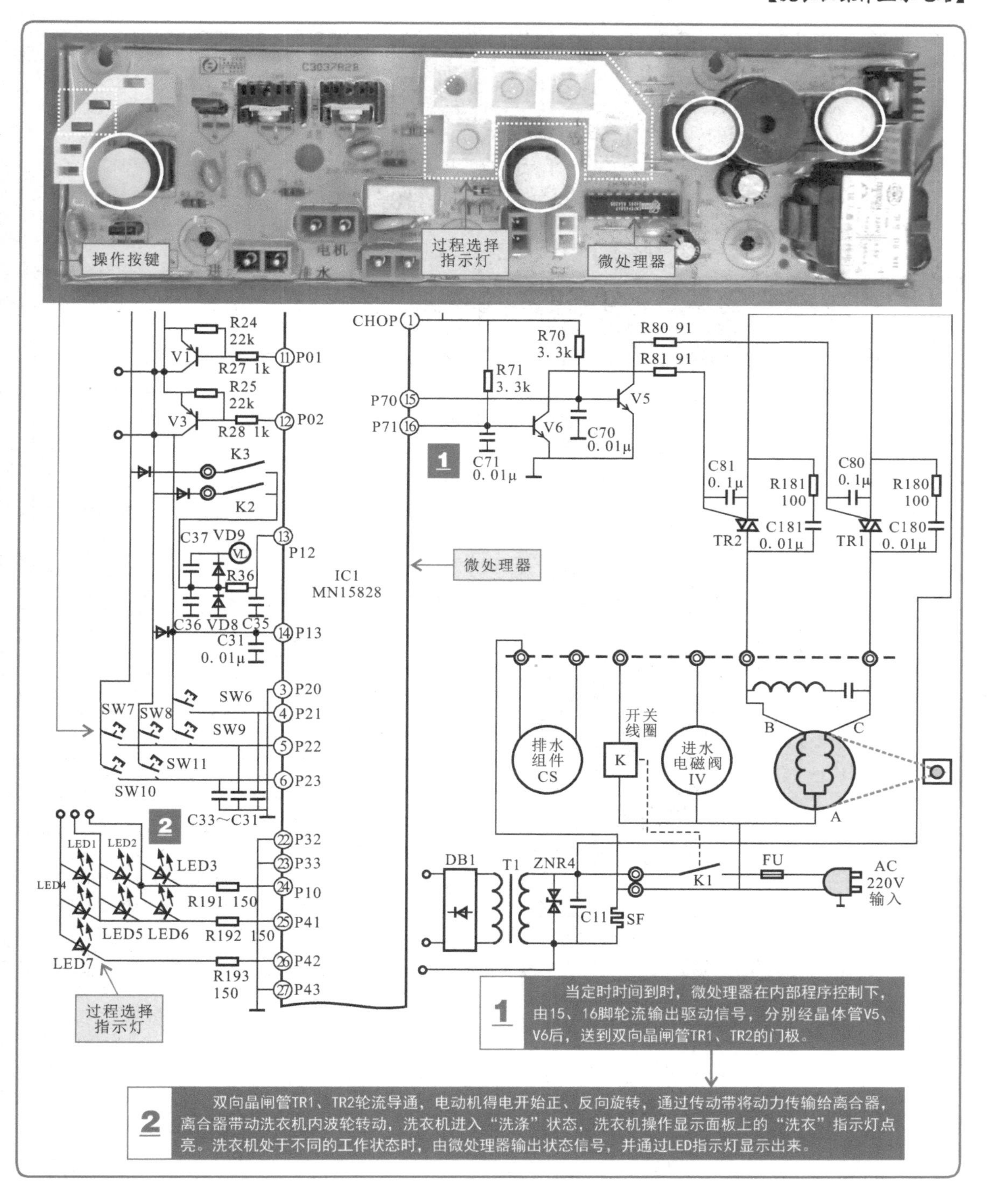

7.2.4 电冰箱操作显示电路的识读训练

电冰箱操作显示电路主要是由微处理器MN15828、双向晶闸管RT、过程选择指示灯等构成的。

【电冰箱操作显示电路】

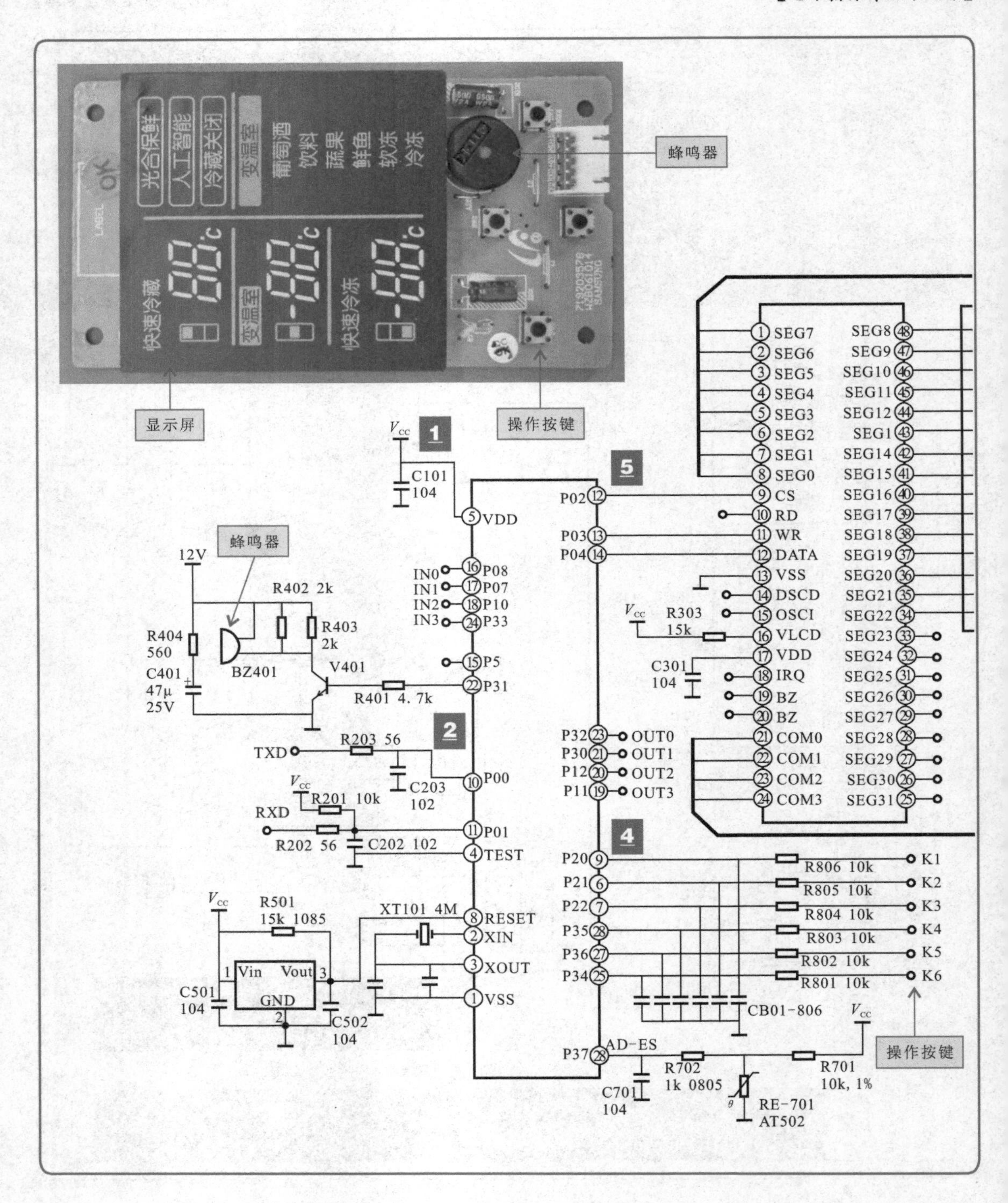

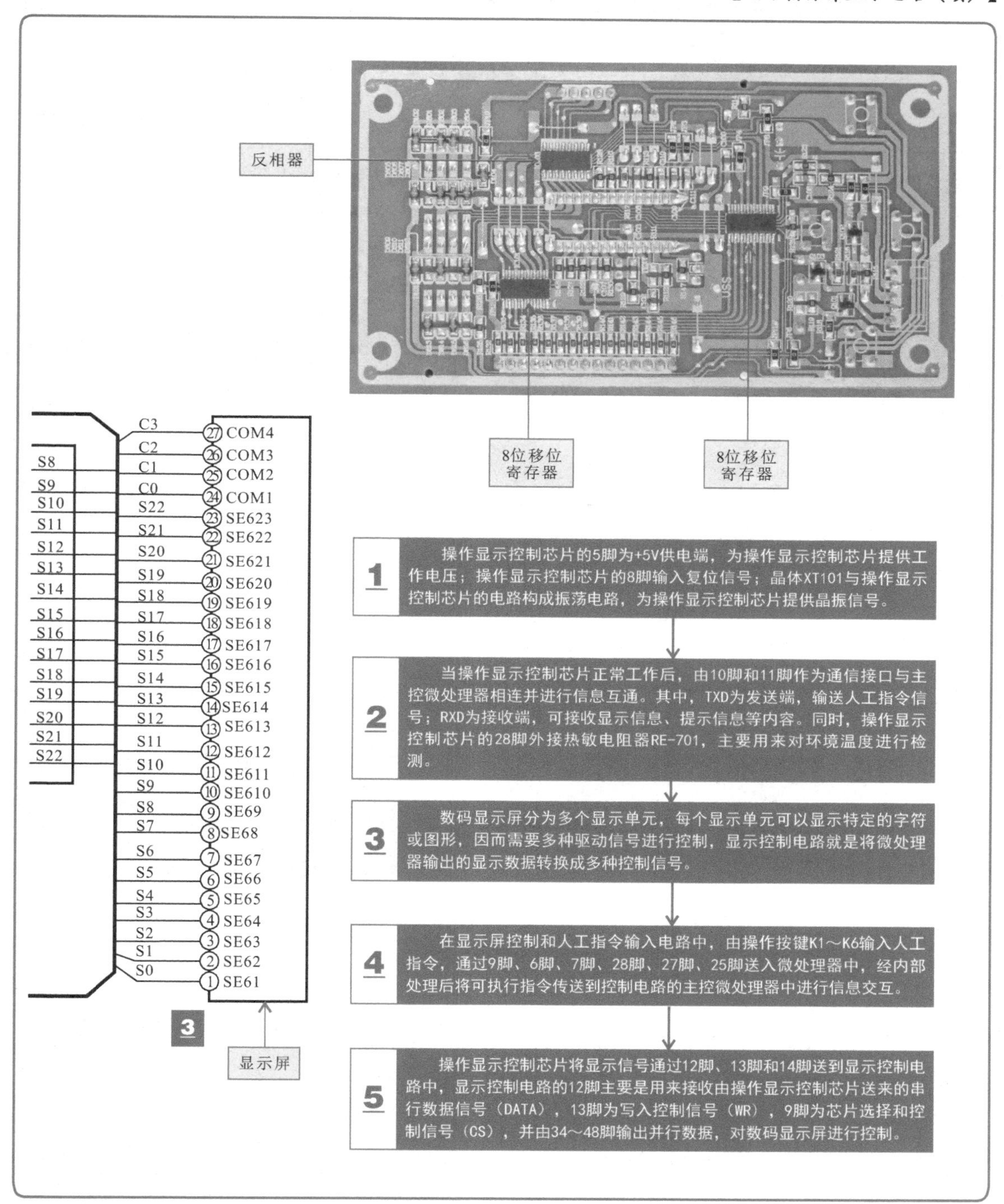

特别提醒

由图可知，电冰箱的操作显示电路主要是由操作按键、蜂鸣器、显示屏、操作显示控制芯片、反相器及8位移位寄存器等外围元器件组成的。

其中，操作显示控制芯片进入工作状态需要具备一些工作条件，如5V供电电压、复位信号和晶振信号等。

7.2.5 汽车音响操作显示电路的识读训练

汽车音响操作显示电路主要是由LCD显示屏组件、操作按键、按键背光灯等组成的。

【汽车音响操作显示电路】

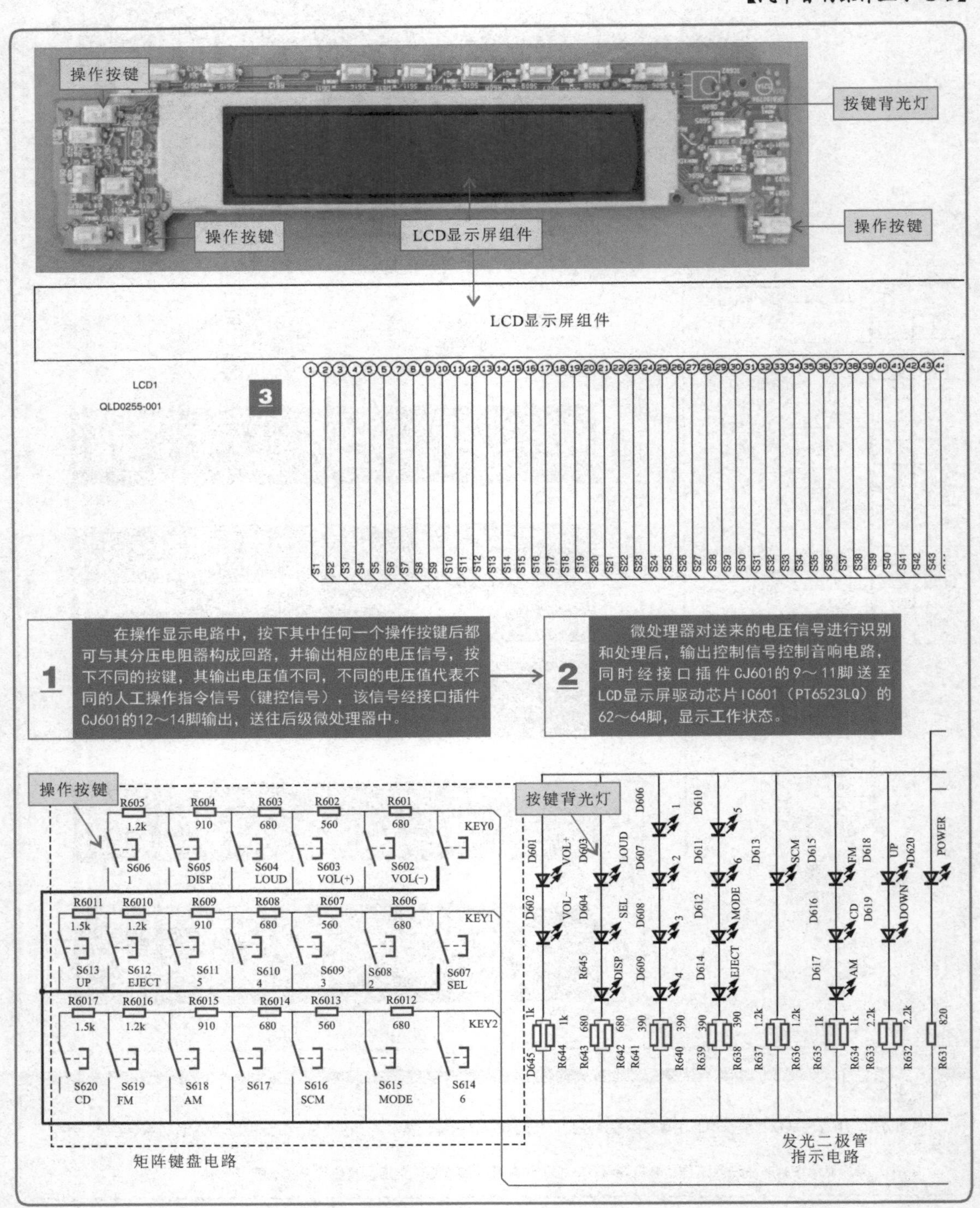

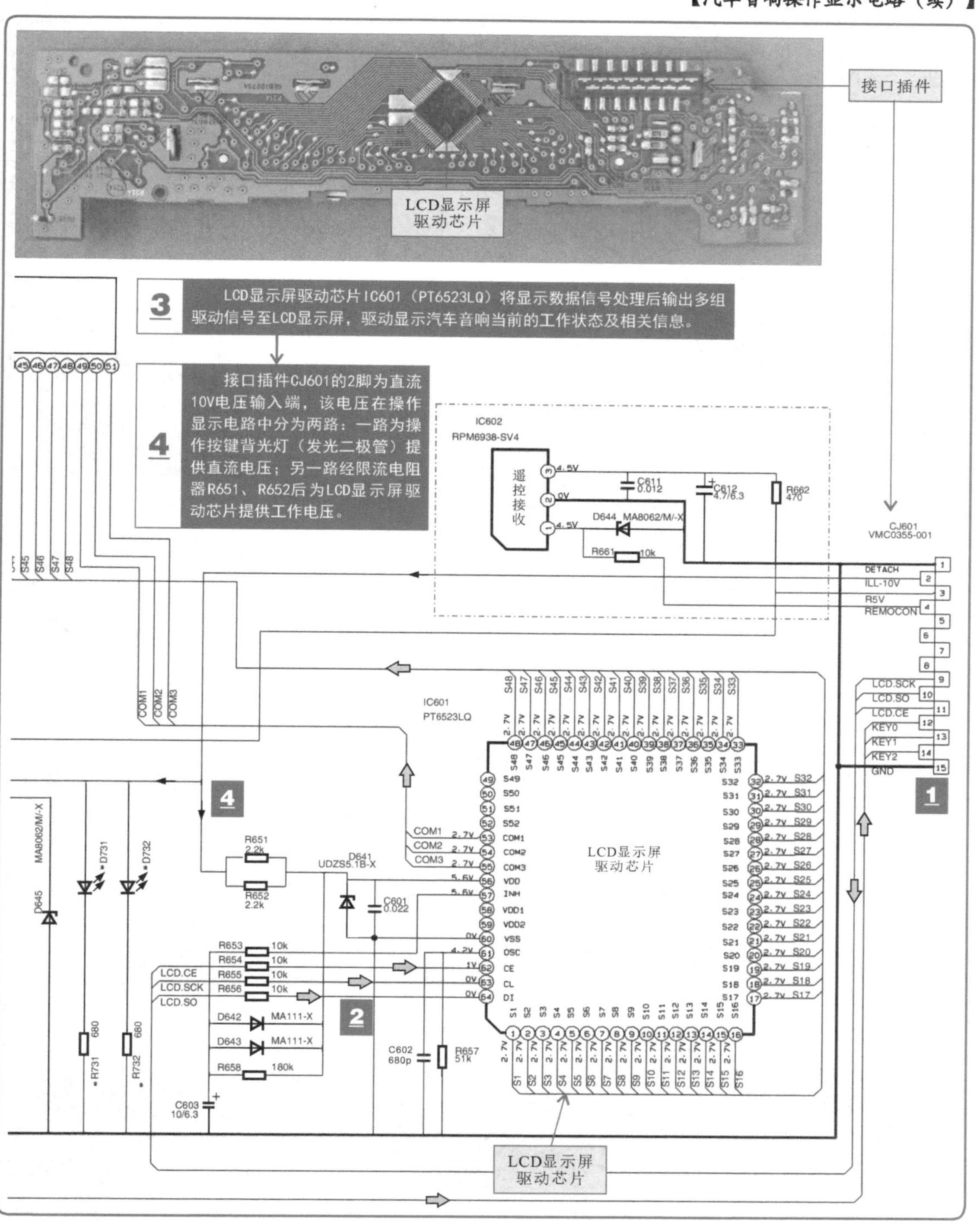
接口插件
LCD显示屏
驱动芯片
3
LCD显示屏驱动芯片IC601（PT6523LQ）将显示数据信号处理后输出多组驱动信号至LCD显示屏，驱动显示汽车音响当前的工作状态及相关信息。
4
接口插件CJ601的2脚为直流10V电压输入端，该电压在操作显示电路中分为两路：一路为操作按键背光灯（发光二极管）提供直流电压；另一路经限流电阻器R651、R652后为LCD显示屏驱动芯片提供工作电压。
IC602
RPM6938-SV4
遥控接收
C611 0.012
C612 4.7/6.3
R662 470
D644 MA8062/M/-X
R661 10k
CJ601
VMC0355-001
DETACH
ILL-10V
R5V
REMOCON
LCD.SCK
LCD.SO
LCD.CE
KEY0
KEY1
KEY2
GND
IC601
PT6523LQ
COM1
COM2
COM3
R651 2.2k
R652 2.2k
D641 UDZS5.1B-X
C601 0.022
R653 10k
R654 10k
R655 10k
R656 10k
D642 MA111-X
D643 MA111-X
R658 180k
C603 10/6.3
C602 680p
R657 51k
D645 MA8062/M/-X
D731
D732
R731 680
R732 680
LCD显示屏
驱动芯片
1
2
4

7.2.6 液晶电视机操作显示电路的识读训练

液晶电视机操作显示电路主要是由操作按键、微处理器、电源指示灯（蓝、红）、连接插件等构成的。

【液晶电视机操作显示电路】

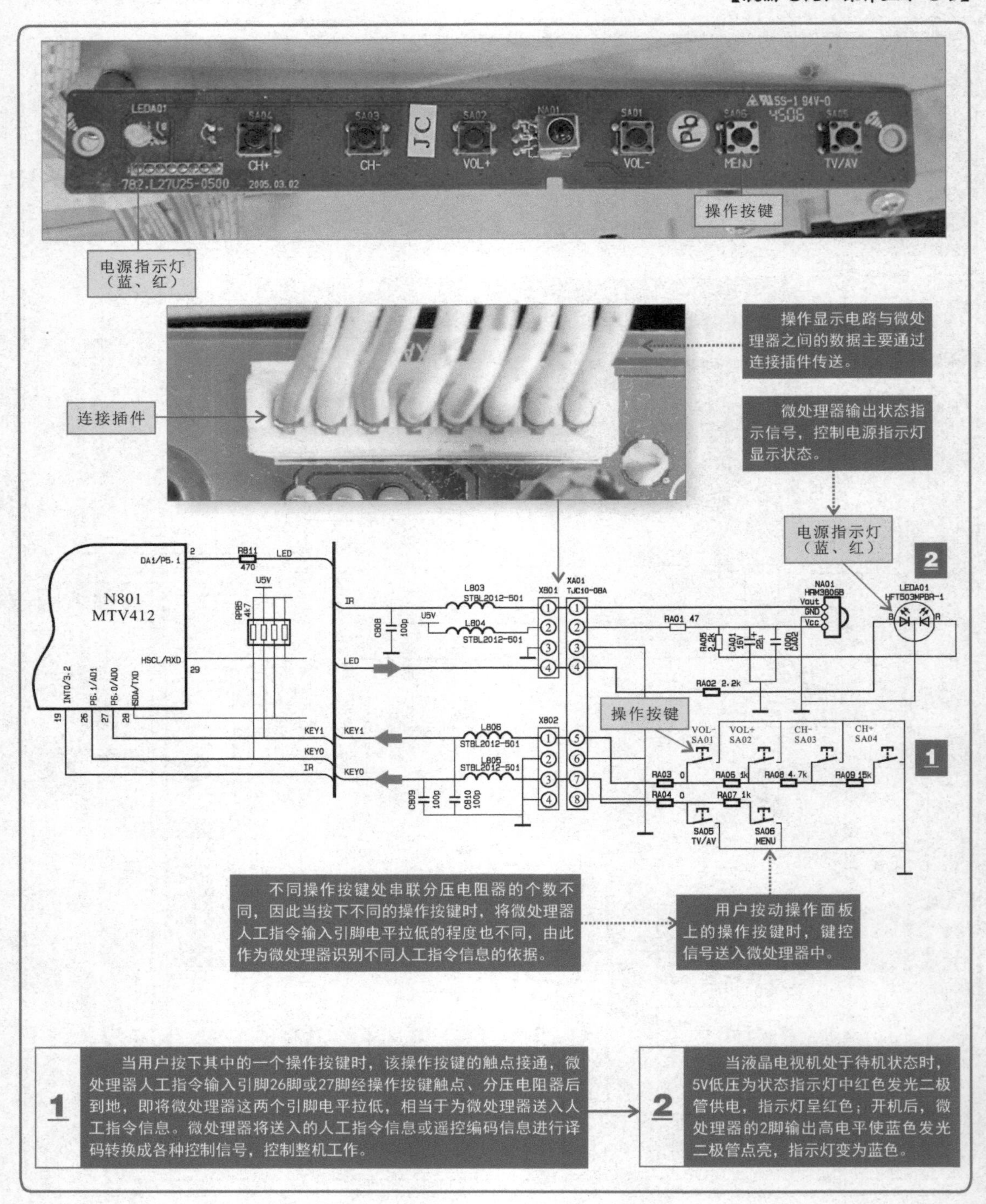

1 当用户按下其中的一个操作按键时，该操作按键的触点接通，微处理器人工指令输入引脚26脚或27脚经操作按键触点、分压电阻器后到地，即将微处理器这两个引脚电平拉低，相当于为微处理器送入人工指令信息。微处理器将送入的人工指令信息或遥控编码信息进行译码转换成各种控制信号，控制整机工作。

2 当液晶电视机处于待机状态时，5V低压为状态指示灯中红色发光二极管供电，指示灯呈红色；开机后，微处理器的2脚输出高电平使蓝色发光二极管点亮，指示灯变为蓝色。

7.2.7 机顶盒操作显示电路的识读训练

机顶盒操作显示电路主要是由三个驱动集成电路（M74HC595B1）、操作按键及多个数码管等组成的。

【机顶盒操作显示电路】

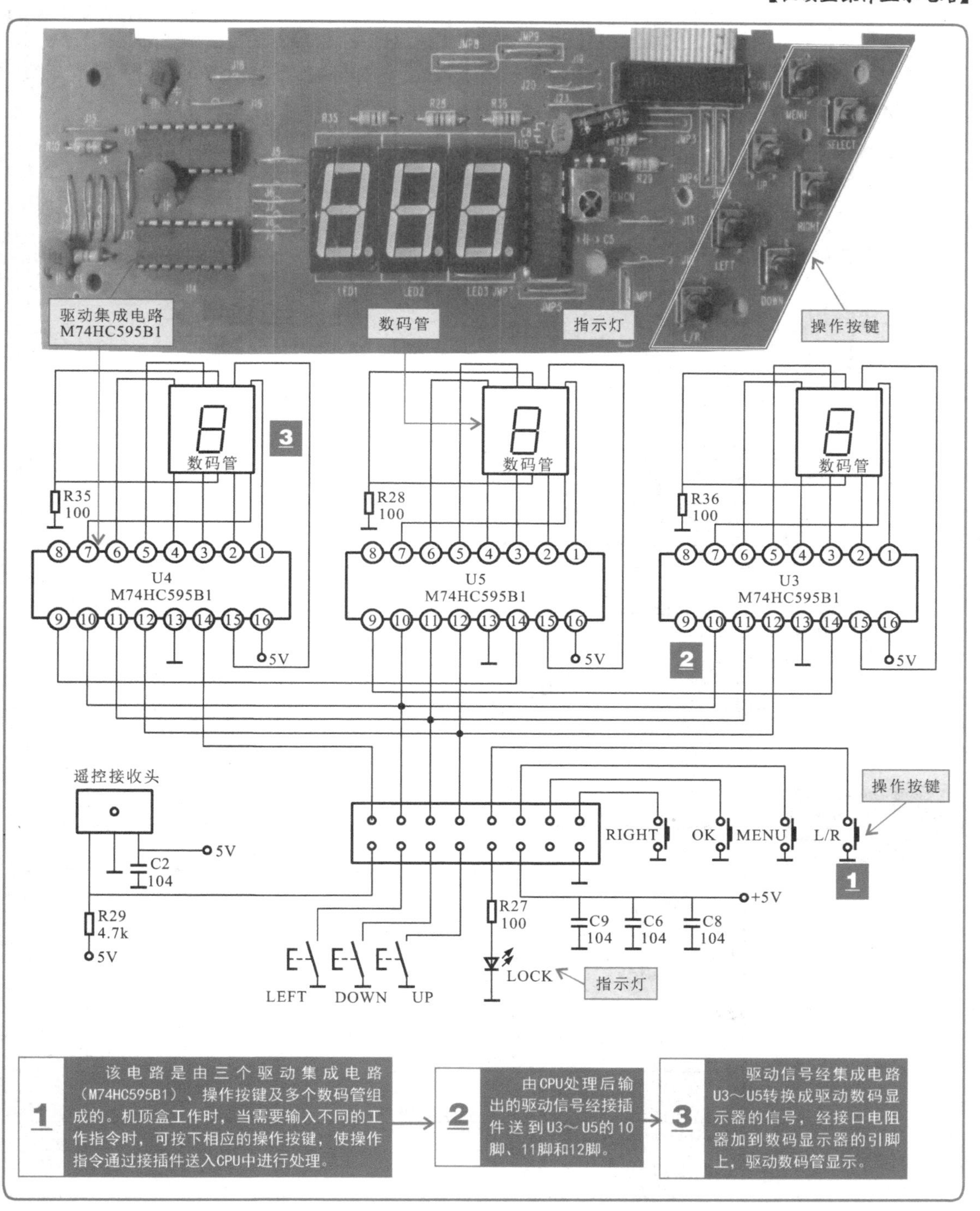

7.2.8 传真机操作显示电路的识读训练

传真机操作显示电路中操作显示电路控制芯片IC1是操作显示电路的控制核心。IC1外接7×5矩阵键盘，用户按动操作按键，即可将相应的信号送入操作显示控制芯片中。

【传真机操作显示电路】

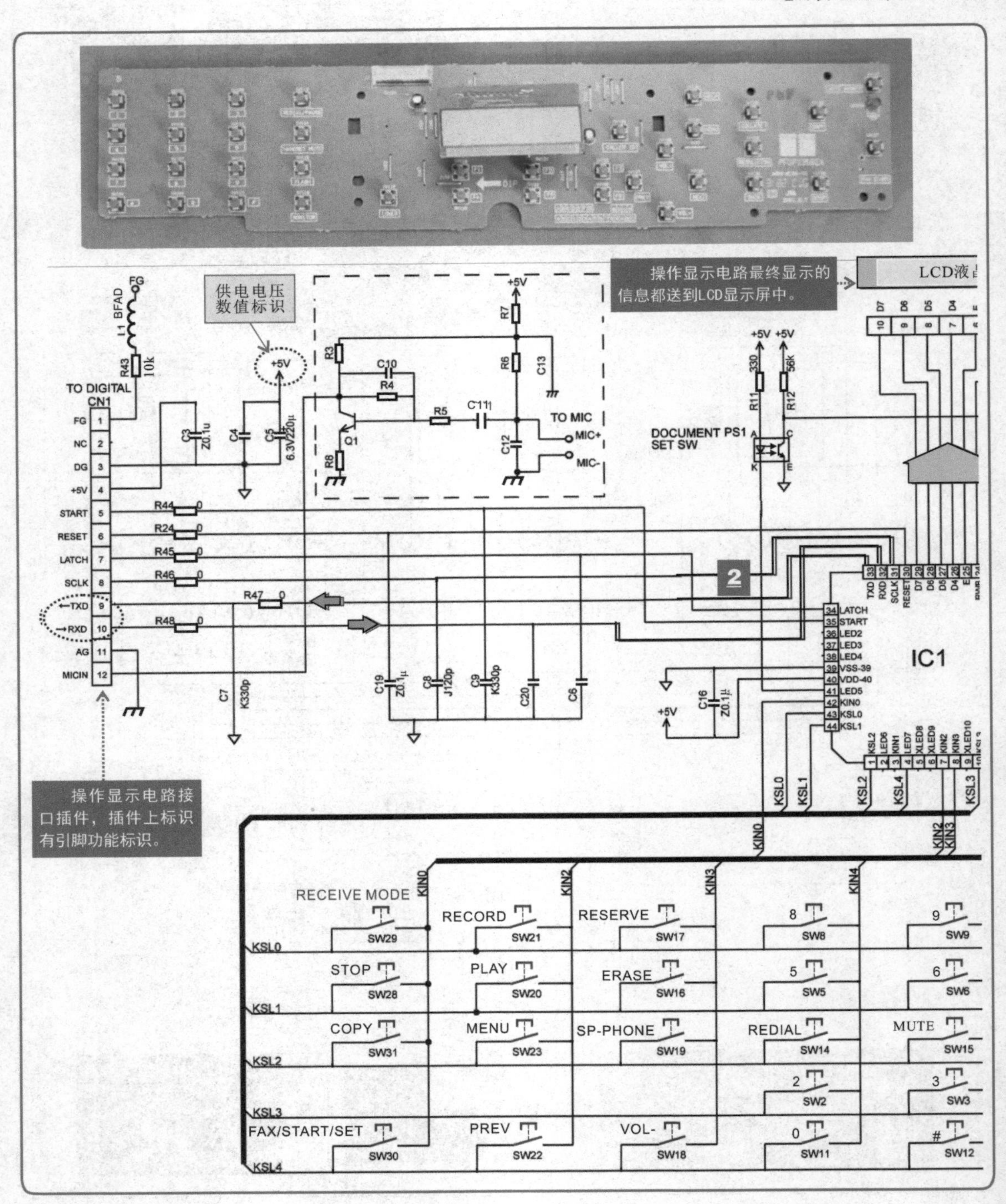

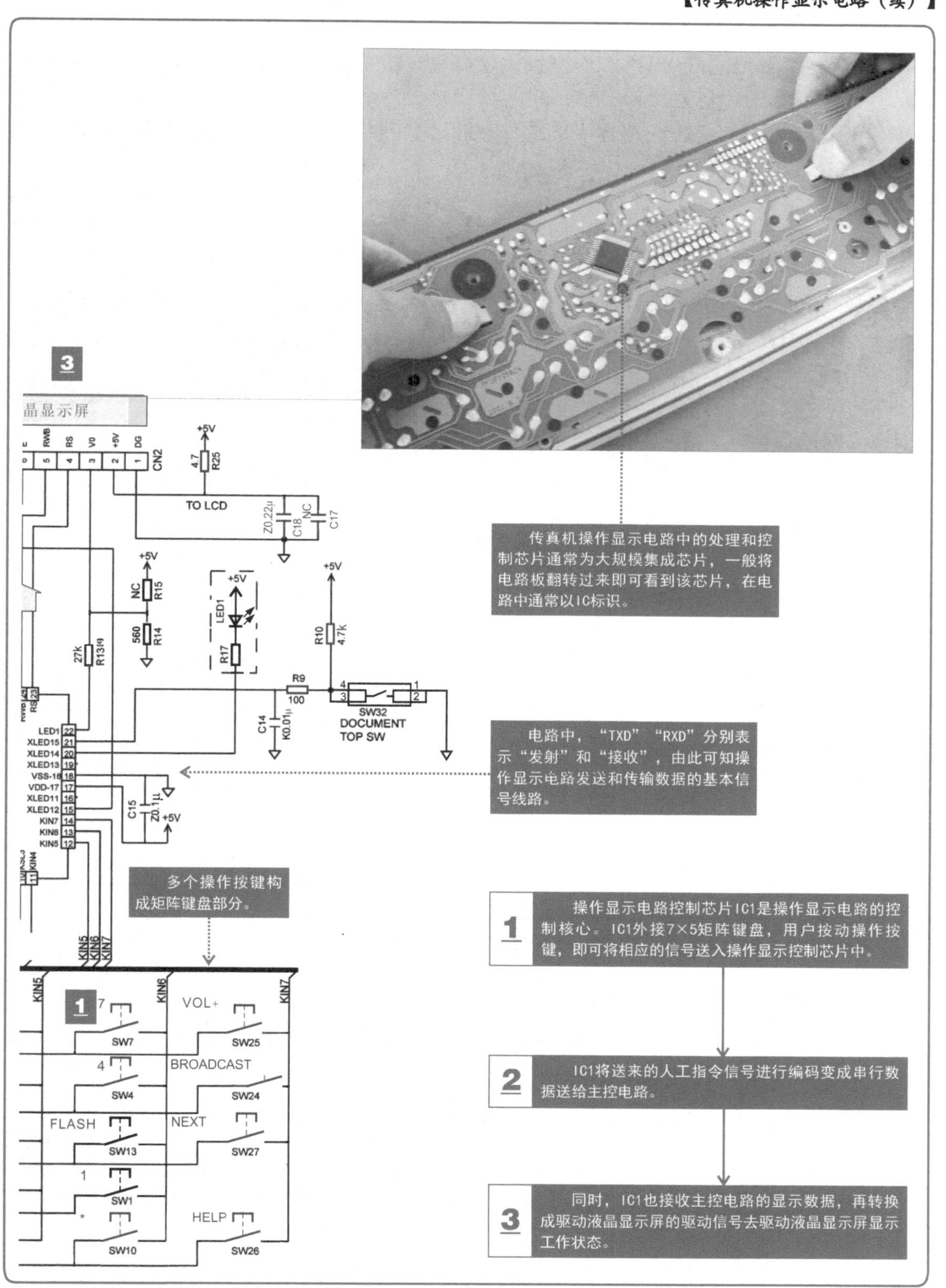

传真机操作显示电路中的处理和控制芯片通常为大规模集成芯片，一般将电路板翻转过来即可看到该芯片，在电路中通常以IC标识。

电路中，“TXD”“RXD”分别表示“发射”和“接收”，由此可知操作显示电路发送和传输数据的基本信号线路。

多个操作按键构成矩阵键盘部分。

1 操作显示电路控制芯片IC1是操作显示电路的控制核心。IC1外接7×5矩阵键盘，用户按动操作按键，即可将相应的信号送入操作显示控制芯片中。

2 IC1将送来的人工指令信号进行编码变成串行数据送给主控电路。

3 同时，IC1也接收主控电路的显示数据，再转换成驱动液晶显示屏的驱动信号去驱动液晶显示屏显示工作状态。

7.2.9 液晶显示器操作显示电路的识读训练

液晶显示器操作显示电路工作过程比较简单，主要是通过按动操作按键实现电路中的一些参数发生变化，并由输出插件将这种变化作为人工指令送到微处理器中。在该电路中，插件CON301与主控电路板中的插件J4通过数据线缆连接，实现操作显示电路与主控电路板中微处理器相连。

【液晶显示器操作显示电路】

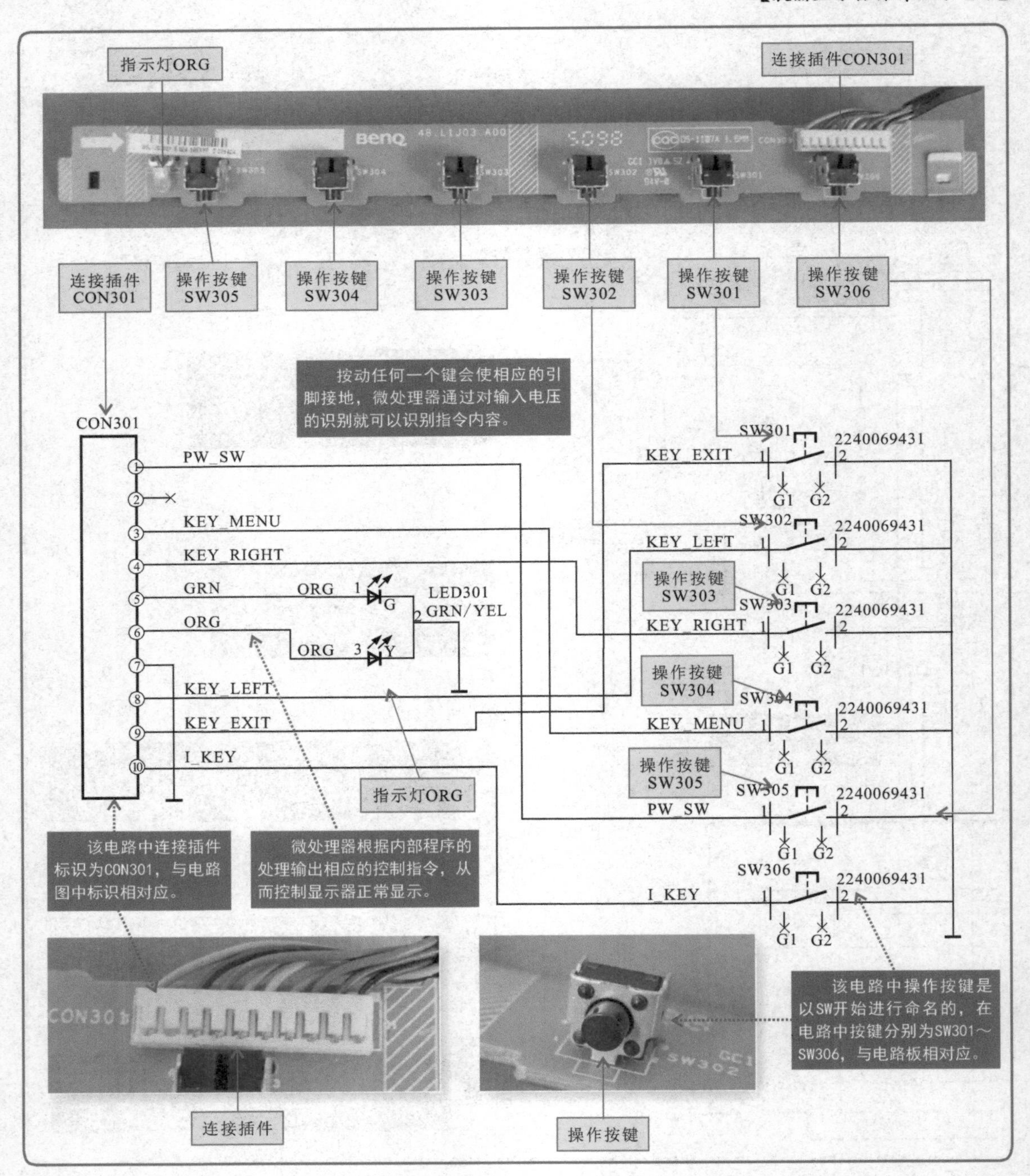

▶ 7.2.10 电话机操作显示电路的识读训练

电话机操作显示电路主要是由拨号芯片KA2608、液晶显示屏、晶体X2、操作按键等构成的。

【电话机操作显示电路】

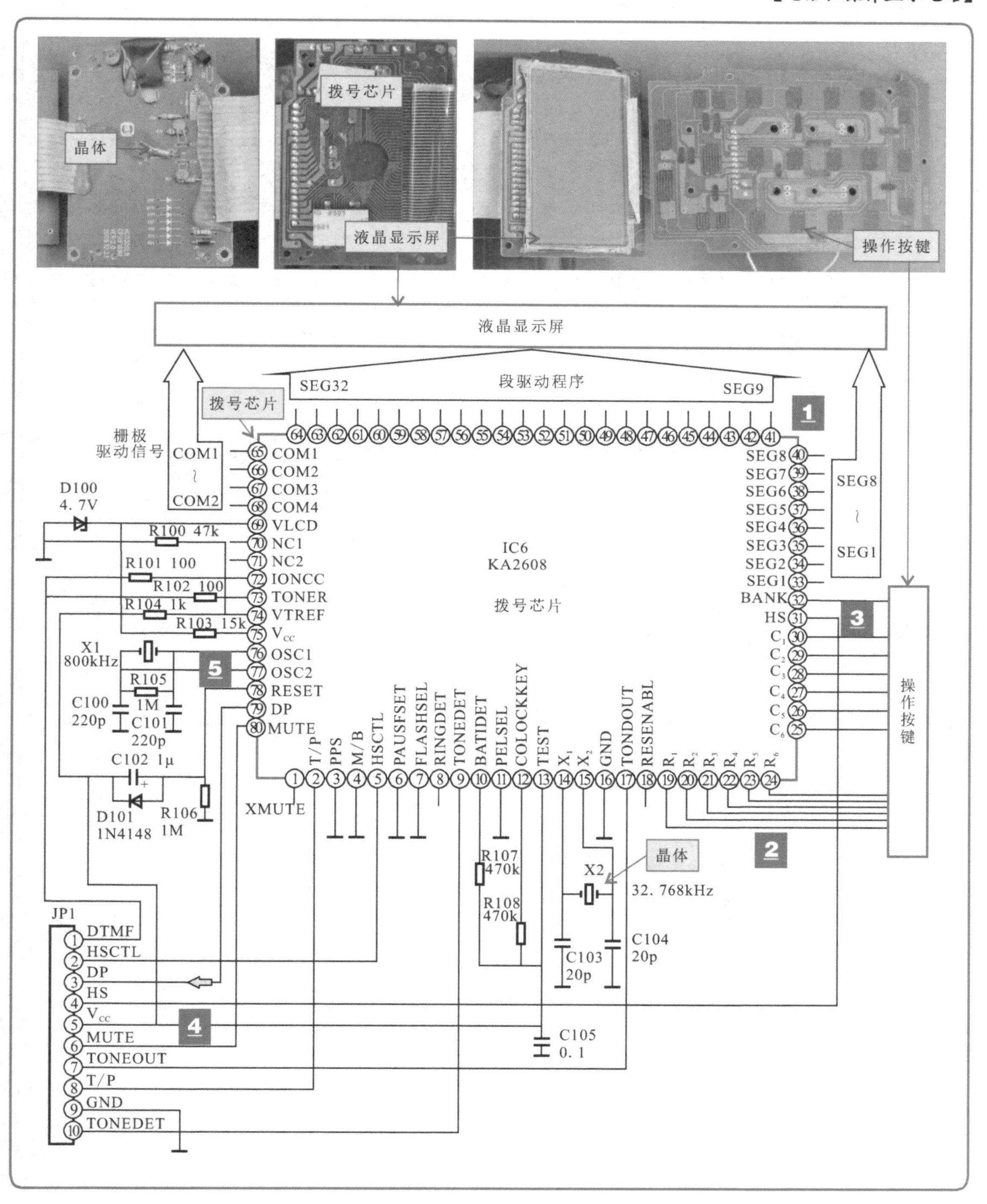

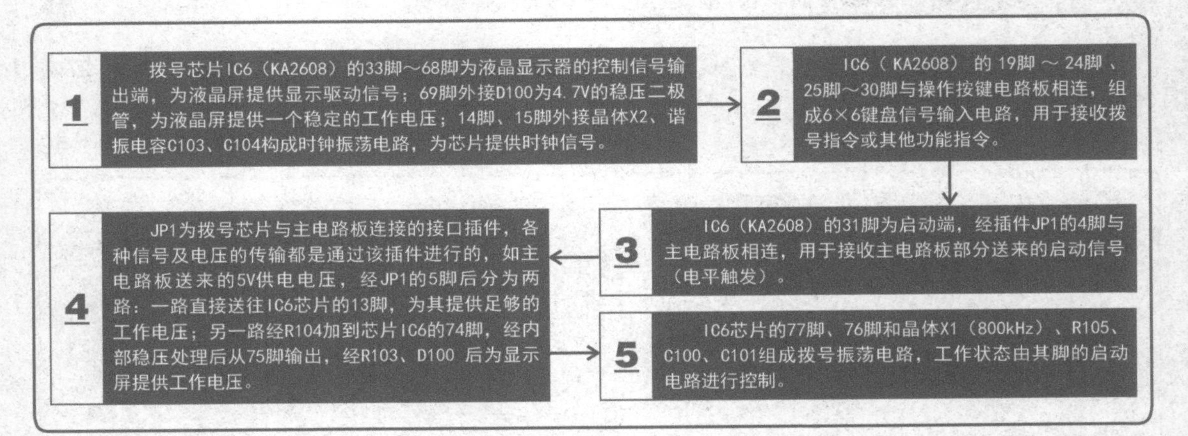

特别提醒

随着科技的发展，智能手机的应用越来越广泛，操作显示电路在智能手机中是最为重要的电路之一，建立智能手机操作显示电路与实物的对应关系时，需要将电路实物、元器件安装图和电路原理图相结合，找到电路中主要元器件的大体位置后，以核心元器件为中心，顺信号流程，圈定出单元电路的范围。

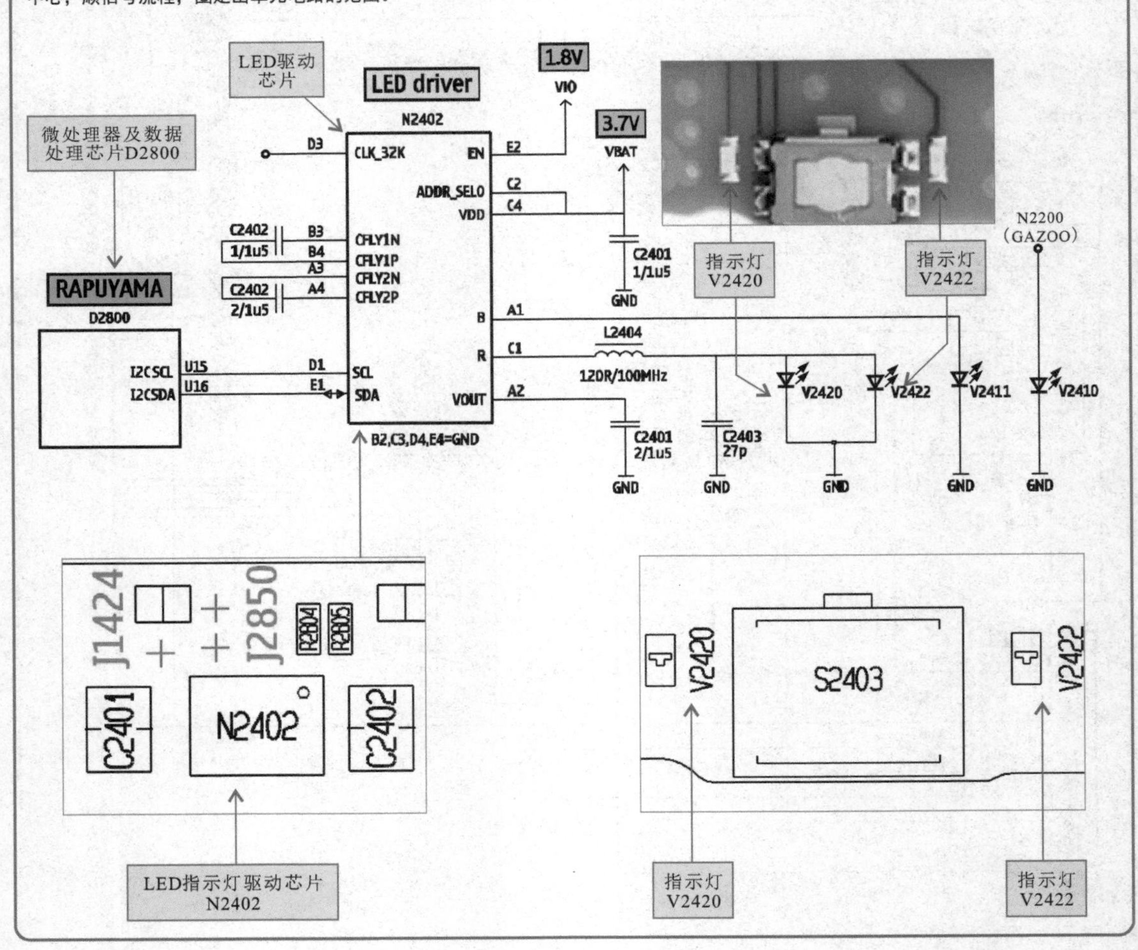

第8章 微处理器电路的识读

8.1 微处理器电路的功能特点与结构组成

8.1.1 微处理器电路的功能特点

微处理器电路是一种根据程序或控制指令输出不同的控制信号，对其他电路进行控制的自动化数字电路。任何智能产品中都安装有微处理器电路，并且以微处理器电路作为整机的控制核心。

以变频空调器中的微处理器电路为例，微处理器是控制核心，存储器用以存放运算数据。

【微处理器电路的功能特点】

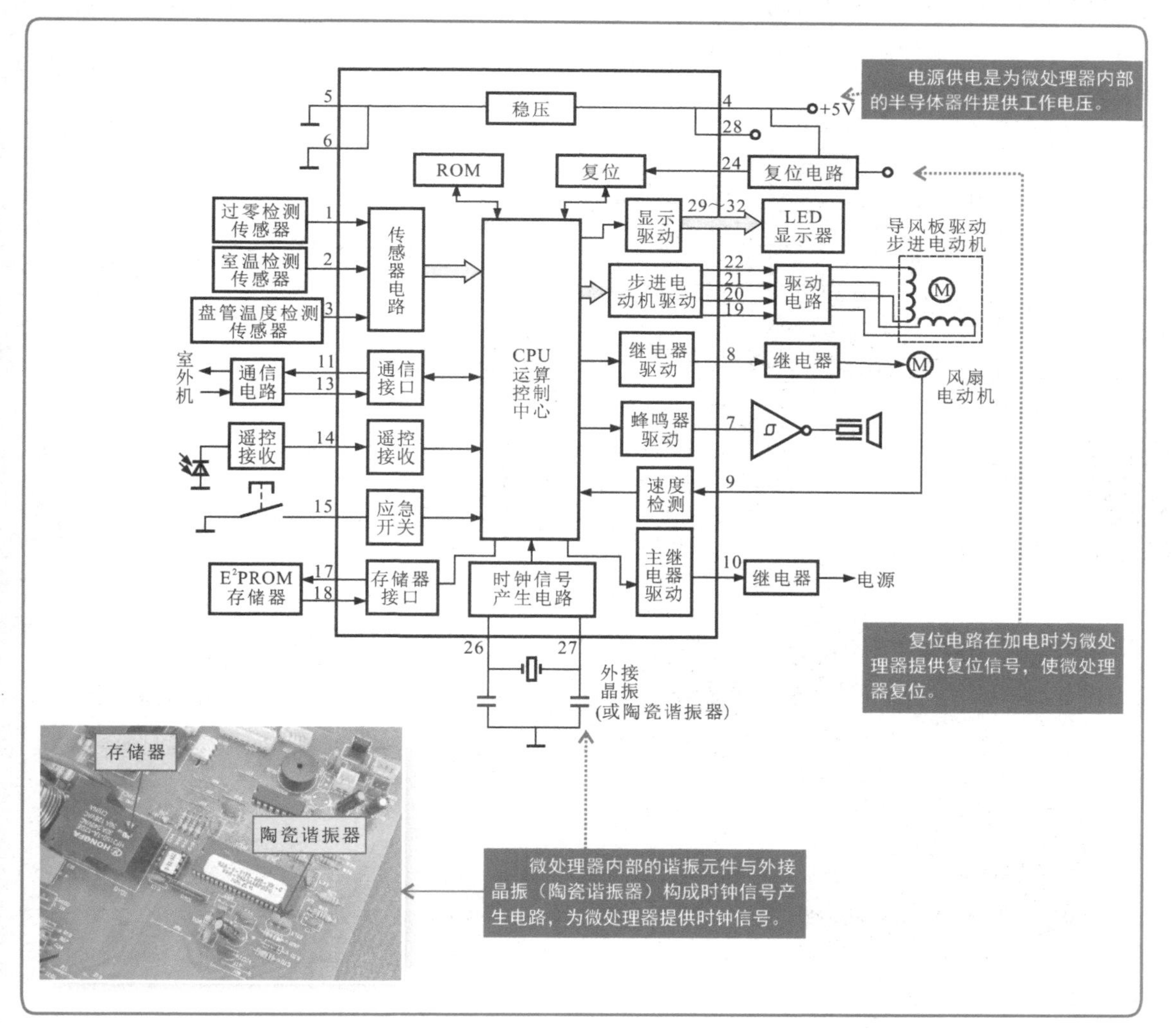

8.1.2 微处理器电路的结构组成

微处理器电路主要是由微处理器、供电电路、复位电路和时钟电路构成的。工作时，供电、复位和时钟为微处理器工作的三大基本条件，条件满足后，微处理器根据接收到的指令信号输出相应的控制信号，实现自动化智能控制。

【微处理器电路的结构组成】

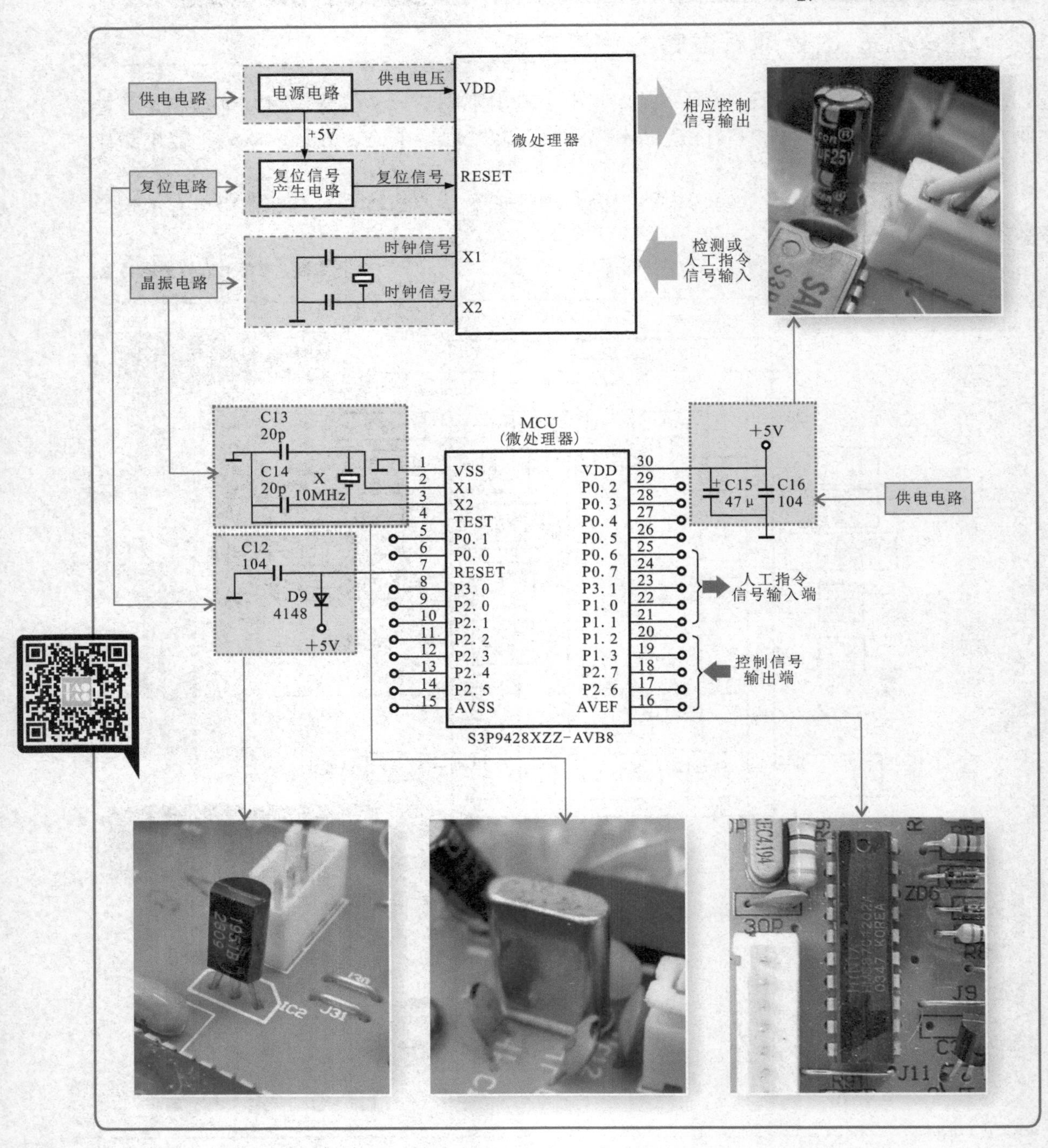

8.2 微处理器电路的识读训练

8.2.1 微波炉微处理器电路的识读训练

微波炉微处理器电路主要是由微处理器U1、晶体B、谐振电容器C8、C9、复位端电容器C6、驱动晶体管等构成的。

【微波炉微处理器电路的识读】

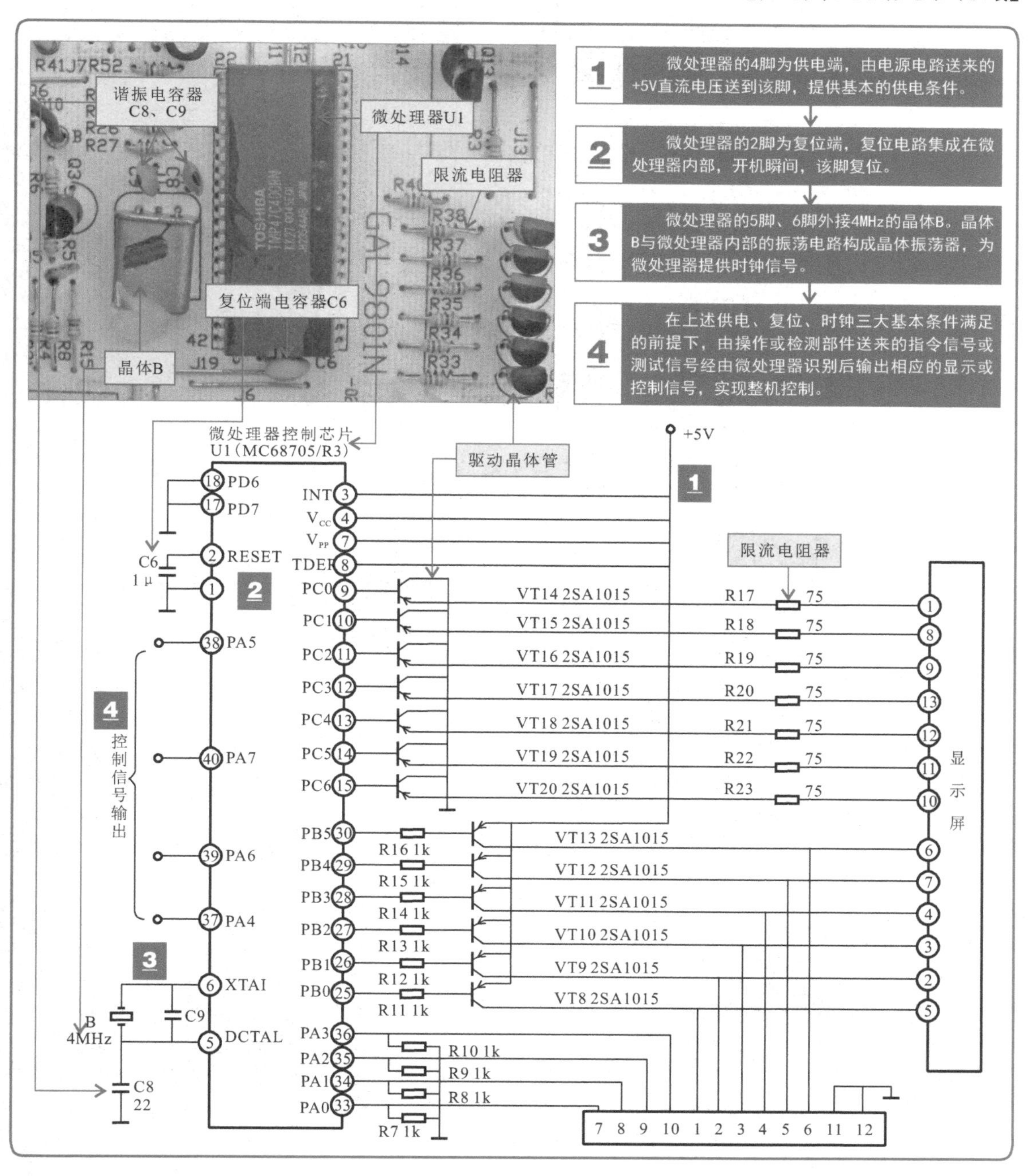

8.2.2 洗衣机微处理器电路的识读训练

洗衣机微处理器电路主要是微处理器IC1、晶体XT1、双向晶闸管TR1和TR2、水位开关K3、门开关K2等构成的。

【洗衣机微处理器电路】

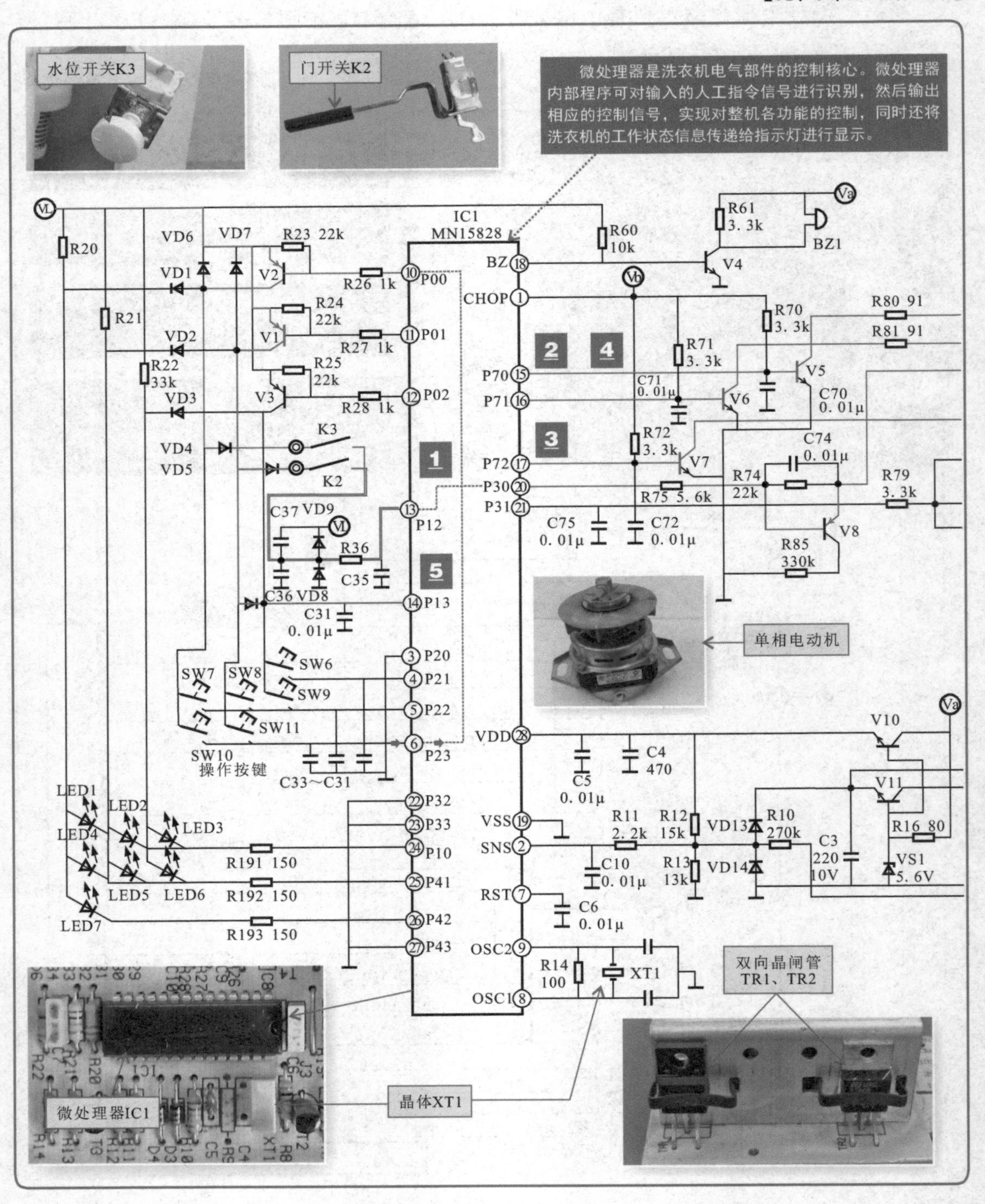

1

进水控制过程识读。首先设定水位高度，按下洗衣机的“启动/暂停”键，向微处理器IC1发出“启动”信号。IC1收到“启动”信号后，由10脚输出控制信号，V2导通，5V电压经V2加到水位开关K3的一端，此时水位开关未检测到设定的水位，开关仍处于断开状态。

水位开关K3处于断开状态时，IC1的13脚检测到低电平，经内部程序识别后，控制20脚输出驱动信号送入V8基极，V8导通，触发双向晶闸管TR3导通，交流220V电压经TR3为进水电磁阀IV供电，进水电磁阀工作，洗衣机开始进水。

当水位开关K3检测到洗衣机内水位上升到设定位置时，触点闭合，微处理器IC1的13脚检测到高电平，控制20脚停止输出驱动信号，V8截止，TR3门极上的触发信号消失，同时TR3第一、第二电极电压因交流电压的交流特性而反向，TR3截止，进水电磁阀停止工作，洗衣机停止进水。

2

停止进水后，微处理器内部定时器启动，进入“浸泡”状态。当定时时间到时，微处理器在内部程序控制下，由15、16脚轮流输出驱动信号，分别经V5、V6后送到TR1、TR2门极，TR1、TR2轮流导通，电动机开始正、反向旋转，通过传动带将动力传输给离合器，带动波轮转动，洗衣机进入“洗涤”状态。计时时间到，微处理器停止输出驱动信号，洗涤完成。

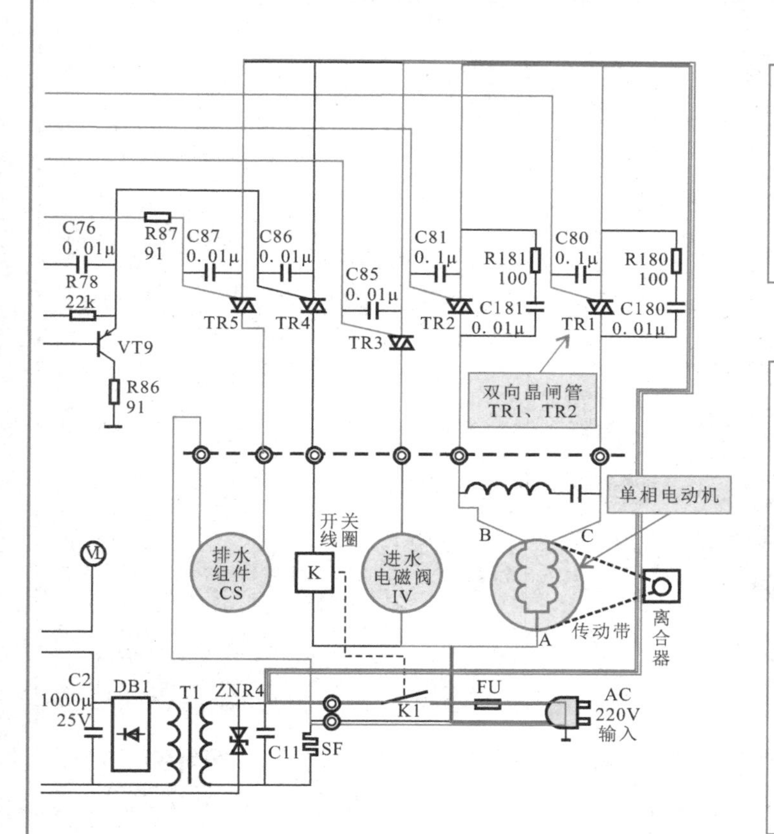

3

排水控制过程识读。当洗衣机停止洗涤后，微处理器在内部程序的作用下，由17脚输出控制信号，经V7放大后送到TR5的门极，TR5导通，排水组件得电，内部电磁铁牵引器牵引排水阀动作，使排水阀打开，洗衣机桶内的水便顺着排水阀出口从排水管中排出。

4

脱水控制过程识读。洗衣机排水工作完成后，洗衣机进入脱水环节。由微处理器的15、16脚输出脱水驱动信号，驱动V5、V6和TR1、TR2导通，洗衣机电动机单向高速旋转，同时通过离合器带动脱水桶顺时针方向高速运转，靠离心力将吸附在衣物上的水分甩出桶外，起到脱水作用。

脱水完毕，微处理器控制排水组件CS和洗涤电动机停止工作后，由微处理器输出蜂鸣器控制信号，经V4放大，驱动蜂鸣器BZ1发出提示音，提示洗衣机洗涤完成。

提示完后，操作控制面板上的指示灯全部熄灭，完成衣物的洗涤工作。

5

安全门开关检测控制过程识读。当洗衣机上盖处于关闭状态时，安全门开关K2闭合。当按下洗衣机“启动/暂停”操作按键后，微处理器的11脚输出控制信号，使晶体管V1导通，5V电压经V1为安全门开关供电，将该电压送至微处理器的13脚。

当微处理器13脚能够检测5 V电压时，15、16脚才可输出驱动信号，控制洗衣机洗涤或脱水。

若上盖被打开，微处理器便检测不到经过安全门开关的5V电压，便会暂时停止15、16脚的信号输出，洗衣机电动机立即断电，停止洗涤工作，待上盖关闭后，继续工作。

8.2.3 空调器室内机微处理器电路的识读训练

空调器室内机微处理器电路主要是由微处理器IC08、陶瓷谐振器XT01、复位电路IC04、存储器IC06、应急开关SW1等构成的。

【空调器室内机微处理器电路】

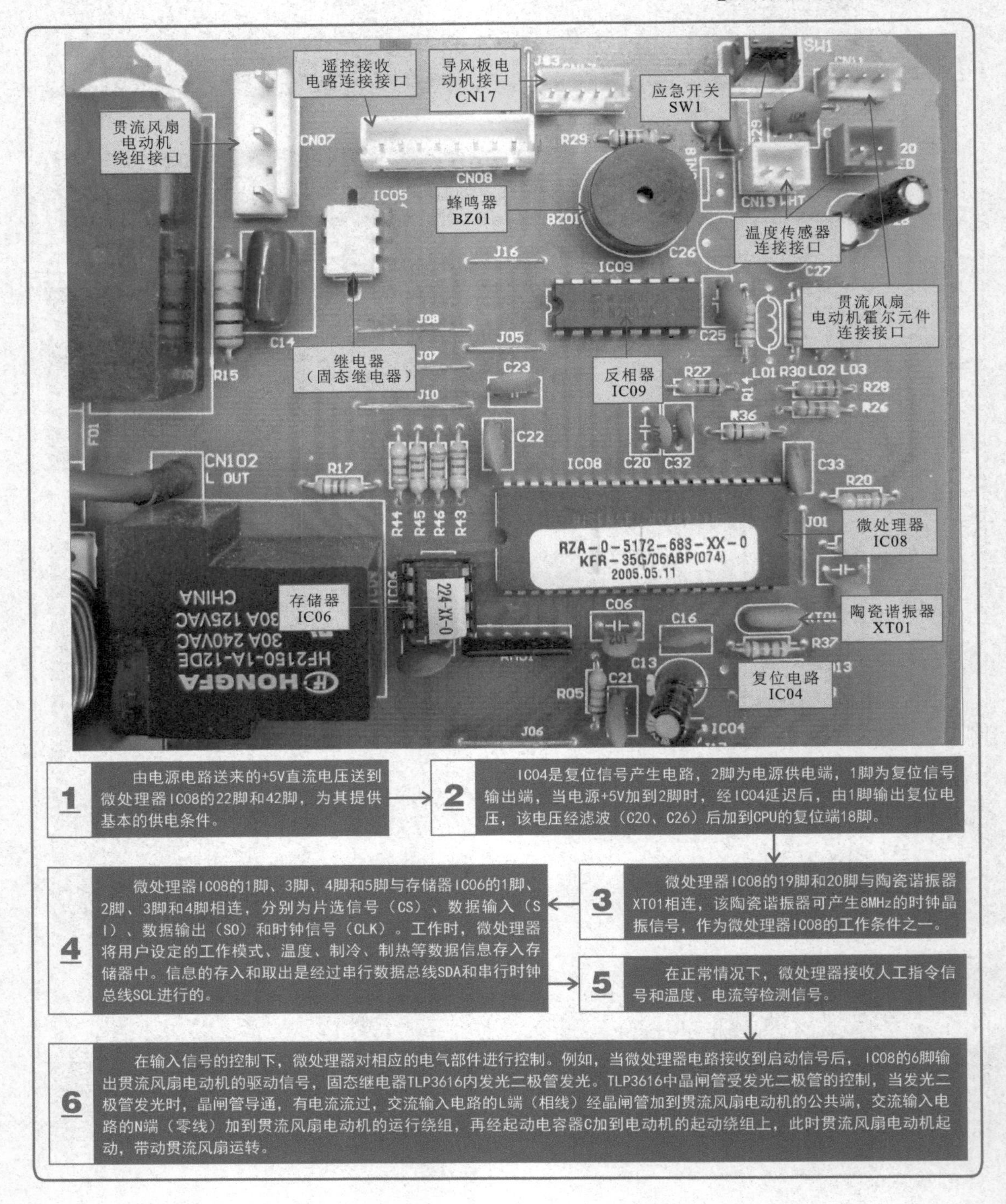

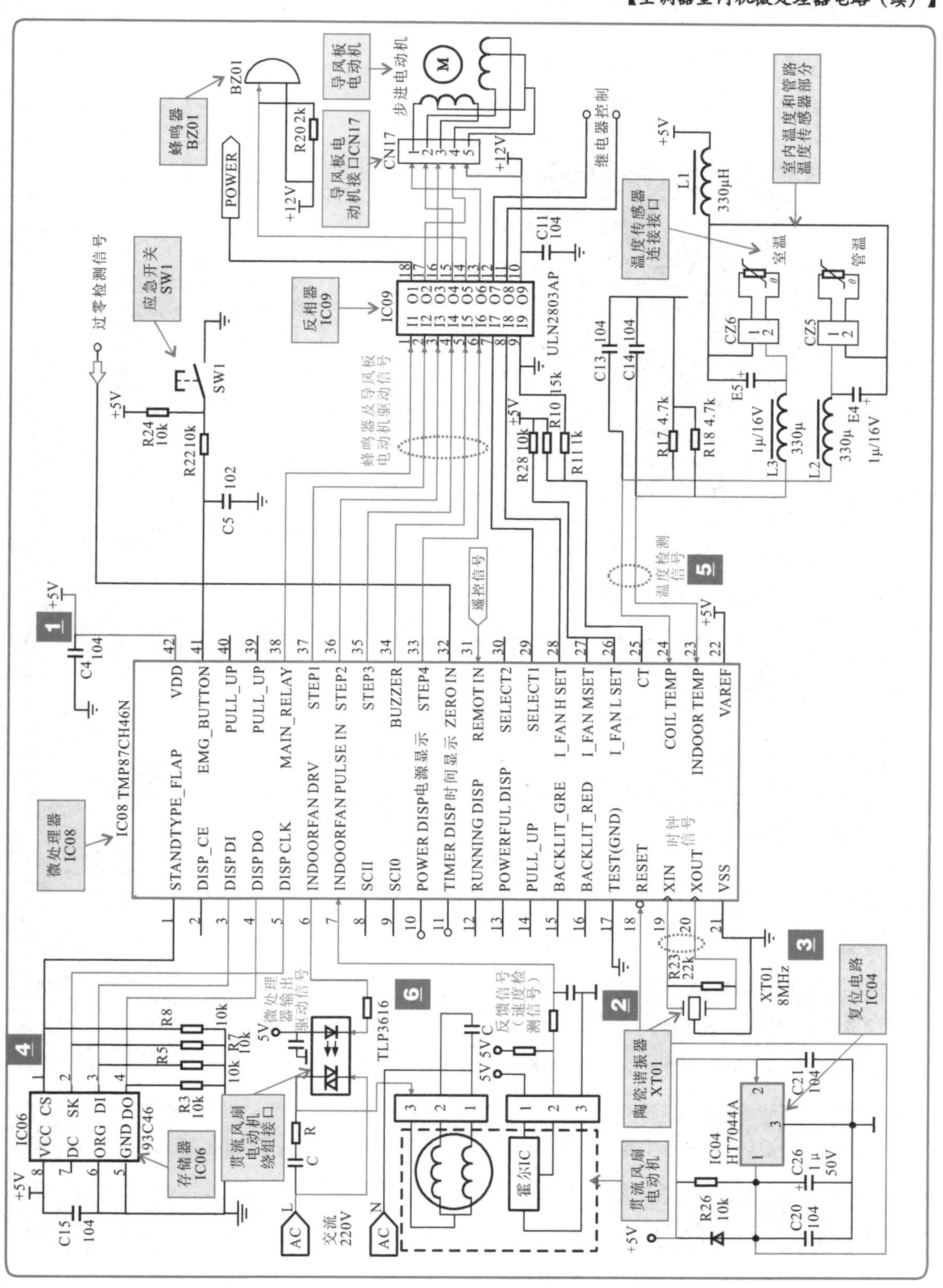

蜂鸣器 BZ01
BZ01
R20 2k
+12V
导风板电动机
步进电动机
M
导风板电动机接口CN17
CN17
+12V
继电器控制
+5V
L1
330μH
室内温度和管路温度传感器部分
POWER
C11 104
温度传感器连接接口
室温
管温
过零检测信号
应急开关 SW1
反相器 IC09
IC09
ULN2803AP
CZ6
CZ5
SW1
C13 104
C14 104
E5
E4
+5V
R24 10k
R22 10k
蜂鸣器及导风板电动机驱动信号
R10 15k
R28 10k
R11 1k
R17 4.7k
R18 4.7k
1μ/16V
330μ
L3
L2
C5 102
温度检测信号
遥控信号
+5V
C4 104
IC08 TMP87CH46N
微处理器 IC08
VDD
EMG_BUTTON
PULL_UP
PULL_UP
MAIN_RELAY
STEP1
STEP2
STEP3
BUZZER
STEP4
ZERO IN
REMOT IN
SELECT2
SELECT1
I_FAN H SET
I_FAN MSET
I_FAN L SET
CT
COIL TEMP
INDOOR TEMP
VAREF
STANDTYPE_FLAP
DISP_CE
DISP DI
DISP DO
DISP CLK
INDOORFAN DRV
INDOORFAN PULSE IN
SCII
SCI0
POWER DISP电源显示
TIMER DISP时间显示
RUNNING DISP
POWERFUL DISP
PULL_UP
BACKLIT_GRE
BACKLIT_RED
TEST(GND)
RESET
XIN
XOUT
VSS
时钟信号
R8
R7 10k
R5
R3 10k
10k
微处理器输出驱动信号
TLP3616
反馈信号（速度检测信号）
5V
R23 22k
XT01 8MHz
复位电路 IC04
陶瓷谐振器 XT01
IC06
93C46
存储器 IC06
VCC
CS
SK
DI
DC
ORG
GND
DO
C15 104
+5V
贯流风扇电动机绕组接口
C
R
AC
交流 220V
霍尔IC
贯流风扇电动机
IC04 HT7044A
C21 104
C26 1μ 50V
R26 10k
C20 104
+5V

8.2.4 空调器室外机微处理器电路的识读训练

空调器室外机微处理器电路主要是由微处理器U02、复位电路U03、陶瓷谐振器RS01、存储器U05等构成的。

【空调器室外机微处理器电路】

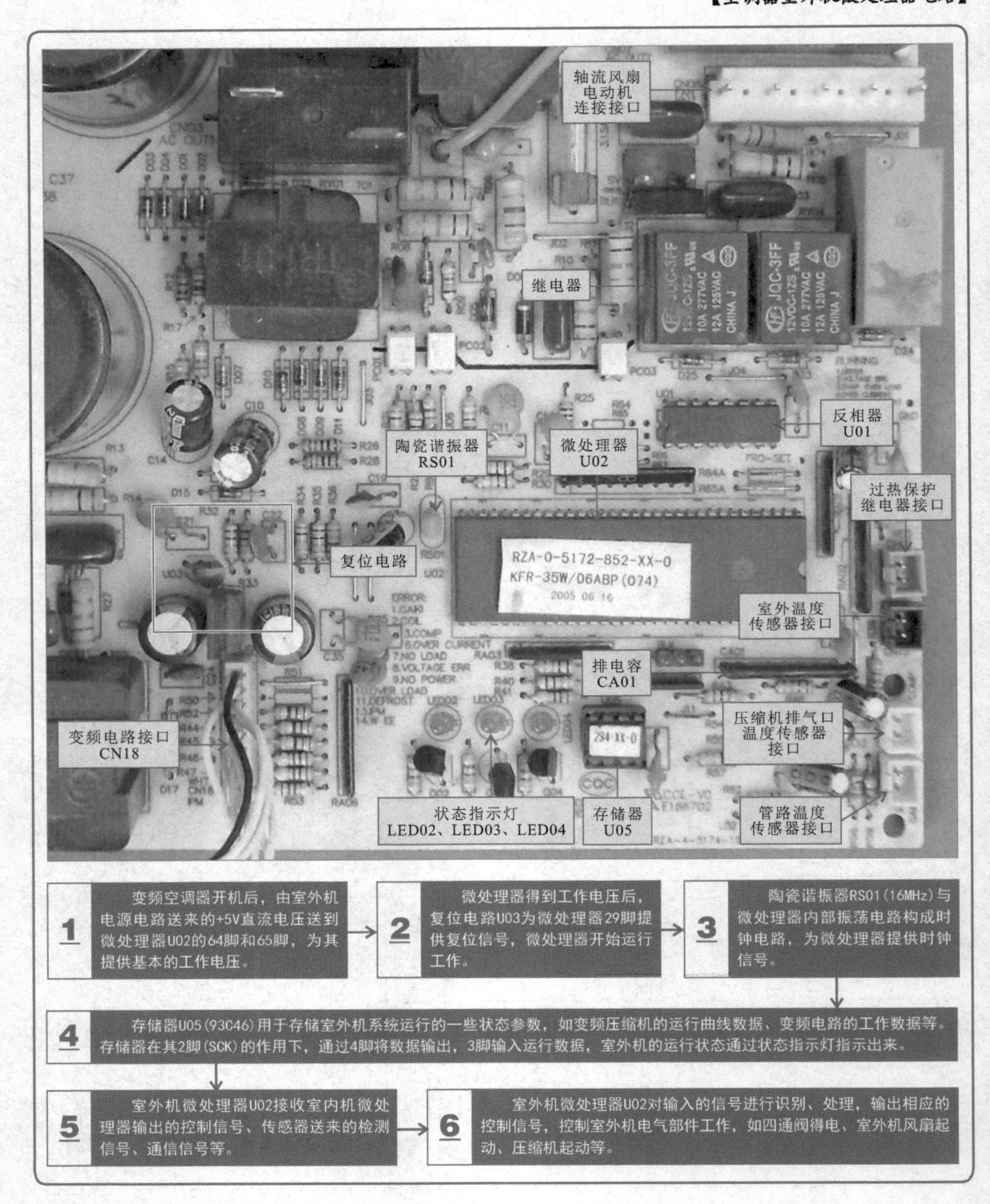

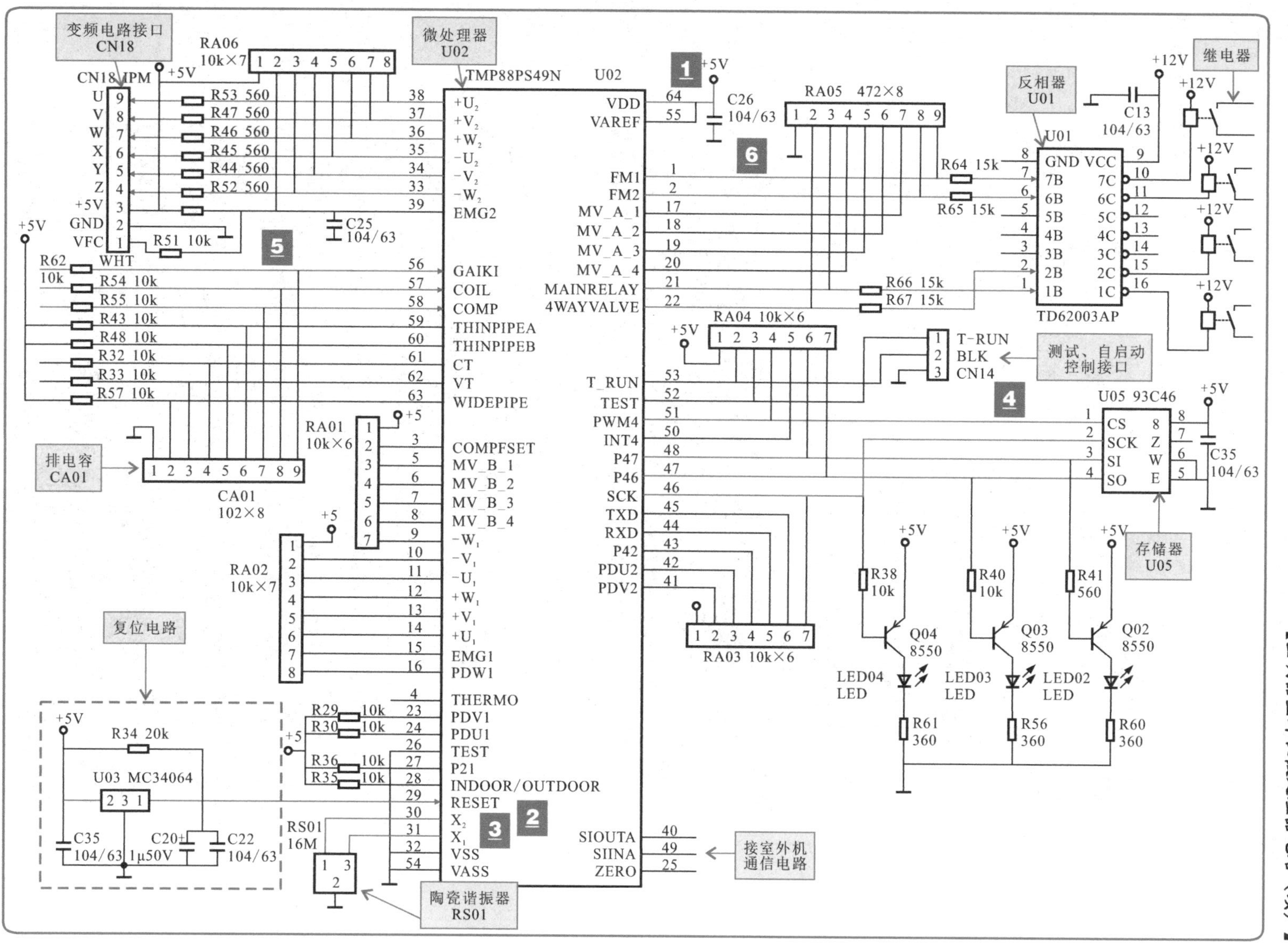

变频电路接口 CN18
微处理器 U02
TMP88PS49N
反相器 U01
TD62003AP
继电器
测试、自启动控制接口
存储器 U05
U05 93C46
排电容 CA01
CA01 102×8
复位电路
U03 MC34064
陶瓷谐振器 RS01
RS01 16M
接室外机通信电路
RA06 10k×7
RA05 472×8
RA04 10k×6
RA03 10k×6
RA01 10k×6
RA02 10k×7

8.2.5 电冰箱微处理器电路的识读训练

电冰箱微处理器电路主要是由微处理器IC1、晶体XT1、控制继电器、跳线JP1、测试按键SW1等构成的。

【电冰箱微处理器电路】

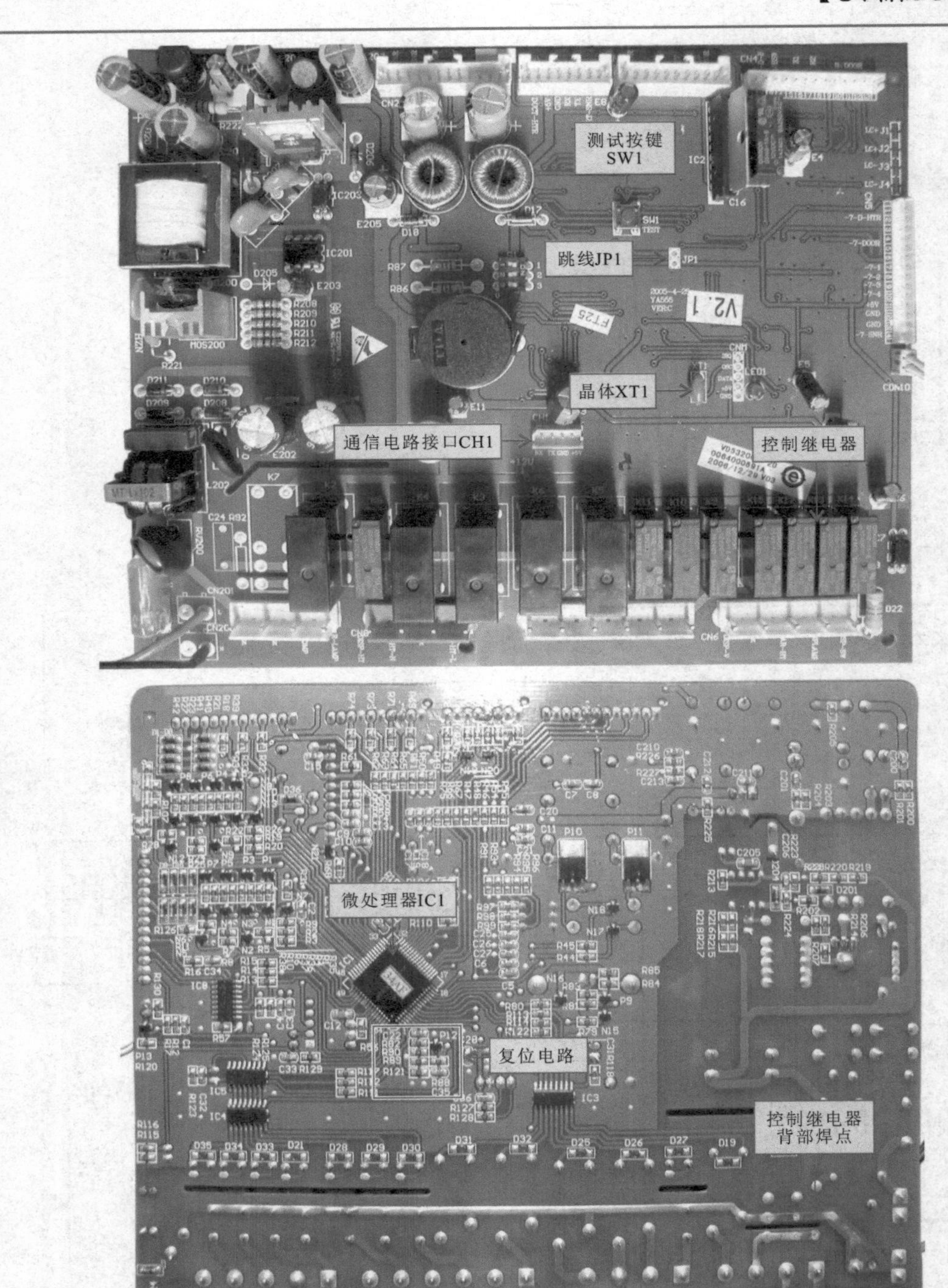

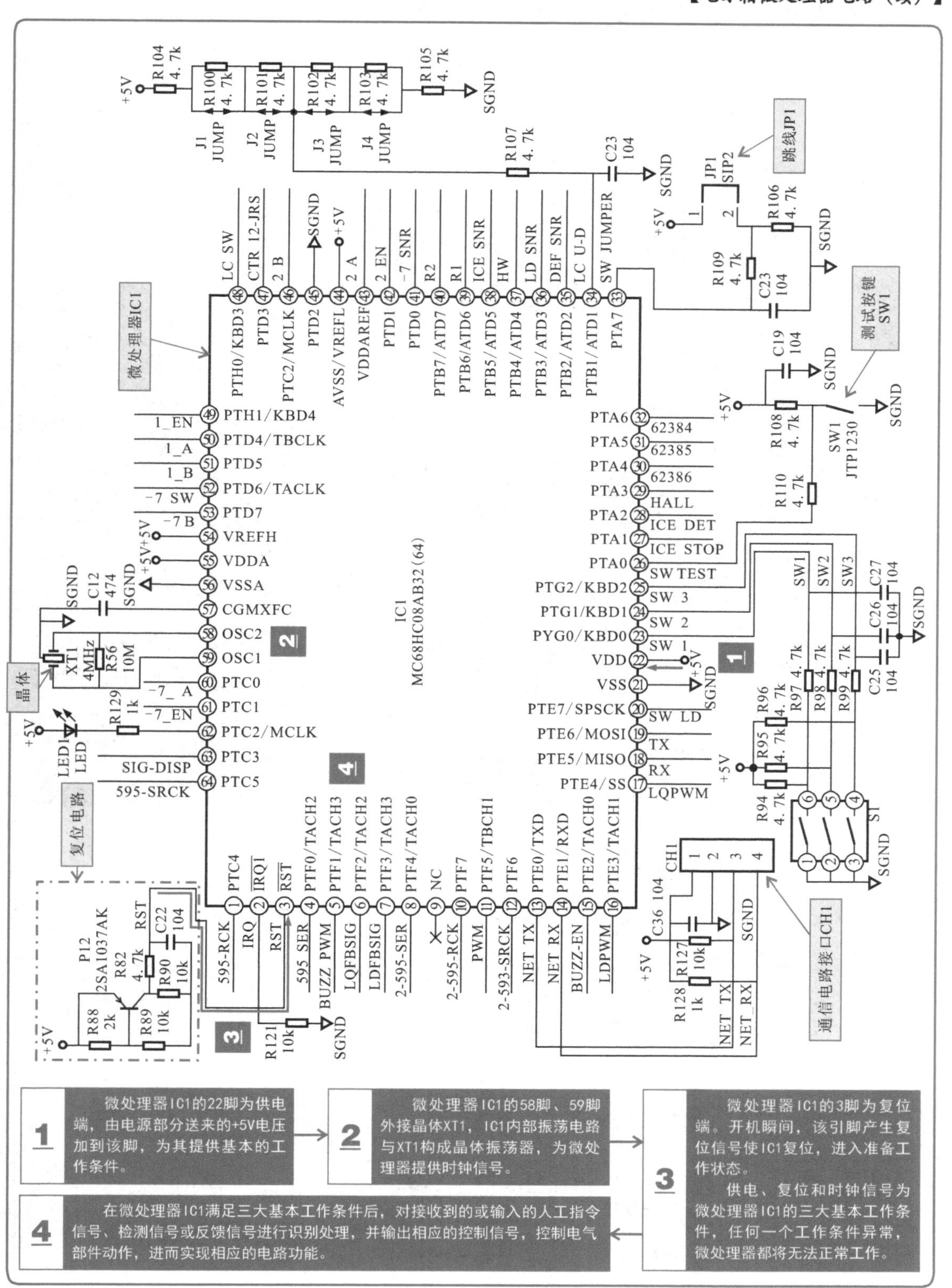

1 微处理器IC1的22脚为供电端，由电源部分送来的+5V电压加到该脚，为其提供基本的工作条件。

2 微处理器IC1的58脚、59脚外接晶体XT1，IC1内部振荡电路与XT1构成晶体振荡器，为微处理器提供时钟信号。

3 微处理器IC1的3脚为复位端。开机瞬间，该引脚产生复位信号使IC1复位，进入准备工作状态。

供电、复位和时钟信号为微处理器IC1的三大基本工作条件，任何一个工作条件异常，微处理器都将无法正常工作。

4 在微处理器IC1满足三大基本工作条件后，对接收到的或输入的人工指令信号、检测信号或反馈信号进行识别处理，并输出相应的控制信号，控制电气部件动作，进而实现相应的电路功能。

8.2.6 电磁炉微处理器电路的识读训练

电磁炉微处理器电路主要是由微处理器IC1、蜂鸣器BUZ、炉盘线圈温度检测传感器接口RT1、门控管温度检测传感器RT2等构成的。

【电磁炉微处理器电路】

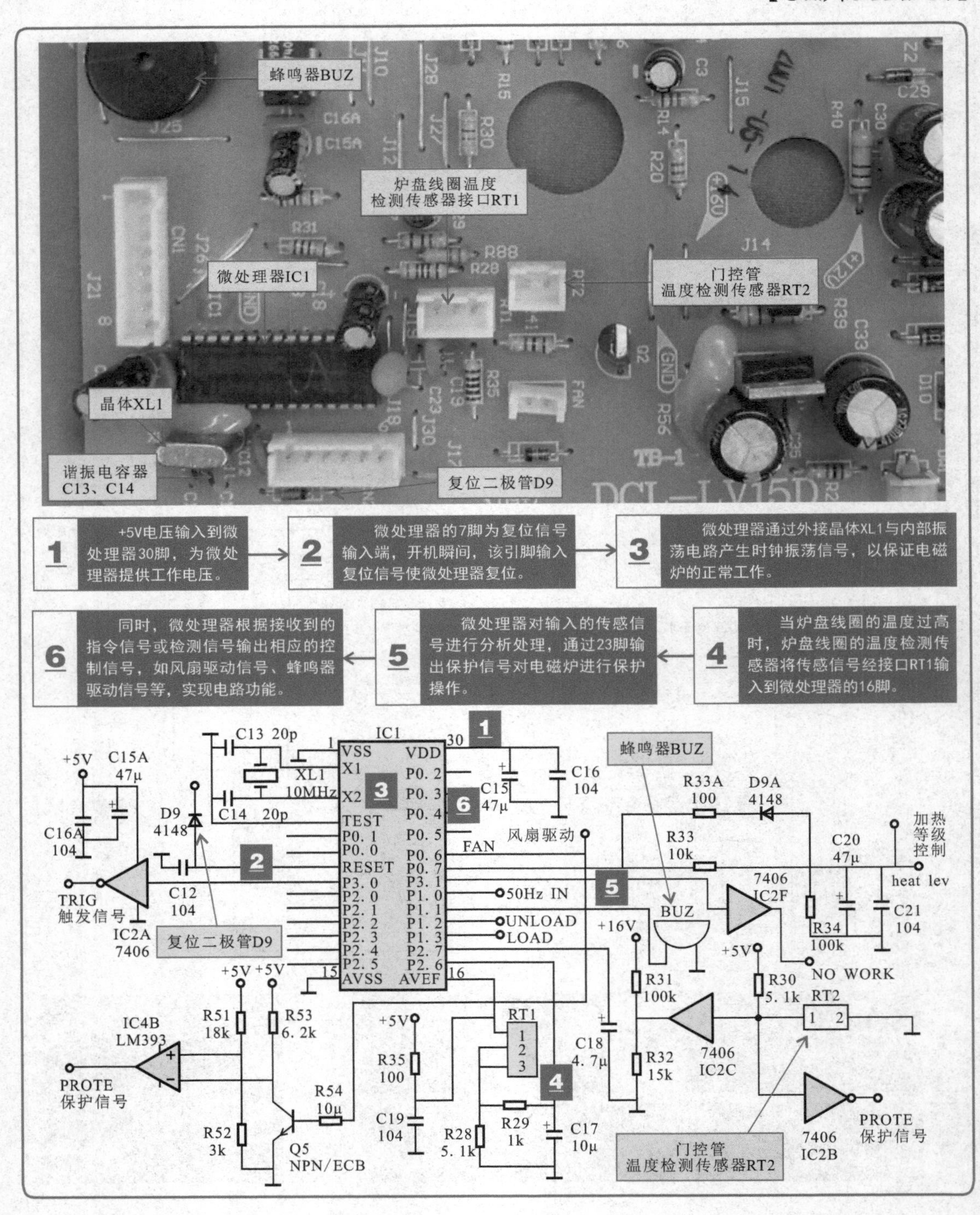

8.2.7 彩色电视机微处理器电路的识读训练

彩色电视机微处理器电路主要是由微处理器TMPA8809、晶体X001、复位电路、存储器24C16、分压电阻器、遥控接收器等组成的。

【彩色电视机微处理器电路】

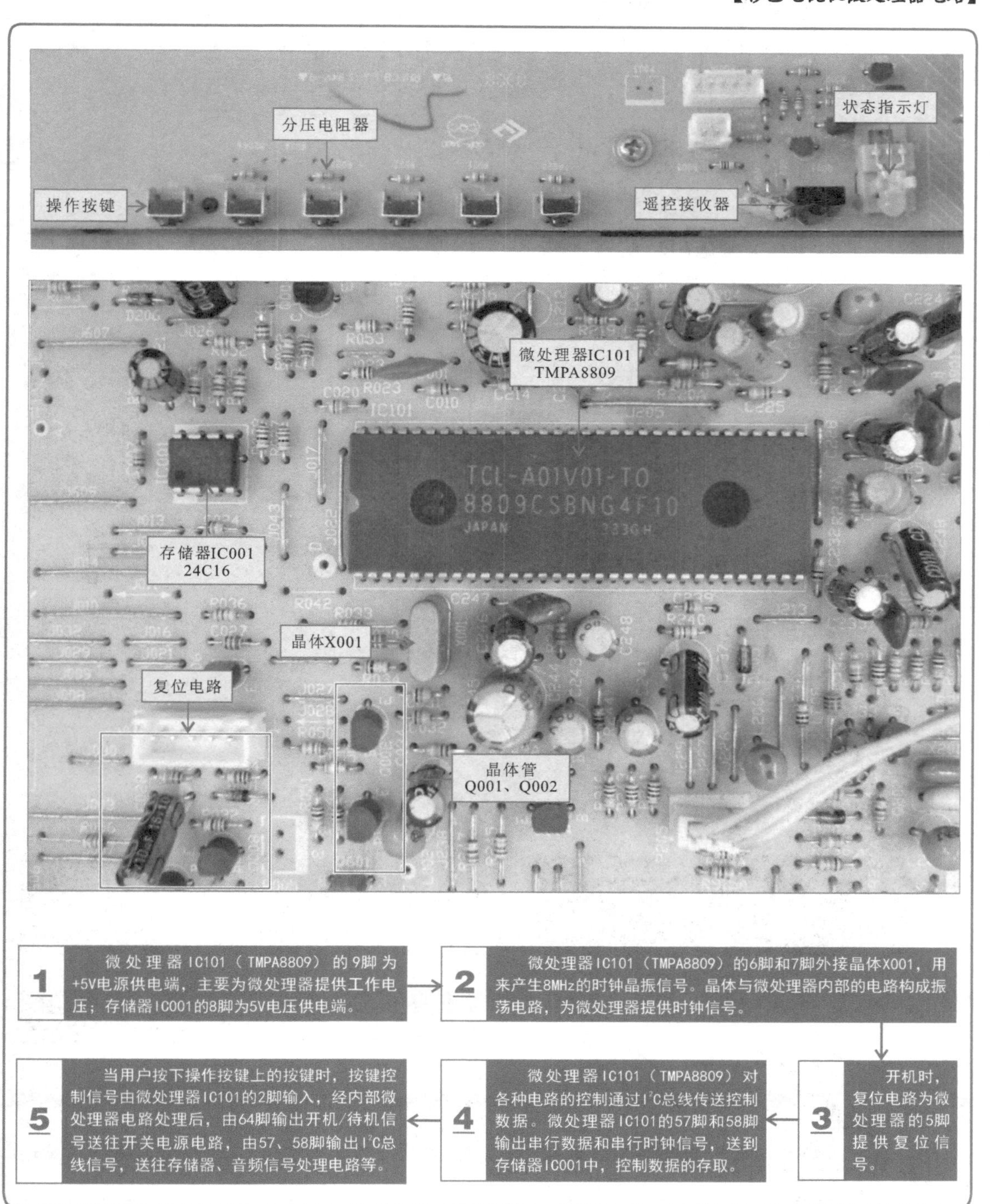

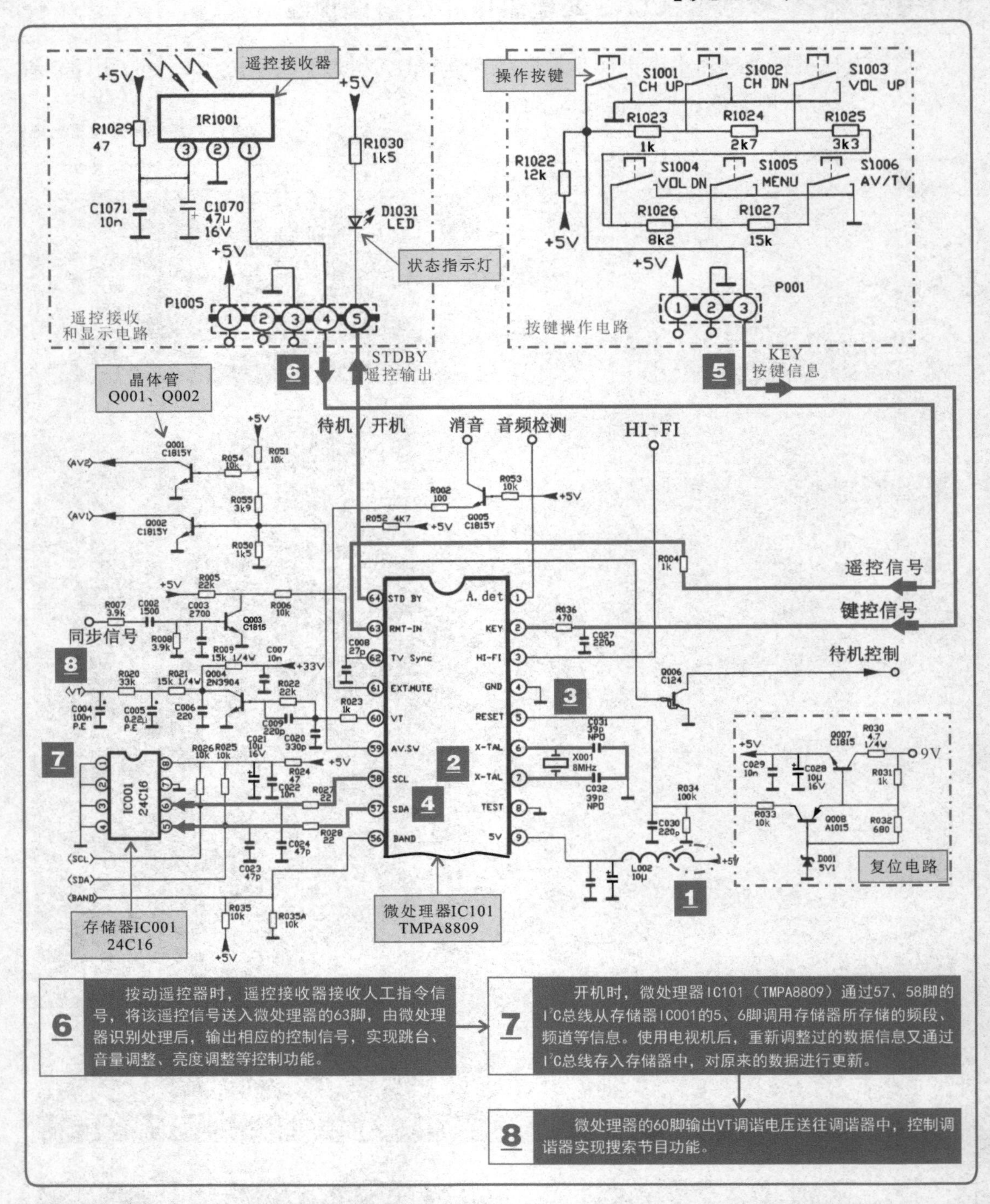

特别提醒

TCL—AT29211型彩色电视机采用超级芯片控制整机，其微处理器电路部分主要由超级芯片IC101（TMPA8809）（不仅包括微处理器电路部分，还包括电视信号处理电路）、存储器IC001（24C16）、晶体X001、复位电路以及外围元器件组成。

8.2.8 液晶电视机微处理器电路的识读训练

液晶电视机微处理器电路主要是由微处理器U800、晶体Z700、复位电路、用户存储器U802、程序存储器U803等构成的。

【液晶电视机微处理器电路】

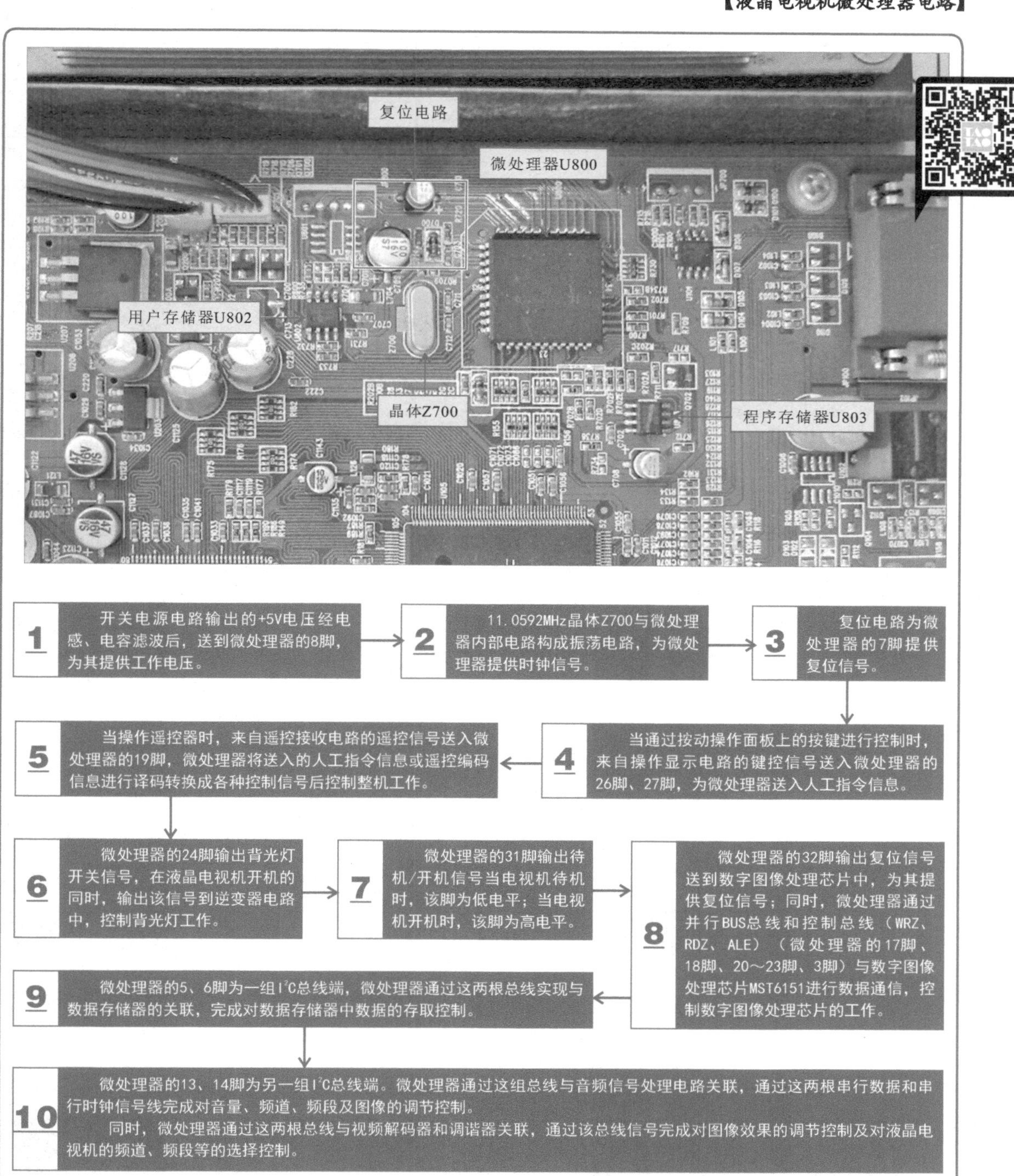

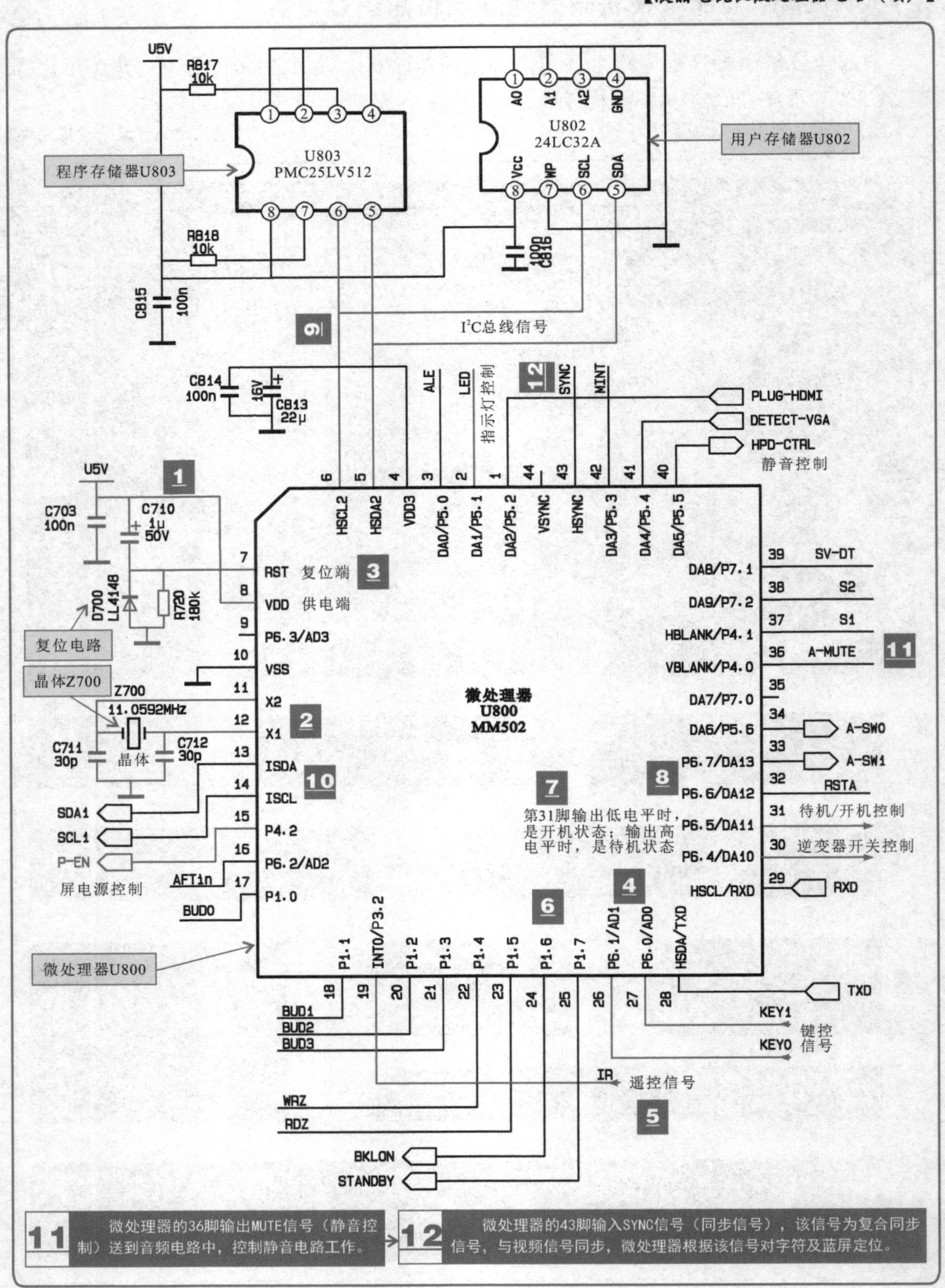

11 微处理器的36脚输出MUTE信号（静音控制）送到音频电路中，控制静音电路工作。

12 微处理器的43脚输入SYNC信号（同步信号），该信号为复合同步信号，与视频信号同步，微处理器根据该信号对字符及蓝屏定位。

8.2.9 液晶显示器微处理器电路的识读训练 

液晶显示器微处理器电路主要是由微处理器U4、晶体Y2、复位电容器C43、存储器U3、稳压器U5、排电阻RN4、RN24等构成的。

【液晶显示器微处理器电路】

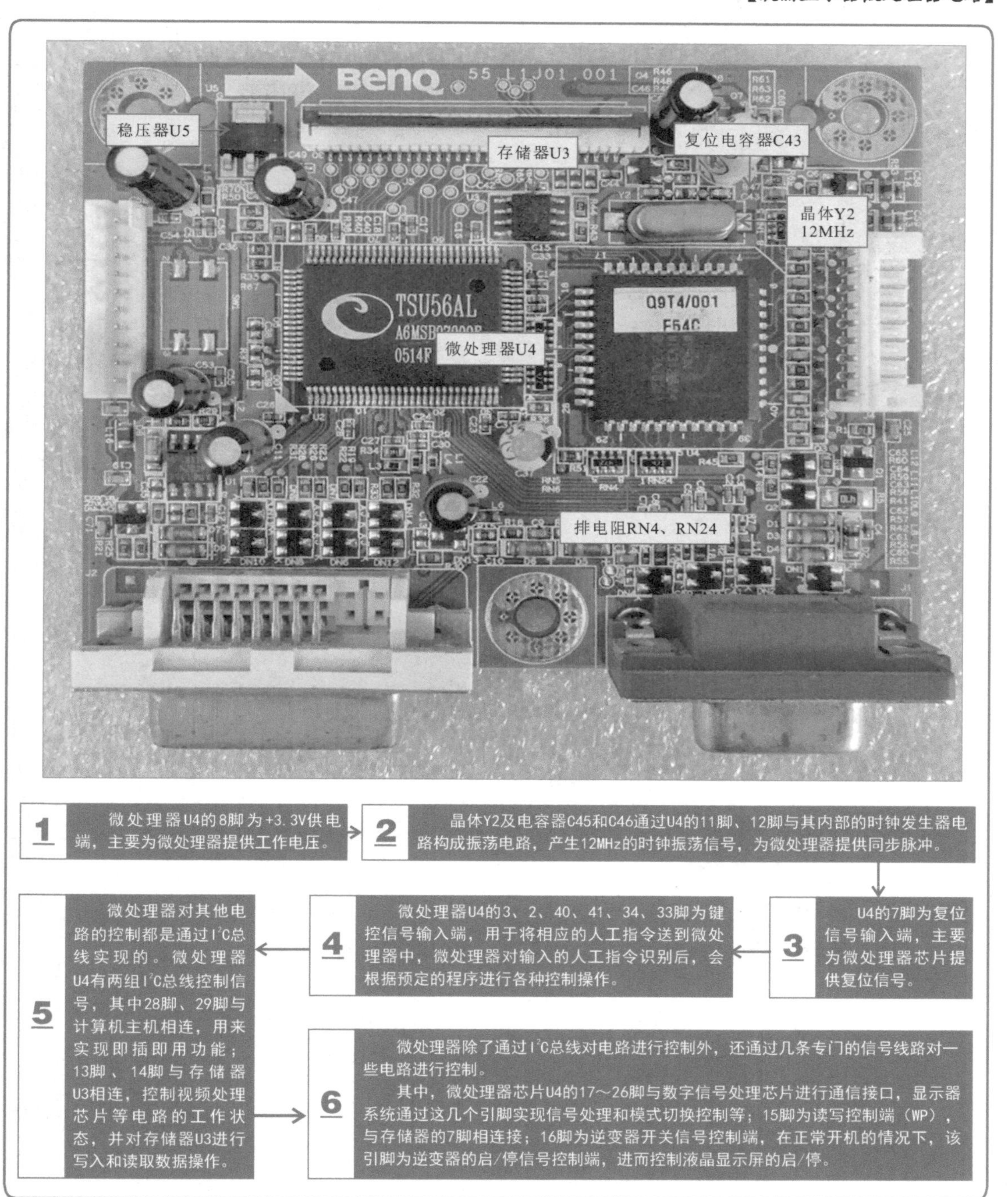

1 微处理器U4的8脚为+3.3V供电端，主要为微处理器提供工作电压。

2 晶体Y2及电容器C45和C46通过U4的11脚、12脚与其内部的时钟发生器电路构成振荡电路，产生12MHz的时钟振荡信号，为微处理器提供同步脉冲。

3 U4的7脚为复位信号输入端，主要为微处理器芯片提供复位信号。

4 微处理器U4的3、2、40、41、34、33脚为键控信号输入端，用于将相应的人工指令送到微处理器中，微处理器对输入的人工指令识别后，会根据预定的程序进行各种控制操作。

5 微处理器对其他电路的控制都是通过I^2C总线实现的。微处理器U4有两组I^2C总线控制信号，其中28脚、29脚与计算机主机相连，用来实现即插即用功能；13脚、14脚与存储器U3相连，控制视频处理芯片等电路的工作状态，并对存储器U3进行写入和读取数据操作。

6 微处理器除了通过I^2C总线对电路进行控制外，还通过几条专门的信号线路对一些电路进行控制。

其中，微处理器芯片U4的17～26脚与数字信号处理芯片进行通信接口，显示器系统通过这几个引脚实现信号处理和模式切换控制等；15脚为读写控制端（WP），与存储器的7脚相连接；16脚为逆变器开关信号控制端，在正常开机的情况下，该引脚为逆变器的启/停信号控制端，进而控制液晶显示屏的启/停。

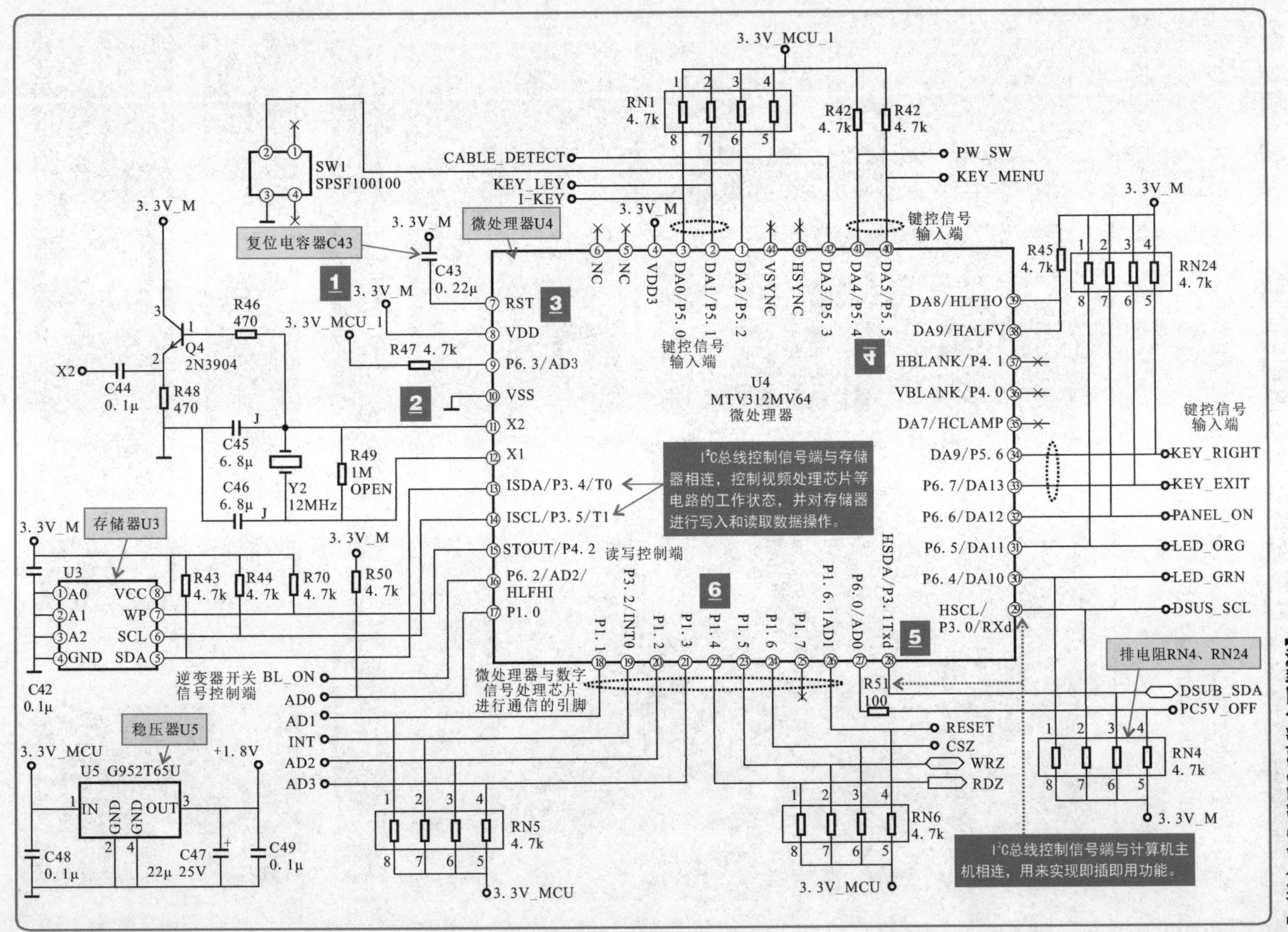
3. 3V_MCU_1
RN1
4. 7k
R42
4. 7k
R42
4. 7k
CABLE_DETECT
PW_SW
KEY_MENU
KEY_LEY
I-KEY
SW1
SPSF100100
3. 3V_M
复位电容器C43
微处理器U4
C43
0. 22μ
键控信号
输入端
RN24
4. 7k
R45
4. 7k
NC
NC
VDD3
DA0/P5. 0
DA1/P5. 1
DA2/P5. 2
VSYNC
HSYNC
DA3/P5. 3
DA4/P5. 4
DA5/P5. 5
RST
VDD
P6. 3/AD3
VSS
X2
X1
ISDA/P3. 4/T0
ISCL/P3. 5/T1
STOUT/P4. 2
P6. 2/AD2/
HLFHI
P1. 0
3. 3V_MCU_1
R46
470
Q4
2N3904
X2
C44
0. 1μ
R48
470
R47 4. 7k
C45
6. 8μ
C46
6. 8μ
Y2
12MHz
R49
1M
OPEN
U4
MTV312MV64
微处理器
DA8/HLFHO
DA9/HALFV
HBLANK/P4. 1
VBLANK/P4. 0
DA7/HCLAMP
DA9/P5. 6
P6. 7/DA13
P6. 6/DA12
P6. 5/DA11
P6. 4/DA10
HSCL/
P3. 0/RXd
KEY_RIGHT
KEY_EXIT
PANEL_ON
LED_ORG
LED_GRN
DSUS_SCL
I²C总线控制信号端与存储器相连，控制视频处理芯片等电路的工作状态，并对存储器进行写入和读取数据操作。
读写控制端
存储器U3
U3
A0
A1
A2
GND
VCC
WP
SCL
SDA
R43
4. 7k
R44
4. 7k
R70
4. 7k
R50
4. 7k
C42
0. 1μ
P1. 1
P3. 2/INT0
P1. 2
P1. 3
P1. 4
P1. 5
P1. 6
P1. 7
P1. 6. 1AD1
P6. 0/AD0
HSDA/P3. 1Txd
逆变器开关
信号控制端
BL_ON
AD0
AD1
INT
AD2
AD3
微处理器与数字
信号处理芯片
进行通信的引脚
R51
100
排电阻RN4、RN24
DSUB_SDA
PC5V_OFF
RESET
CSZ
WRZ
RDZ
RN4
4. 7k
RN5
4. 7k
RN6
4. 7k
3. 3V_MCU
稳压器U5
U5 G952T65U
IN
GND
GND
OUT
+1. 8V
C48
0. 1μ
C47
22μ 25V
C49
0. 1μ
I²C总线控制信号端与计算机主机相连，用来实现即插即用功能。

第9章

电子产品实用电路识读综合训练

9.1 小家电产品实用电路的识读训练

9.1.1 饮水机电路的识读训练

饮水机是对桶装饮用水进行加热或制冷，以方便人们饮用的一种小家电产品。相比其他小家电而言，饮水机电路的结构较为简单，也容易识读。

【典型饮水机电路的结构】

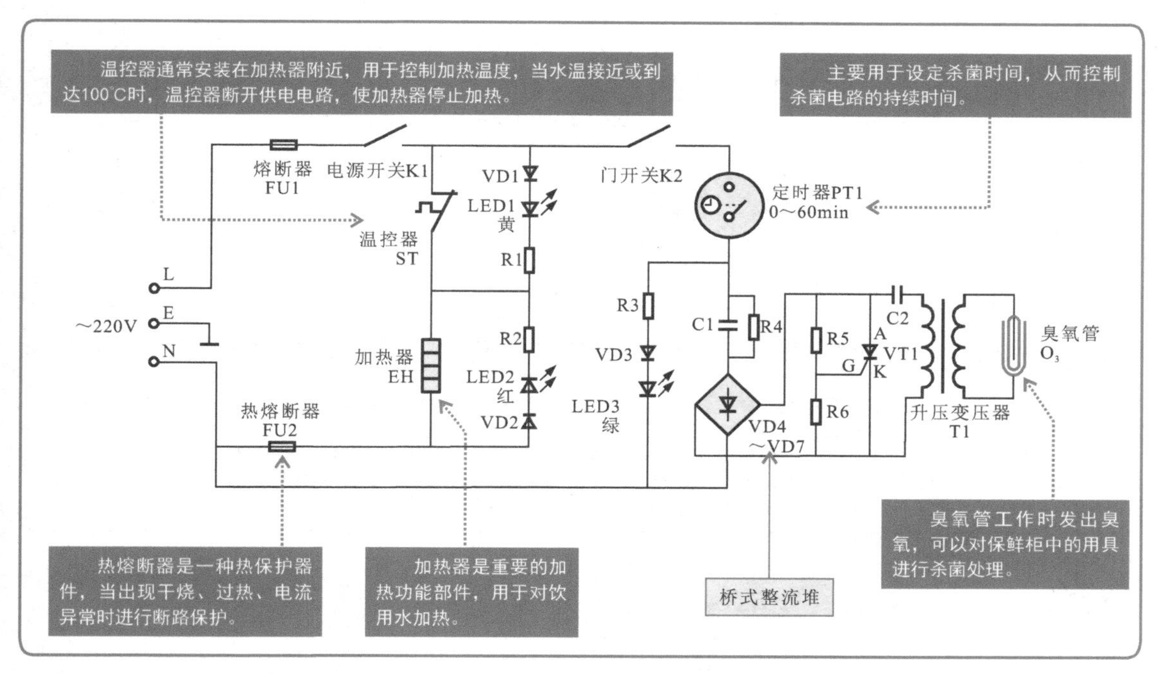

特别提醒

在识读饮水机电路时，可先通过电路中的图形符号及标识找到关键的功能部件，然后依照各功能部件的连接关系，分析饮水机电路的信号处理过程，完成对饮水机电路的识读。

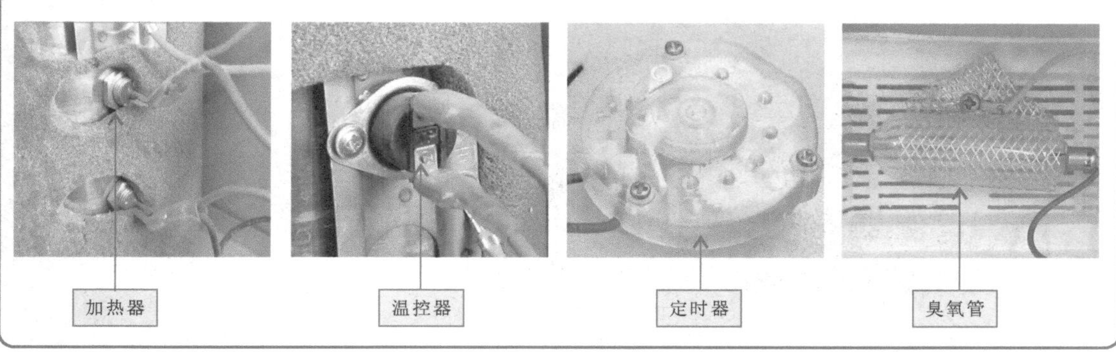

在识读饮水机电路时，可以根据电路中主要组成部件的功能特点和连接关系将整个电路划分为加热控制和杀菌控制两个单元电路，然后分别顺信号流程完成对饮水机电路的识读。

1. 饮水机加热控制电路的识读训练

饮水机加热控制电路主要通过温控器控制加热器的工作，从而实现加热或保温功能。

【饮水机加热控制电路】

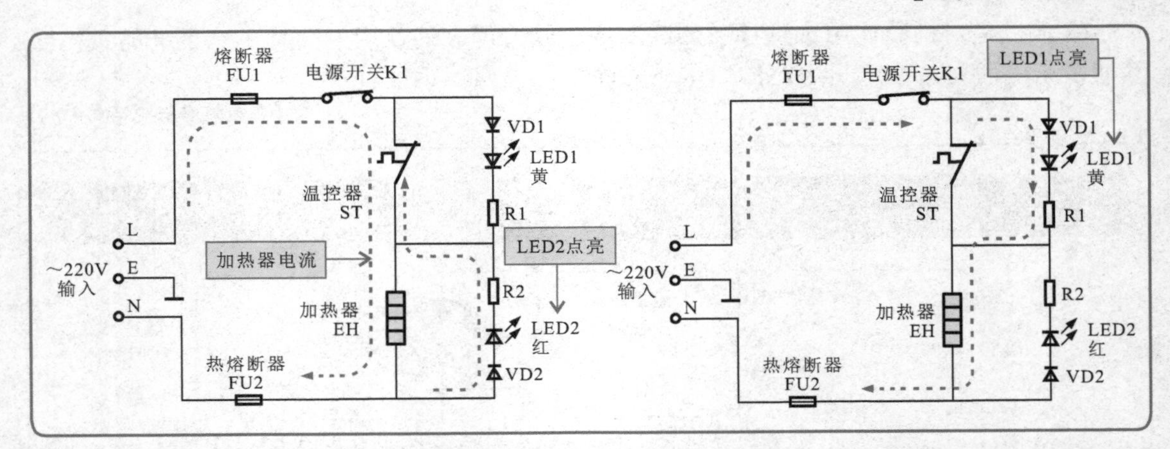

特别提醒

加热控制过程：电源开关闭合后，交流220V电源由L（相线）端经熔断器FU1、电源开关K1为加热组件供电，加热器开始工作。此时，加热指示灯（LED2）红灯被点亮。

保温控制过程：当加热器将水温加热到97℃时（水开后），温控器组件内部断开，切断加热器的供电电路，自动停止加热。此时，交流220V经VD1二极管整流，LED1发光二极管（指示保温）、限流电阻器R1与加热器EH串联。加热器EH上的电压大大降低，只能起保温作用。直至水温度下降到90℃以下，温控器又会自动接通，重新进入加热工作状态。

2. 饮水机杀菌控制电路的识读训练

饮水机杀菌控制电路主要是由门开关K2、定时器PT1、振荡电路等构成的。

【饮水机杀菌控制电路】

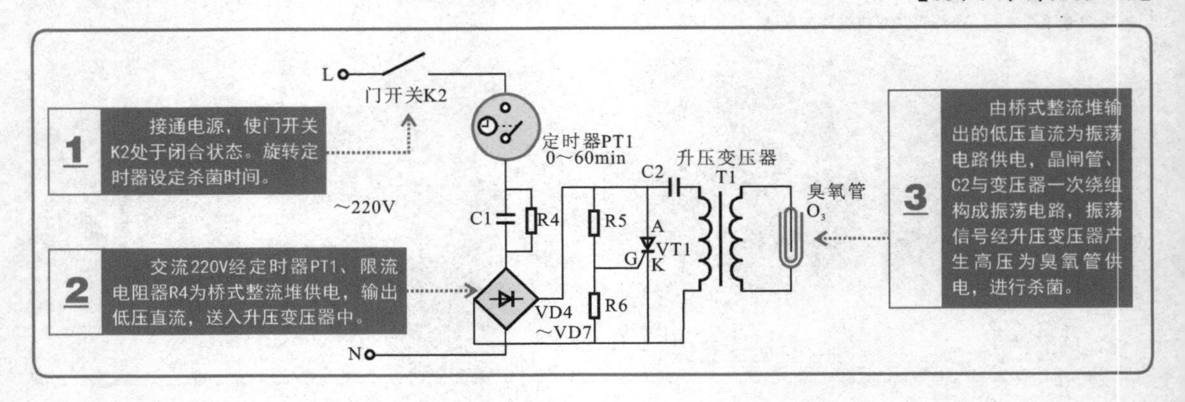

特别提醒

晶闸管VT1与C2、T1构成高频振荡电路，R5、R6分压点为晶闸管提供触发信号。高频振荡信号经变压器T1升压后为臭氧管供电，于是臭氧管产生臭氧气体对茶具进行消毒。

9.1.2 电热水壶电路的识读训练

电热水壶是使用电能进行烧水的一种小家电产品。电热水壶电路中的元器件相对较少，电路也不复杂，识读起来比较方便。

【典型电热水壶电路的结构】

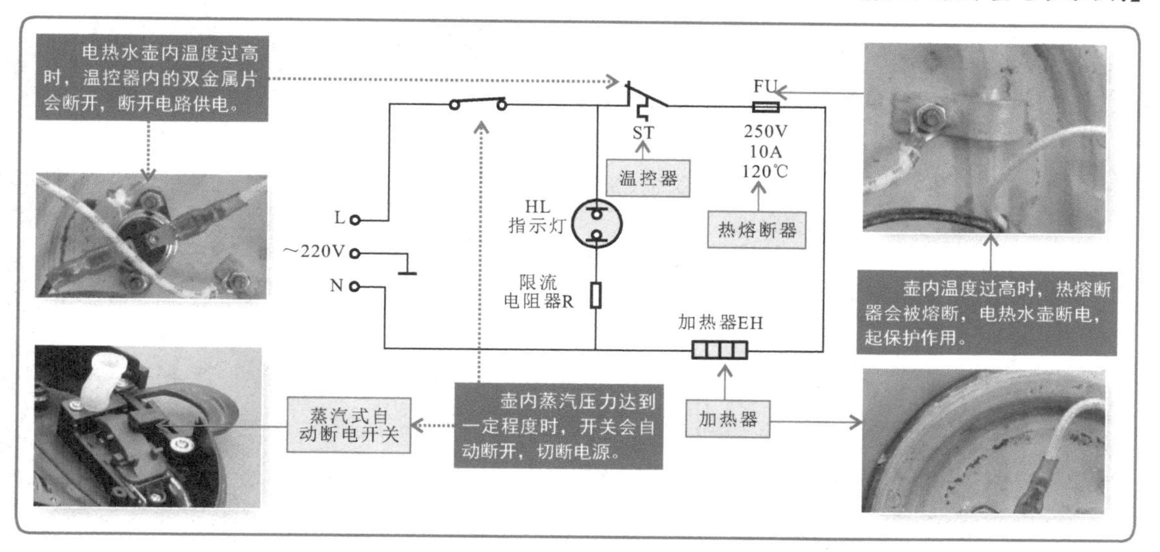

识读电热水壶电路时，可根据电路中主要组成部件的功能特点和连接关系，顺信号流程完成对电热水壶电路的识读。

【典型电热水壶电路】

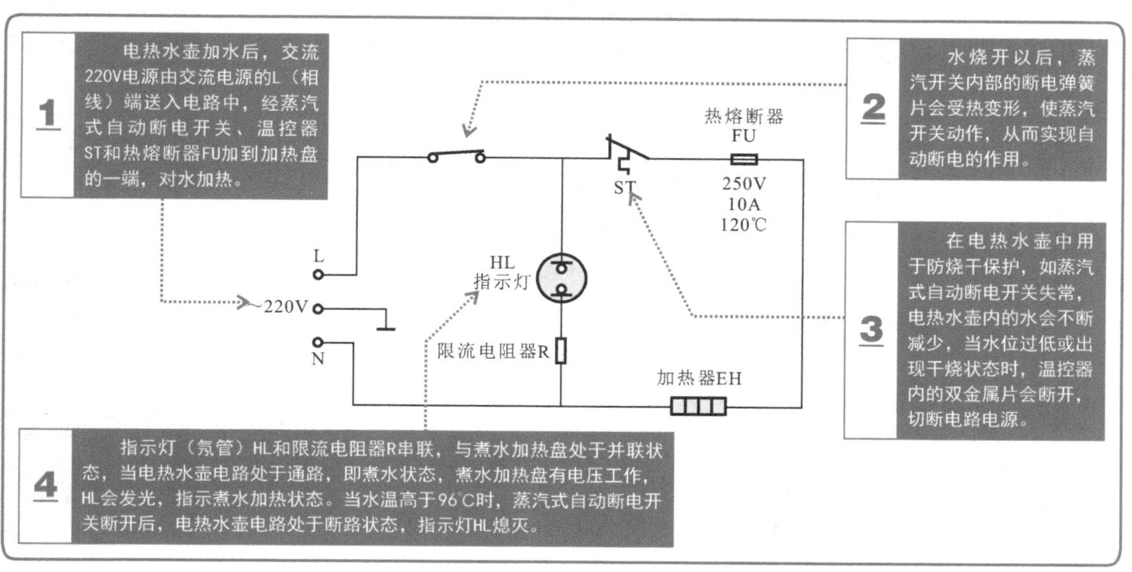

9.1.3 电风扇电路的识读训练

电风扇是用于增强室内空气流动，达到清凉目的的一种家用电器。目前，市面上有很多不同品牌、不同外形和不同型号的电风扇，但整个结构和实现的功能基本相同。

【典型电风扇电路的结构】

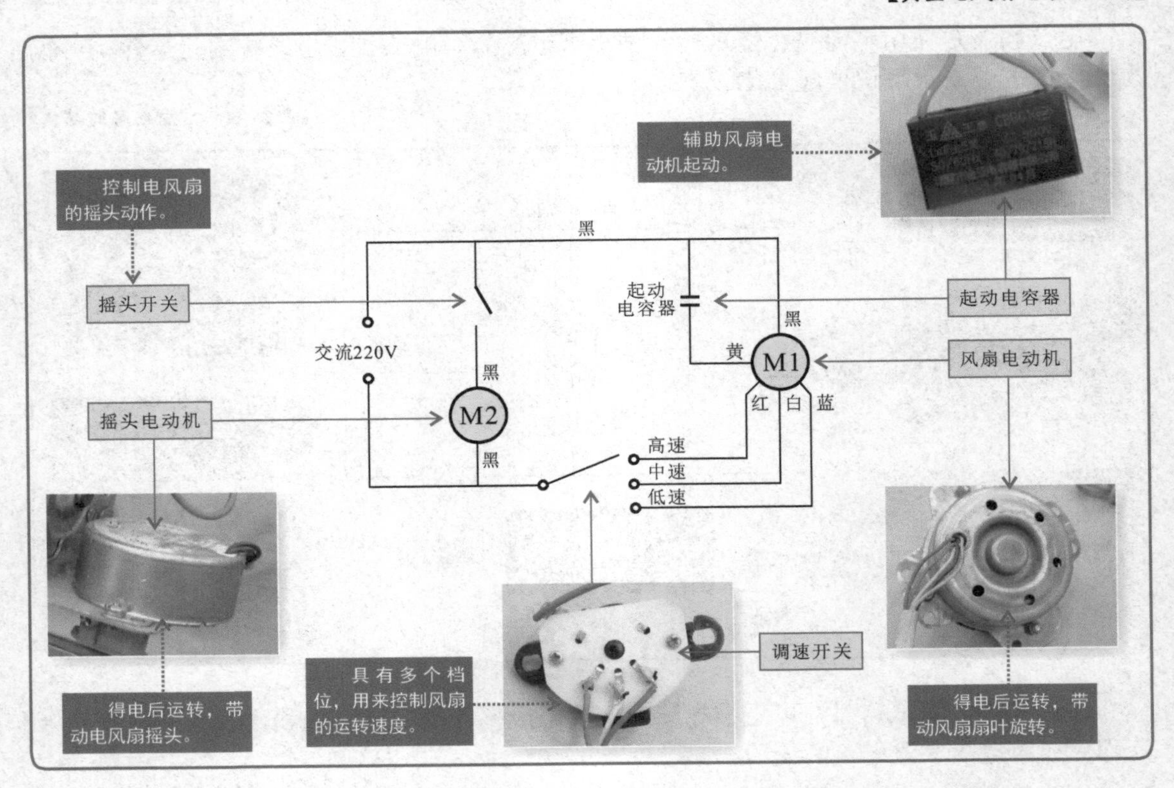

识读电风扇电路时，可以根据电路中主要组成部件的功能特点和连接关系将整个电路划分为摇头控制和调速控制两个单元电路，然后分别顺信号流程完成对电风扇电路的识读。

1. 电风扇摇头控制电路的识读训练

电风扇摇头控制电路主要是由摇头开关和摇头电动机构成的。

【电风扇摇头控制电路】

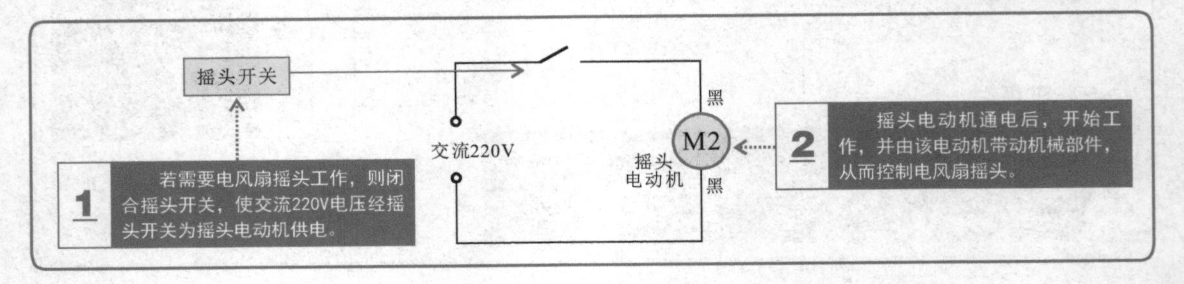

2. 电风扇调速控制电路的识读训练

电风扇调速控制电路主要通过调速开关控制电风扇工作，从而实现不同风速的运行。

【电风扇调速控制电路】

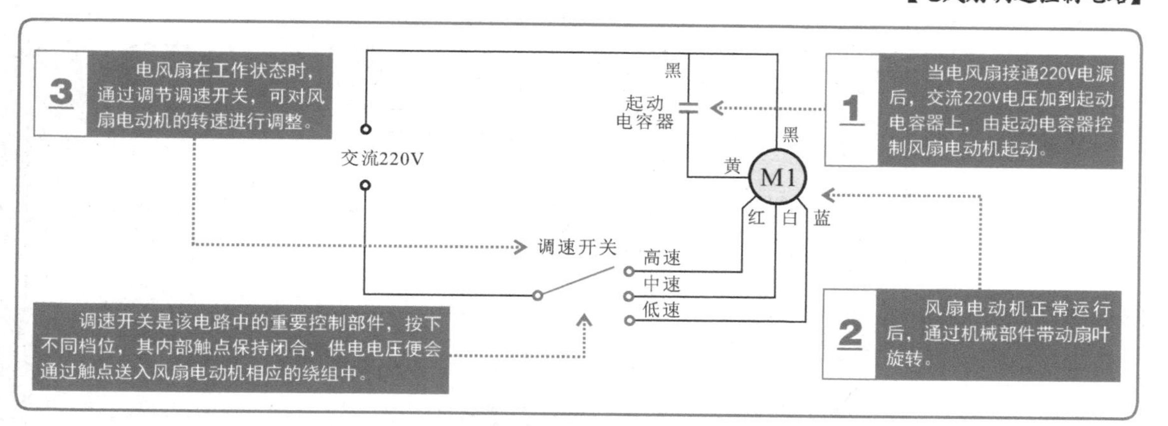

特别提醒

交流风扇电动机的调速采用绕组线圈抽头的方法比较多，即绕组线圈抽头与调速开关的不同档位相连，通过改变绕组线圈的数量，使定子线圈所产生的磁场强度发生变化，从而实现速度调整。

运行绕组中设有两个抽头，这样就可以实现风扇电动机的三速可变。由于两组线圈接成L字母形，因此被称为L形绕组结构。若两个绕组接成T字母形，则被称为T形绕组结构。其工作原理与L形抽头调速电动机相同。

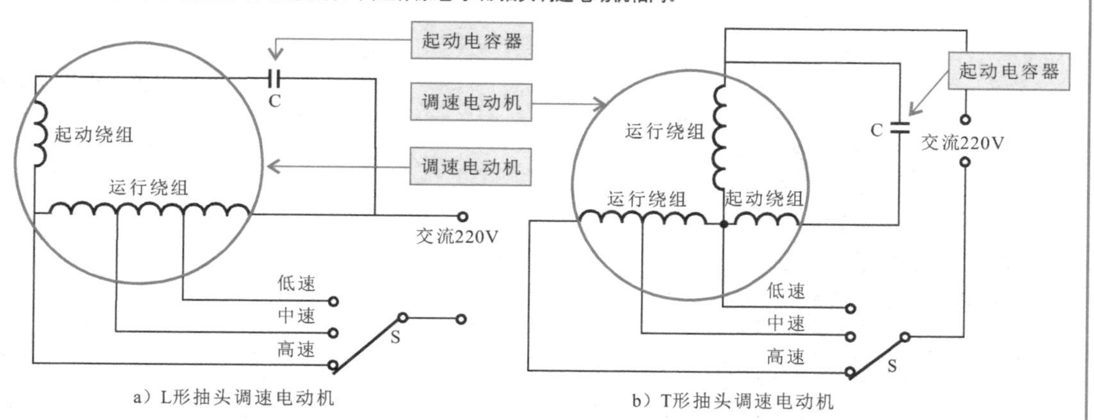

a）L形抽头调速电动机　　b）T形抽头调速电动机

双抽头调速风扇电动机中运行绕组和起动绕组都设有抽头，通过改变绕组所产生的磁场强弱进行调速。

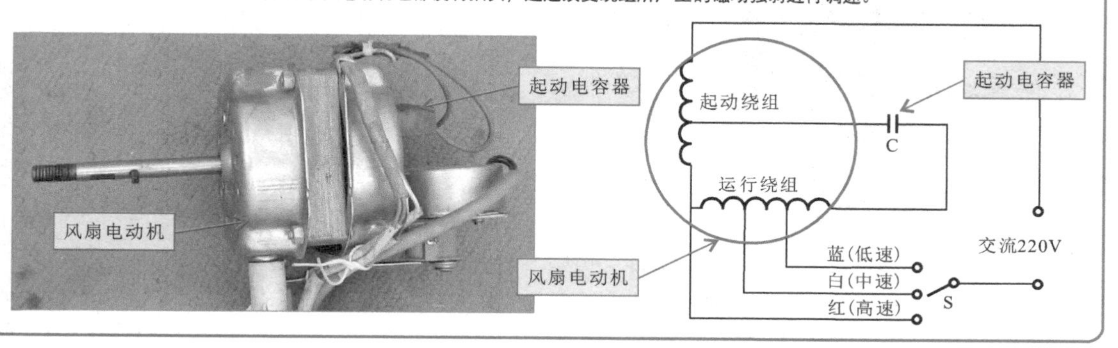

9.1.4 吸尘器电路的识读训练

吸尘器是一种借助吸气的作用吸走灰尘或污物（如线、纸屑、头发等）的清洁电器。相比而言，吸尘器电路的结构较为简单，也容易识读。

【典型吸尘器电路的结构】

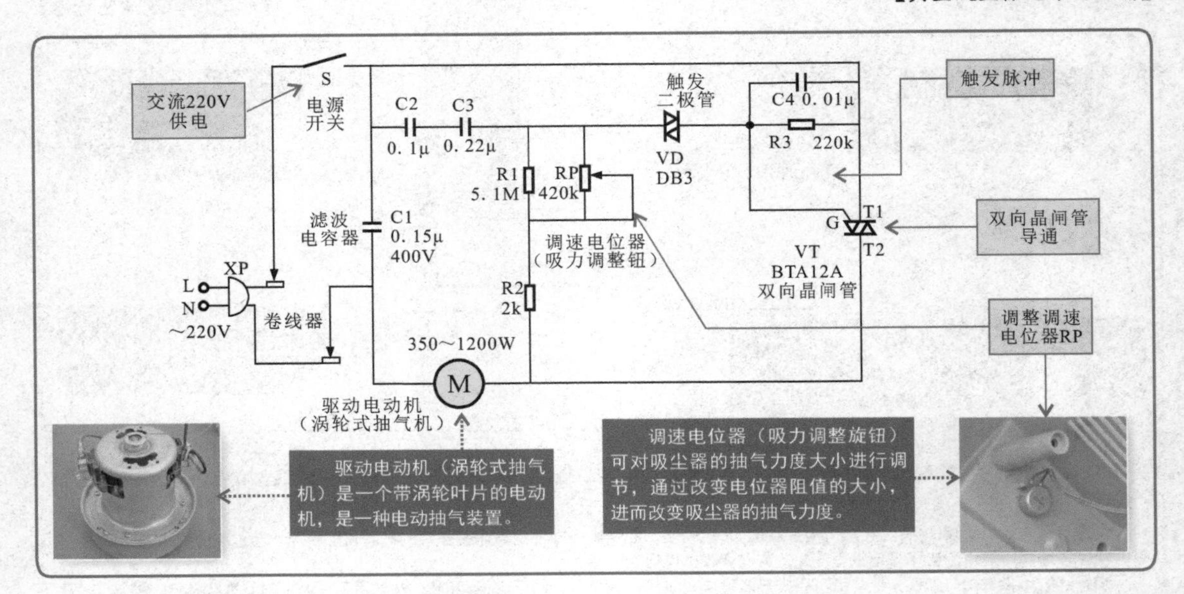

在识读吸尘器电路时，可根据电路中主要组成部件的功能特点和连接关系，分别顺信号流程完成对吸尘器电路的识读。

【典型吸尘器电路】

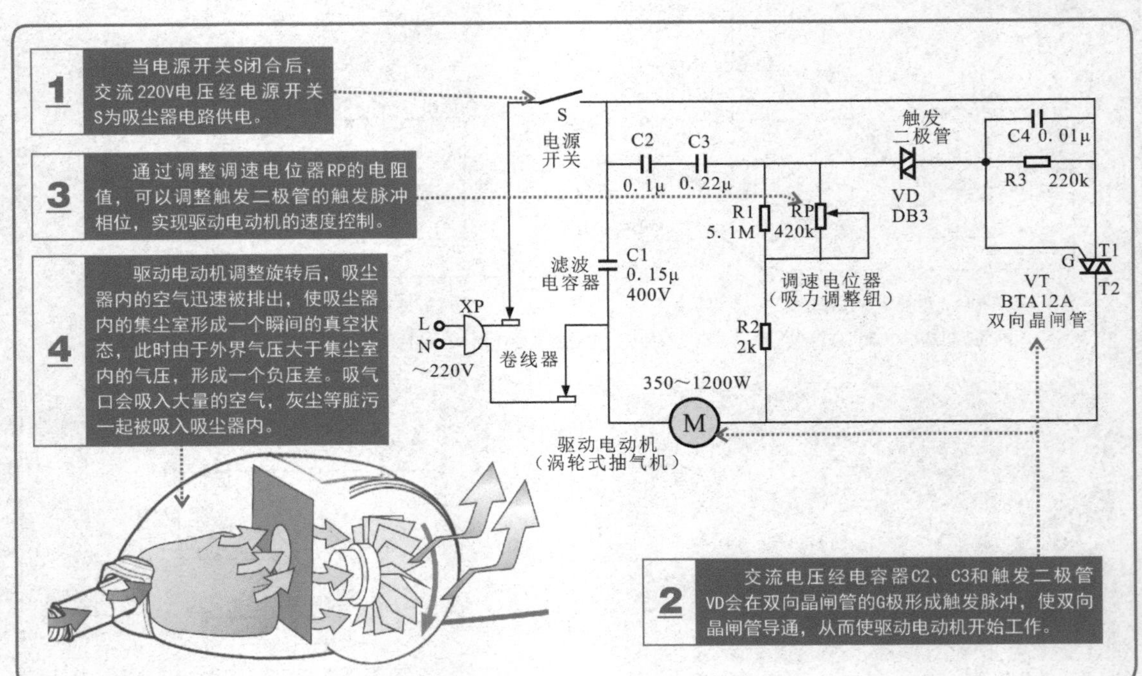

9.1.5 电磁炉电路的识读训练

电源供电电路的主要功能是将交流220V电压变为300V直流电压，为功率输出电路中的炉盘线圈及IGBT（门控管）提供工作电压，同时输出直流低压为其他电路及低压元器件提供所需的工作电压。

【电磁炉电源供电和功率输出电路】

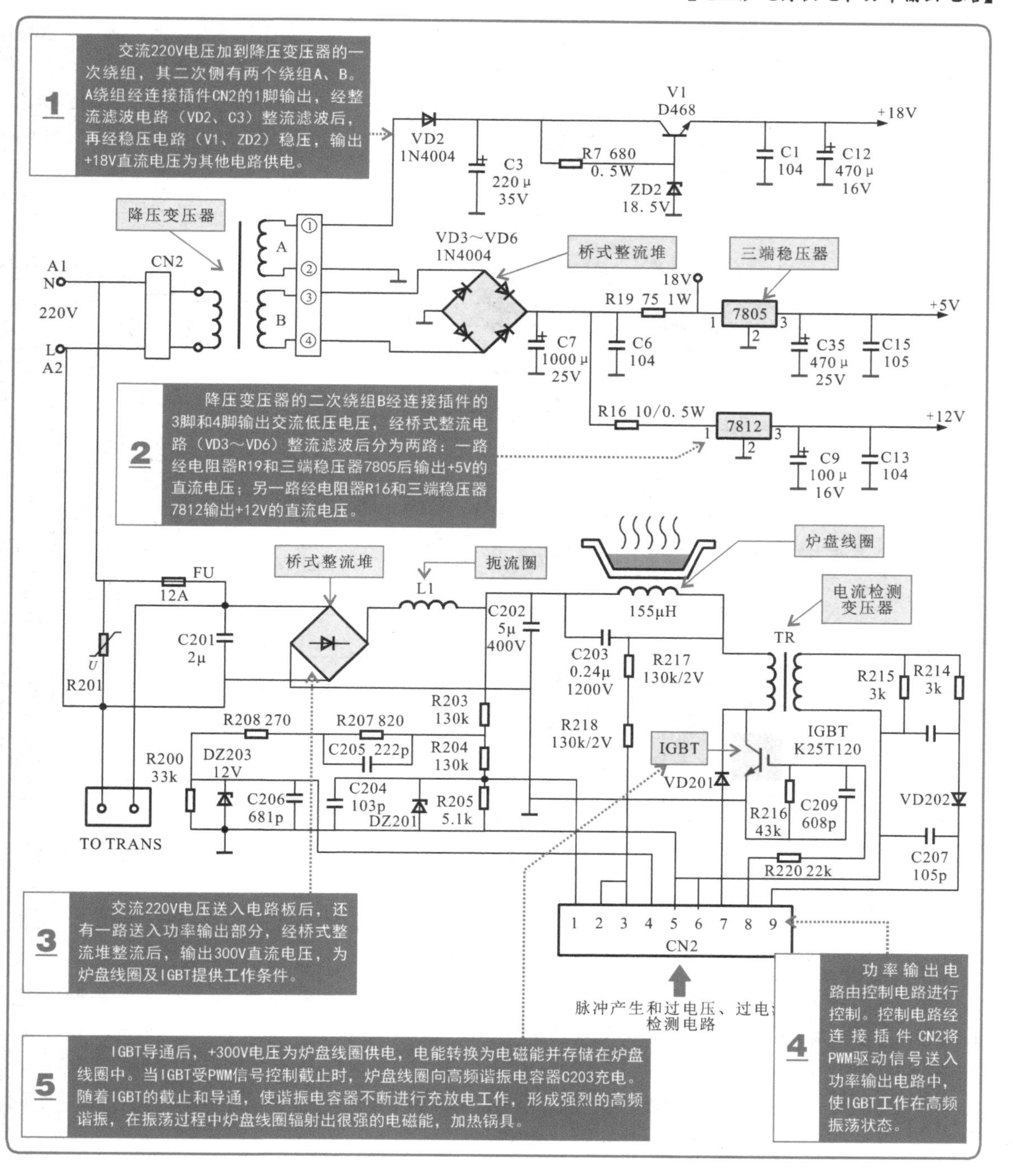

9.2 制冷电器实用电路的识读训练

9.2.1 电冰箱电路的识读训练

1. 电冰箱电源电路的识读训练

电源电路主要用来为电冰箱其他电路部分和各部件提供工作电压。电源电路主要是由交流输入、开关振荡及次级整流输出电路构成的。

【典型电冰箱电源电路的结构】

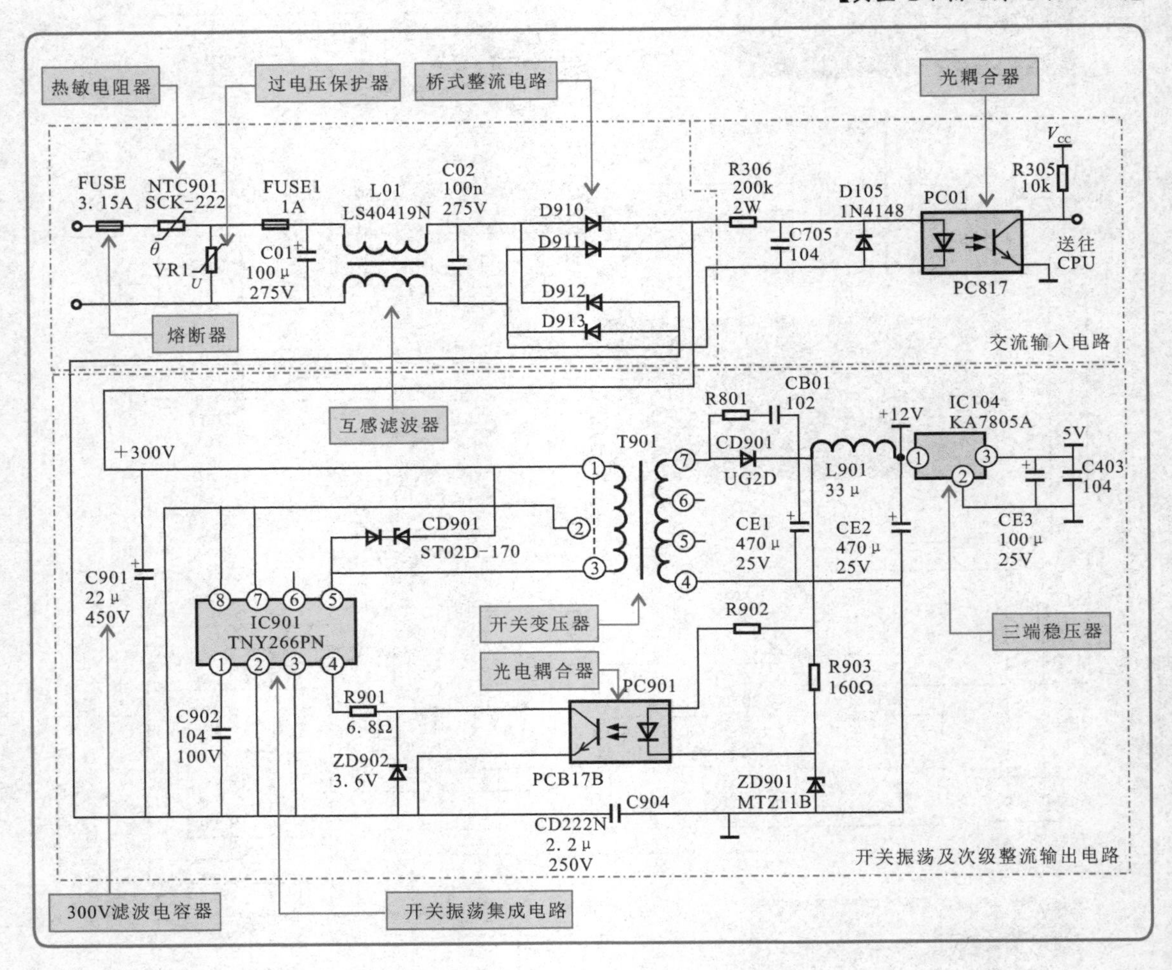

在识读电源电路时，可以根据电路中主要组成部件的功能特点和连接关系将整个电路划分成交流输入、开关振荡和次级整流输出两个单元电路，然后分别顺信号流程完成对电源电路的识读。

典型电冰箱交流输入电路部分主要是由熔断器、过电压保护器、热敏电阻器、互感滤波器和桥式整流堆（D910~D913）等构成的。

【典型电冰箱交流输入电路部分】

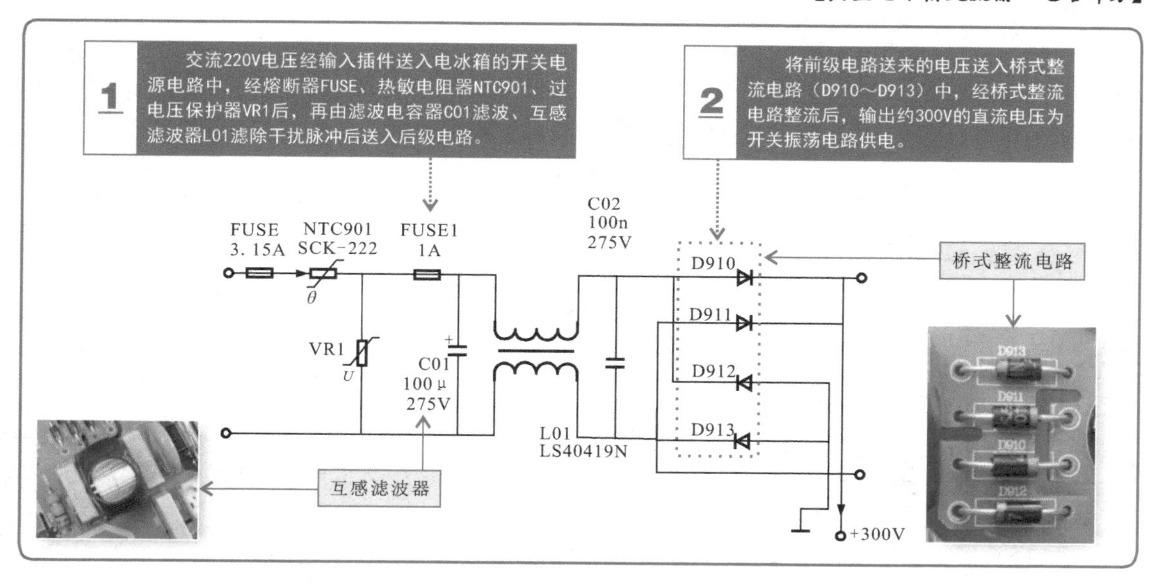

典型电冰箱开关振荡和次级整流输出电路部分主要是由300V滤波电容器、开关振荡集成电路（TNY266PN）、开关变压器、光耦合器和三端稳压器等构成的。

【典型电冰箱开关振荡和次级整流输出电路部分】

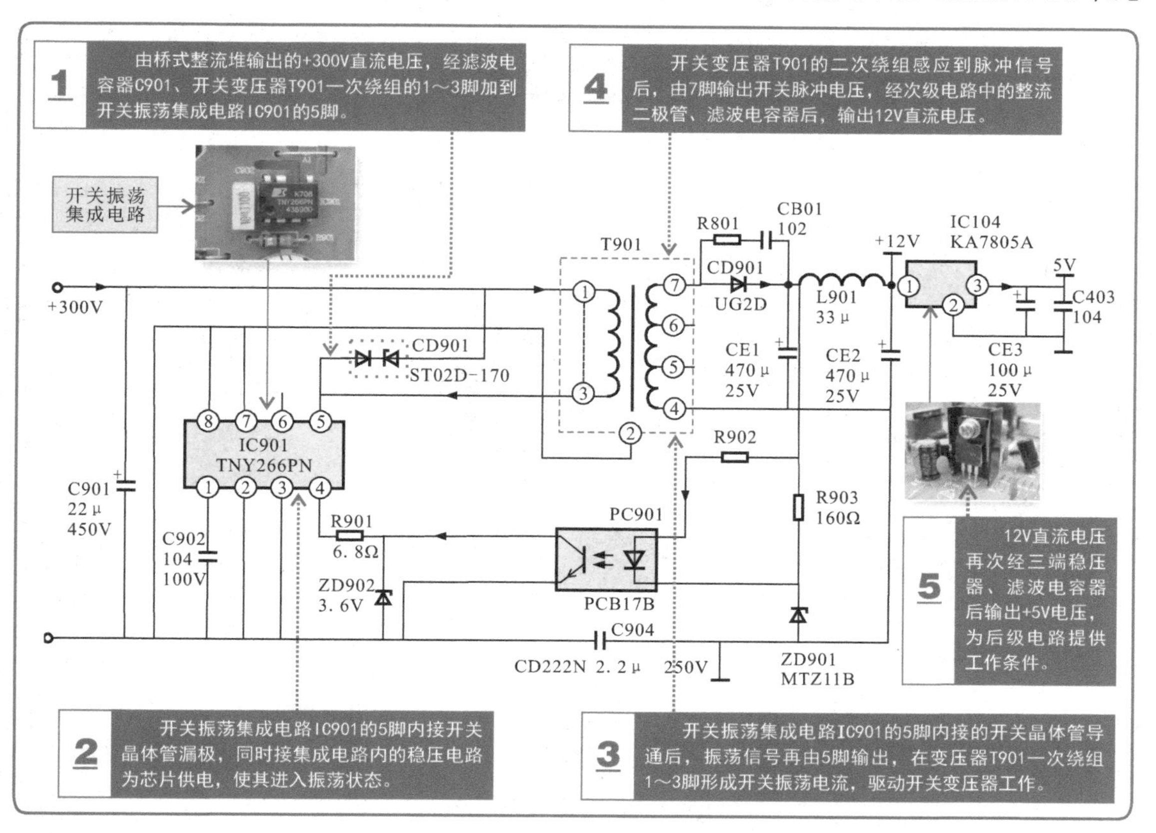

2. 电冰箱控制电路的识读训练

控制电路是电冰箱的核心控制部分，用来控制各路输入、输出信号。控制电路主要是由微处理器、反相器、复位电路、晶体及继电器等构成的。

【典型电冰箱控制电路的结构】

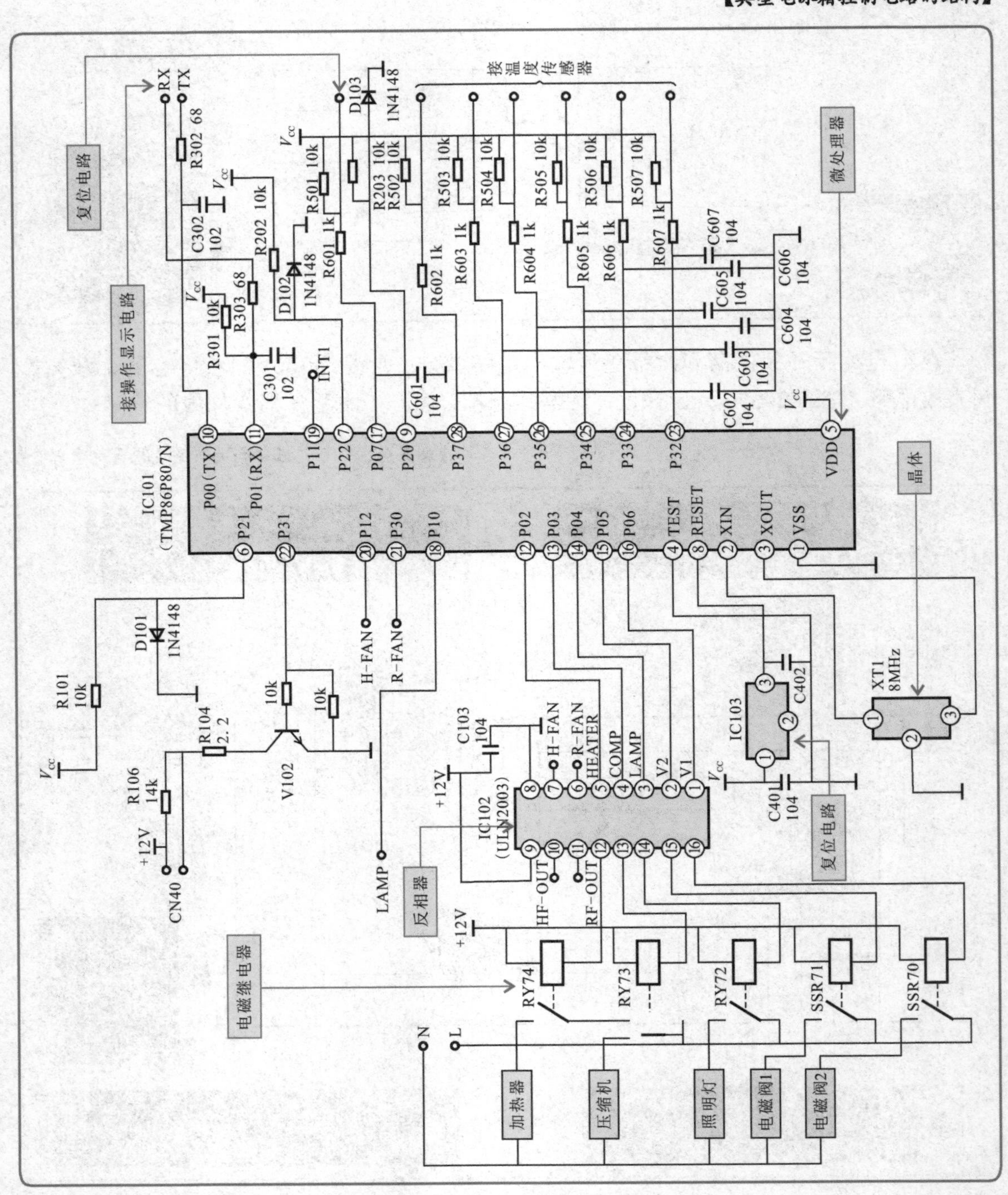

在识读控制电路时，可以根据电路中主要组成部件的功能特点和连接关系将整个电路划分成四个功能单元电路（微处理器启动电路、反相器控制电路、温度检测电路和控制信号输入、输出电路），然后分别顺信号流程完成对控制电路的识读。

微处理器启动电路部分中，微处理器IC101（TMP86P807N）进入工作状态需要具备一些工作条件，主要包括+5V供电电压、复位信号和晶振信号。

【控制电路中微处理器启动电路部分】

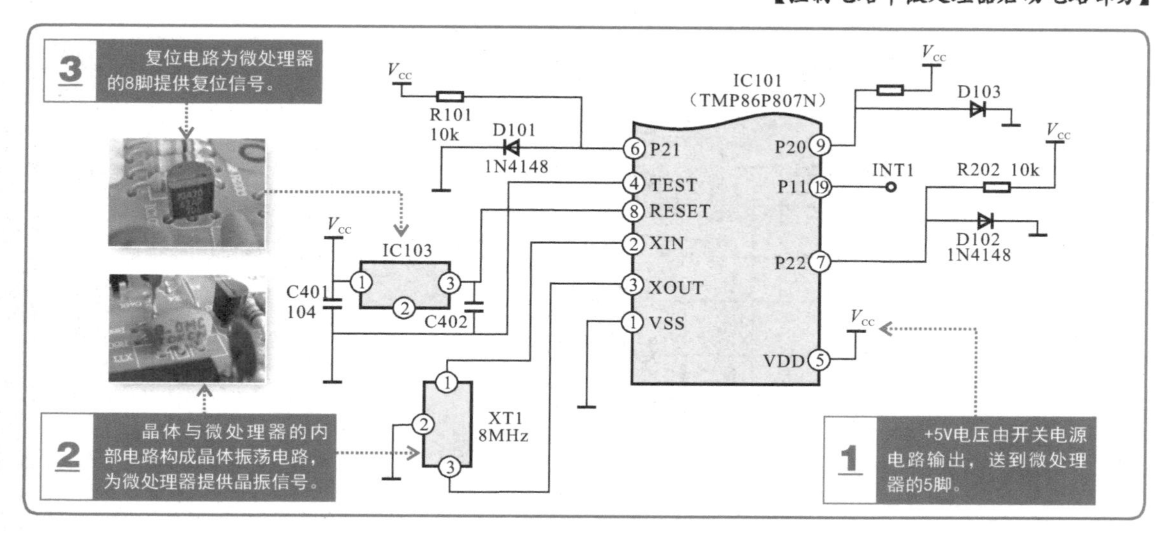

反相器控制电路部分主要用于控制压缩机等器件的供电，通常使用反相器和电磁继电器相配合的方式进行控制。

【控制电路中反相器控制电路部分】

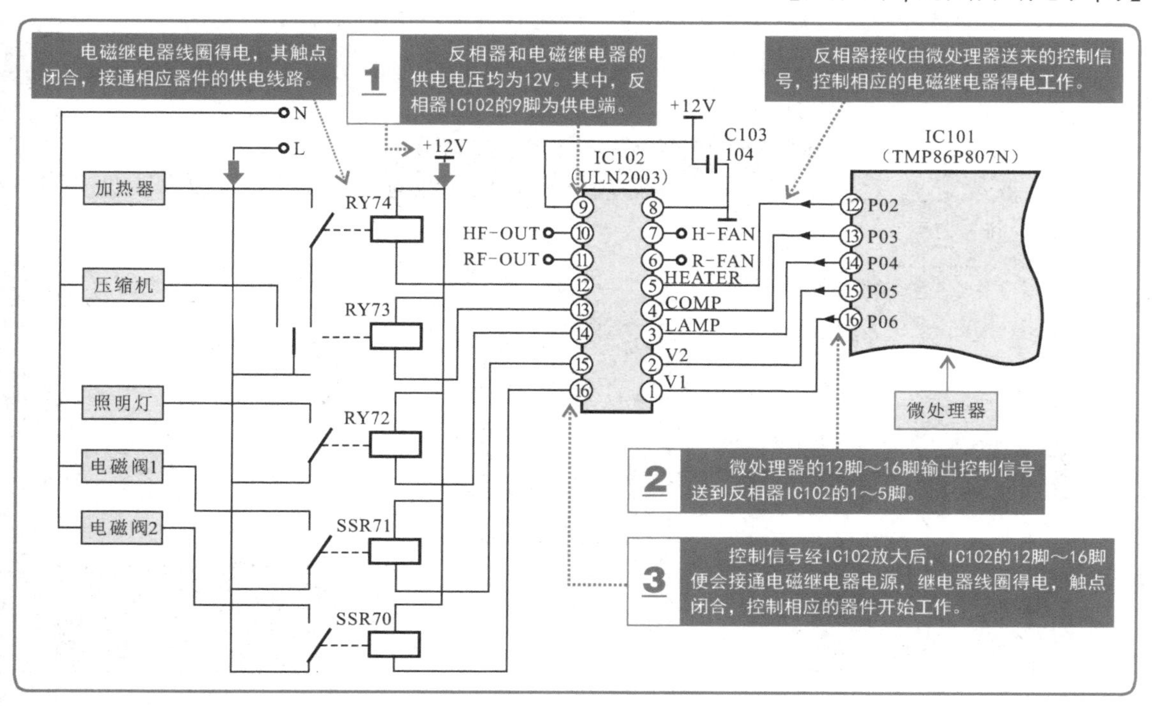

温度检测电路用来检测电冰箱内外的温度，并将温度信号传送到微处理器中。

【控制器中温度检测电路部分】

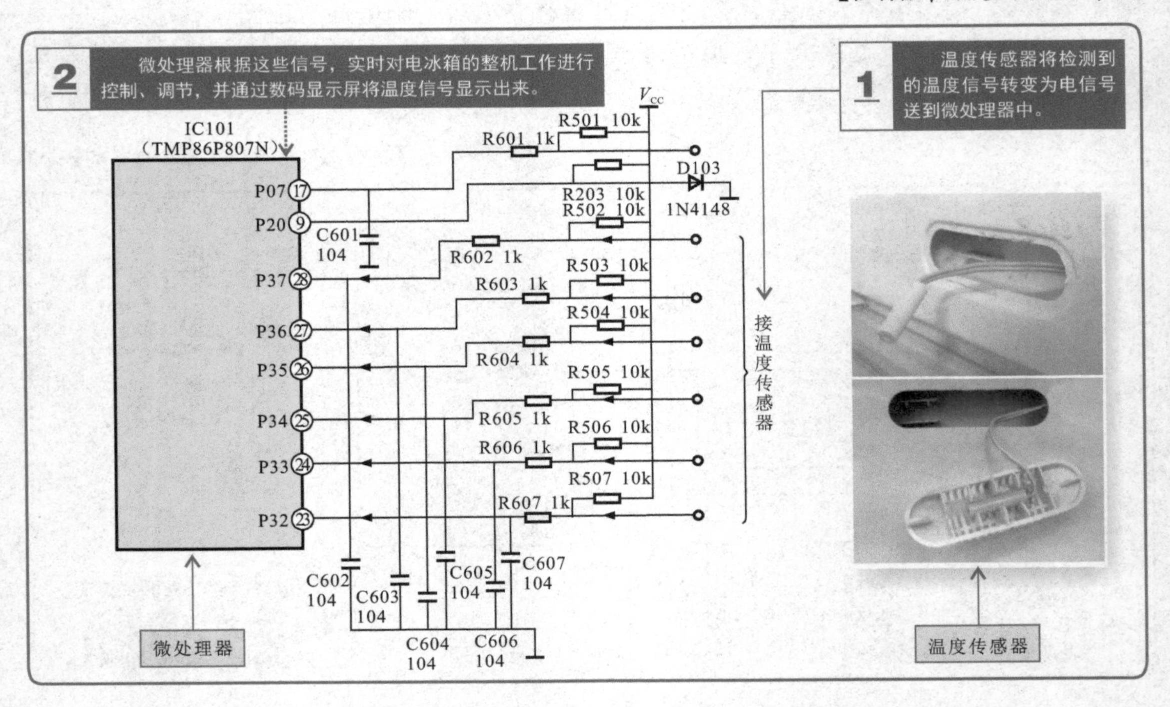

控制信号输入、输出电路中，微处理器通过对人工指令的识别才可输出相应的控制信号对其他电路进行控制，除通过反相器、继电器对一些重要器件进行控制外，微处理器还通过几条专门的信号线路对一些功能部件进行控制，如风扇、除臭灯等。

【控制电路中控制信号输入、输出电路部分】

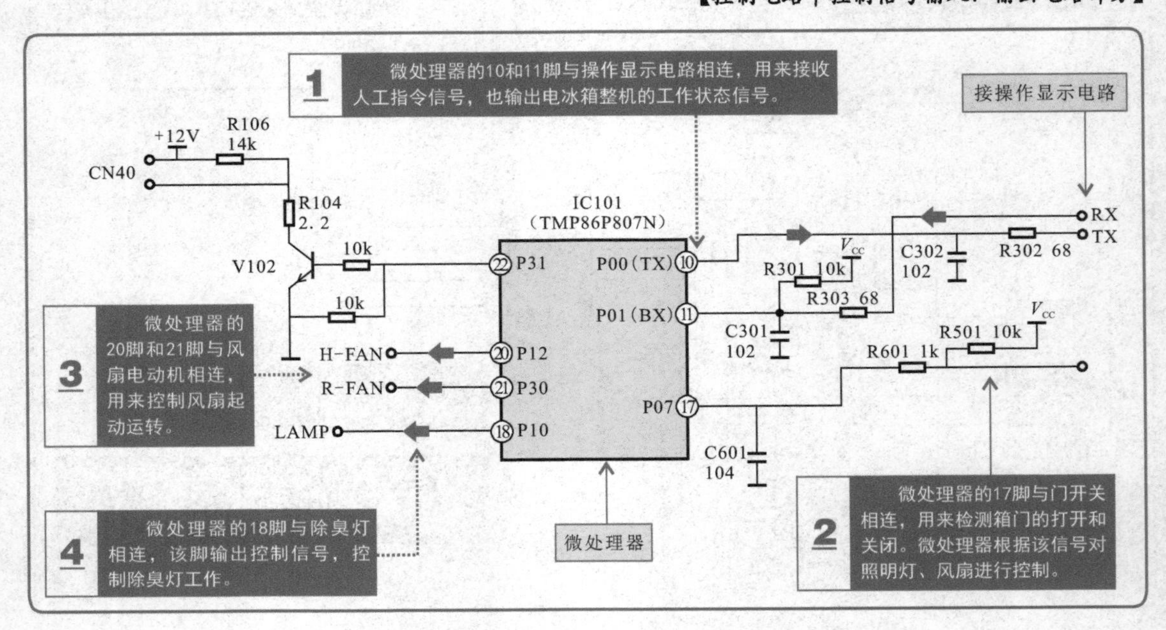

9.2.2 空调器电路的识读训练

1. 空调器电源电路的识读训练

在识读空调器室内机电源电路时，可以根据电路中主要组成部件的功能特点和连接关系，顺信号流程完成对空调器室内机电源电路的识读。

【空调器室内机电源电路】

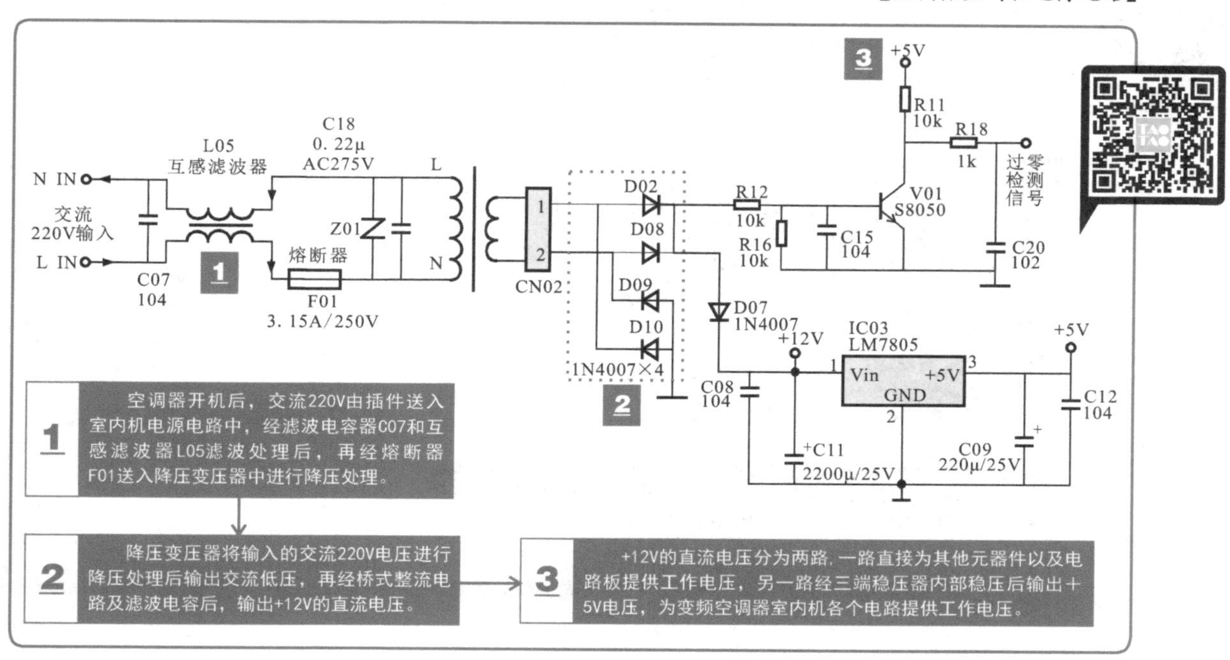

特别提醒

在室内机电源电路的直流低压输出端设置有过零检测电路，即电源同步脉冲形成电路变压器输出的交流12V经桥式整流电路（D02、D08、D09、D10）整流输出脉动的直流电压，经R12和R16分压提供给晶体管V01，当晶体管V01的基极电压小于0.7V（晶体管内部PN结的导通电压）时，V01不导通；而当V01的基极电压大于0.7V时，V01导通，从而检出一个过零信号，经32脚送入微处理器（CPU）中，为微处理器提供电源同步脉冲。

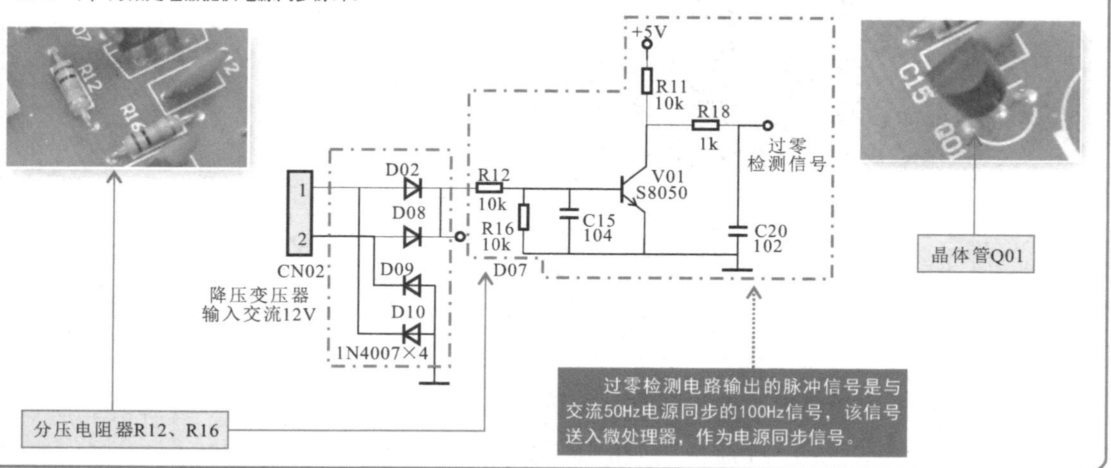

空调器室外机电源电路主要是由交流输入和整流滤波电路、开关振荡和次级输出电路两部分构成的。

室外机电源电路中交流输入和整流滤波电路主要是由滤波器、电抗器、滤波电容器、桥式整流堆等构成的。

【室外机电源电路中交流输入和整流滤波电路部分】

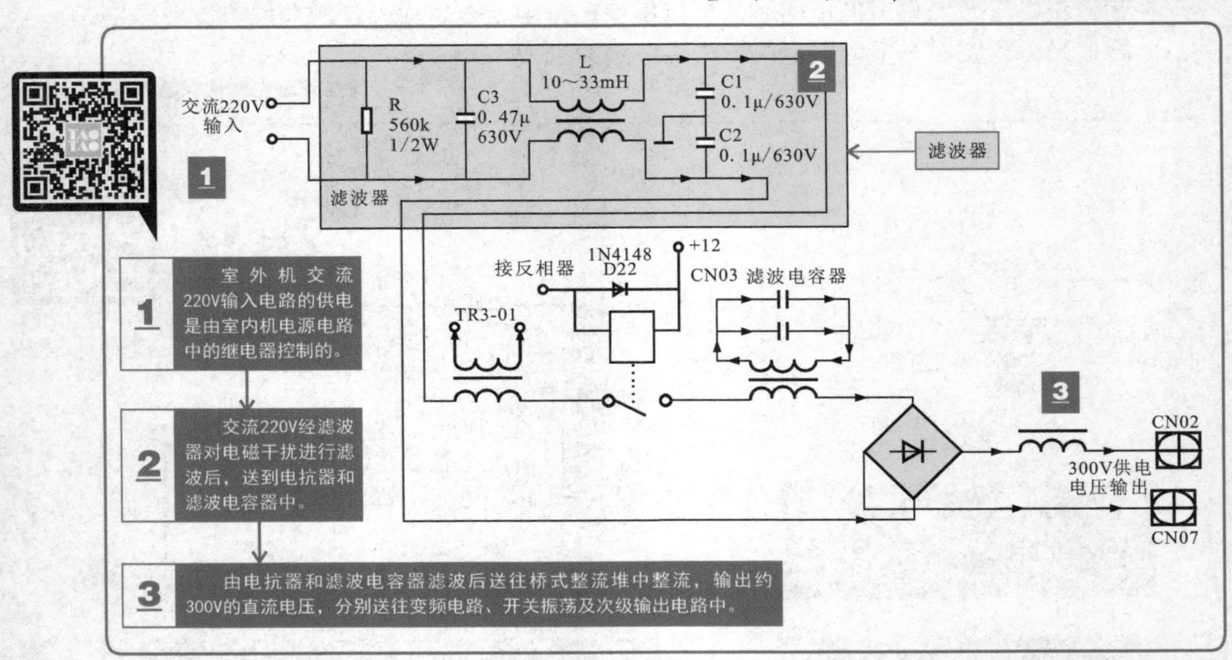

特别提醒

根据以上分析可知：

· 滤波器主要用于滤除电网对空调器电路的干扰，同时抑制空调器电路对外部电网的干扰，滤波器内部主要由电阻器、电容器及电感器等构成。

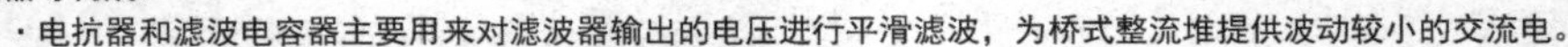

· 电抗器和滤波电容器主要用来对滤波器输出的电压进行平滑滤波，为桥式整流堆提供波动较小的交流电。

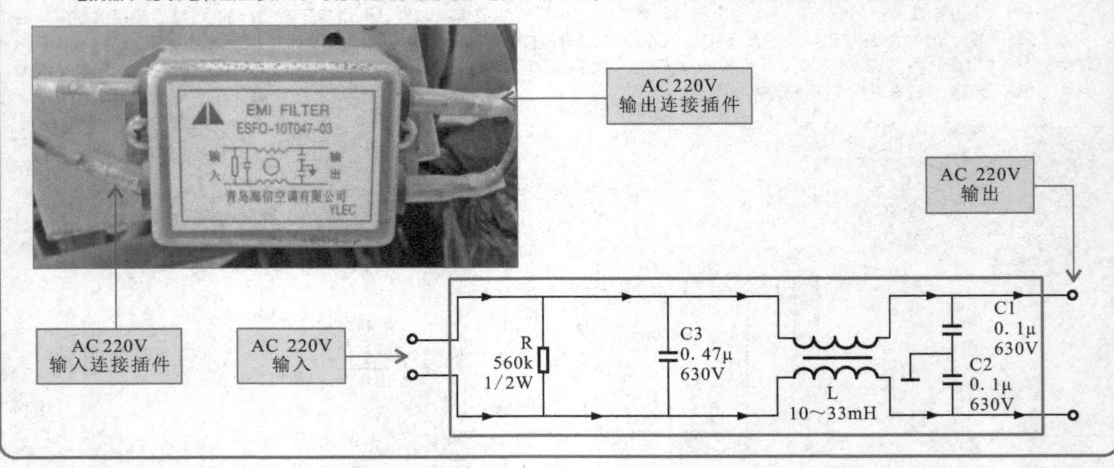

室外机电源电路中开关振荡和次级输出电路主要是由熔断器F02、互感滤波器、开关晶体管V01、开关变压器T02及三端稳压器U04（KIA7805）等构成的。

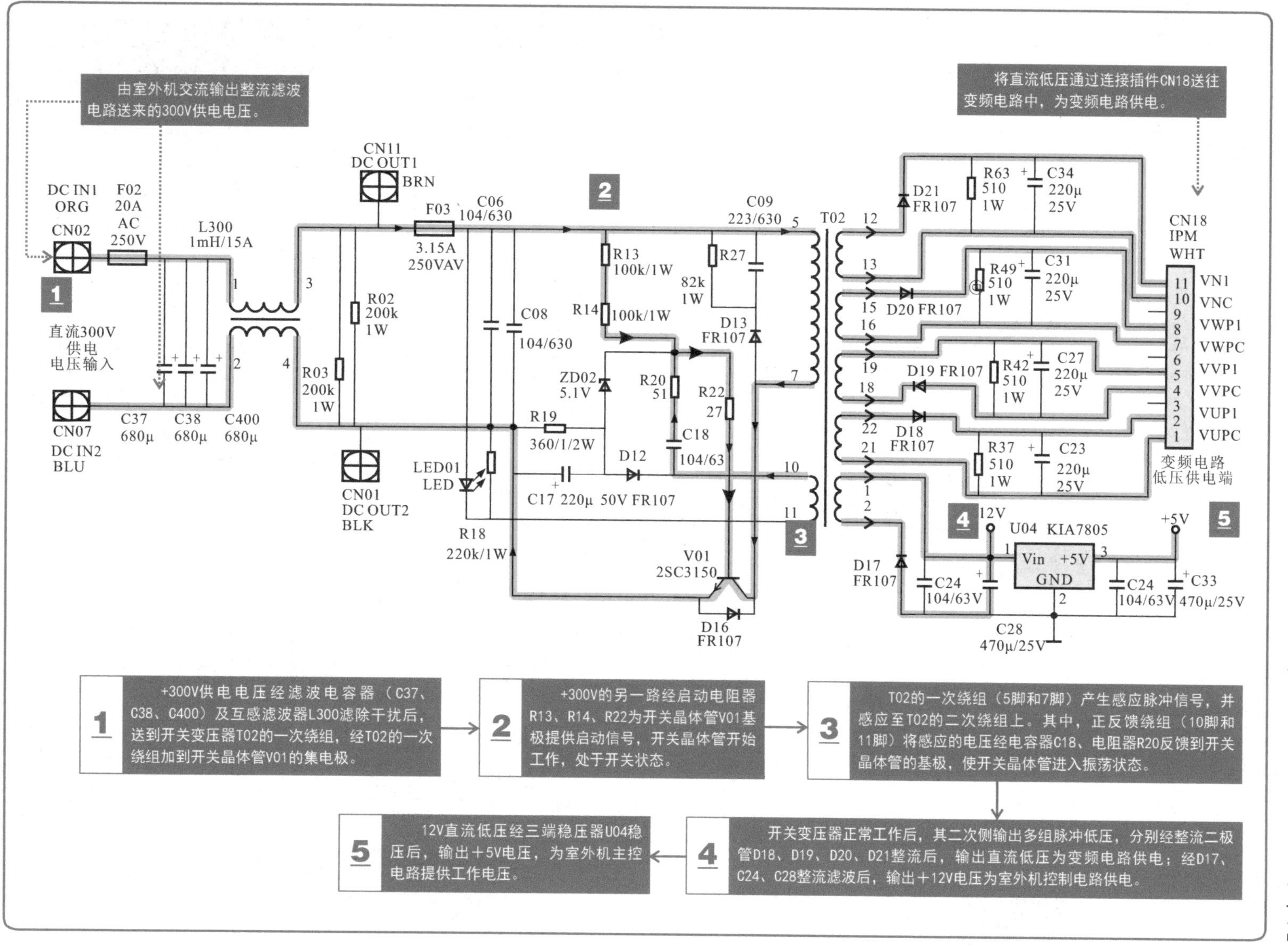
由室外机交流输出整流滤波电路送来的300V供电电压。
将直流低压通过连接插件CN18送往变频电路中，为变频电路供电。
DC IN1 ORG CN02
F02 20A AC 250V
L300 1mH/15A
直流300V供电电压输入
CN07 DC IN2 BLU
C37 680μ
C38 680μ
C400 680μ
CN11 DC OUT1 BRN
F03 3.15A 250VAV
C06 104/630
C08 104/630
R02 200k 1W
R03 200k 1W
CN01 DC OUT2 BLK
LED01 LED
R18 220k/1W
R13 100k/1W
R14 100k/1W
ZD02 5.1V
R19 360/1/2W
C17 220μ 50V
D12 FR107
R20 51
C18 104/63
R22 27
R27 82k 1W
C09 223/630
D13 FR107
V01 2SC3150
D16 FR107
T02
D21 FR107
R63 510 1W
C34 220μ 25V
D20 FR107
R49 510 1W
C31 220μ 25V
D19 FR107
R42 510 1W
C27 220μ 25V
D18 FR107
R37 510 1W
C23 220μ 25V
CN18 IPM WHT
VN1 VNC VWP1 VWPC VVP1 VVPC VUP1 VUPC
变频电路低压供电端
12V
U04 KIA7805
Vin +5V GND
+5V
D17 FR107
C24 104/63V
C28 470μ/25V
C33 470μ/25V
1 +300V供电电压经滤波电容器（C37、C38、C400）及互感滤波器L300滤除干扰后，送到开关变压器T02的一次绕组，经T02的一次绕组加到开关晶体管V01的集电极。
2 +300V的另一路经启动电阻器R13、R14、R22为开关晶体管V01基极提供启动信号，开关晶体管开始工作，处于开关状态。
3 T02的一次绕组（5脚和7脚）产生感应脉冲信号，并感应至T02的二次绕组上。其中，正反馈绕组（10脚和11脚）将感应的电压经电容器C18、电阻器R20反馈到开关晶体管的基极，使开关晶体管进入振荡状态。
4 开关变压器正常工作后，其二次侧输出多组脉冲低压，分别经整流二极管D18、D19、D20、D21整流后，输出直流低压为变频电路供电；经D17、C24、C28整流滤波后，输出+12V电压为室外机控制电路供电。
5 12V直流低压经三端稳压器U04稳压后，输出+5V电压，为室外机主控电路提供工作电压。

2. 空调器控制电路的识读训练

在识读室内机控制电路时，可以根据电路中主要组成部件的功能特点和连接关系，顺信号流程完成对电源电路的识读。

【空调器室内机控制电路】

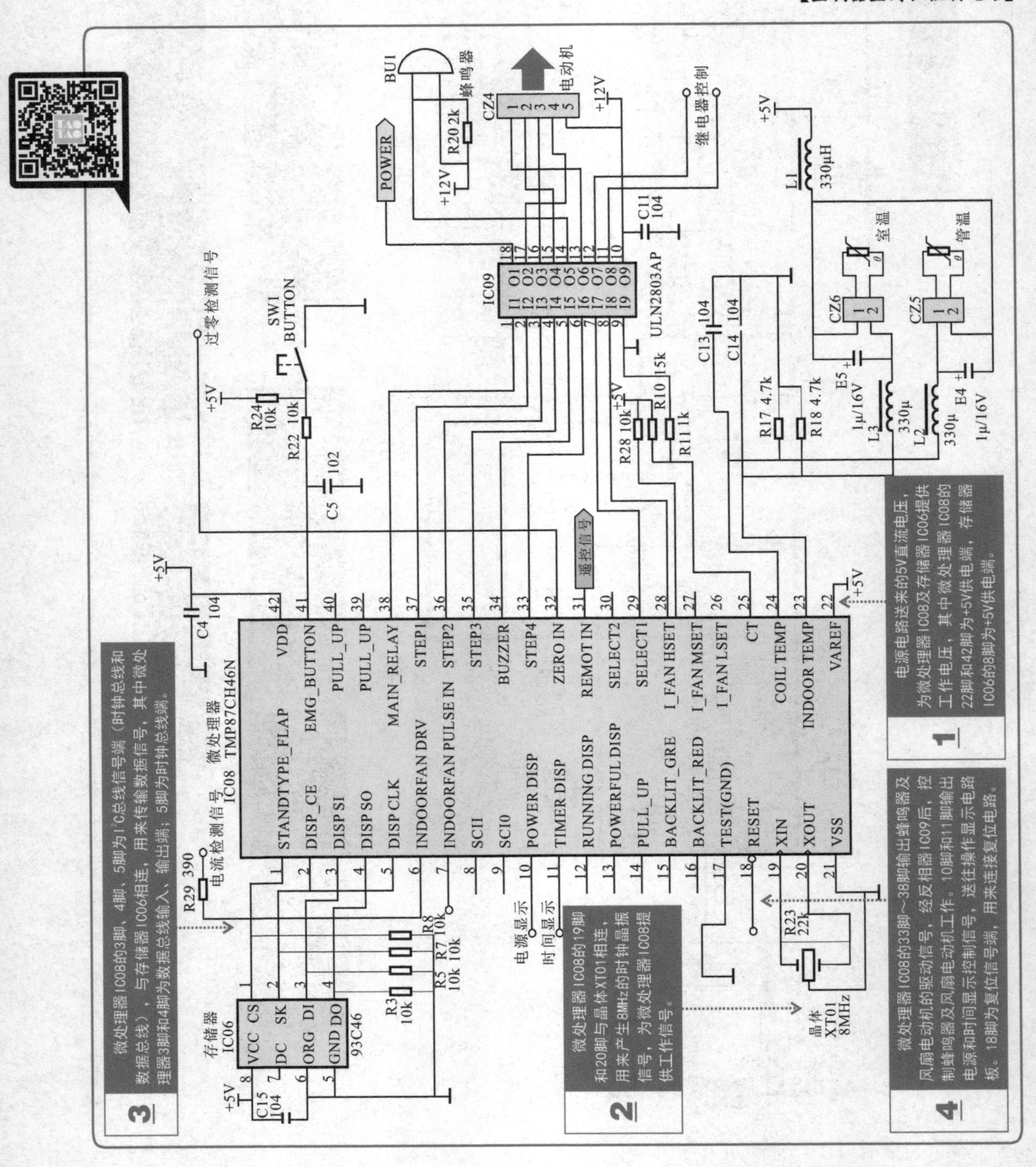

在识读室外机控制电路时，可以根据电路中主要组成部件的功能特点和连接关系，顺信号流程完成对室外机控制电路的识读。

【空调器室外机控制电路】

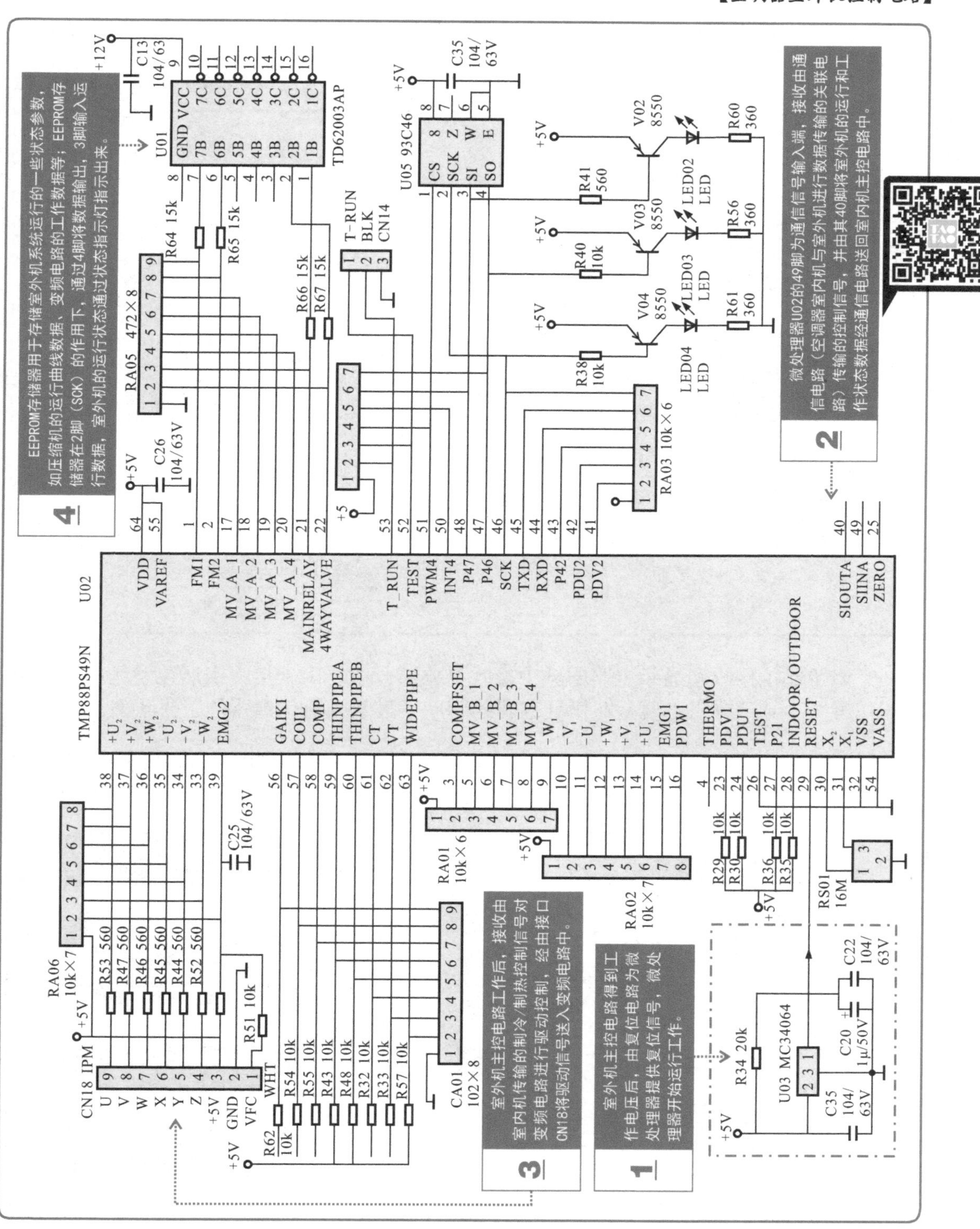

3. 空调器显示及遥控电路的识读训练

空调器中遥控发送电路部分主要是由微处理器、操作按键和红外发光二极管等构成的，主要实现人工控制指令的发送。

【空调器中遥控发送电路部分】

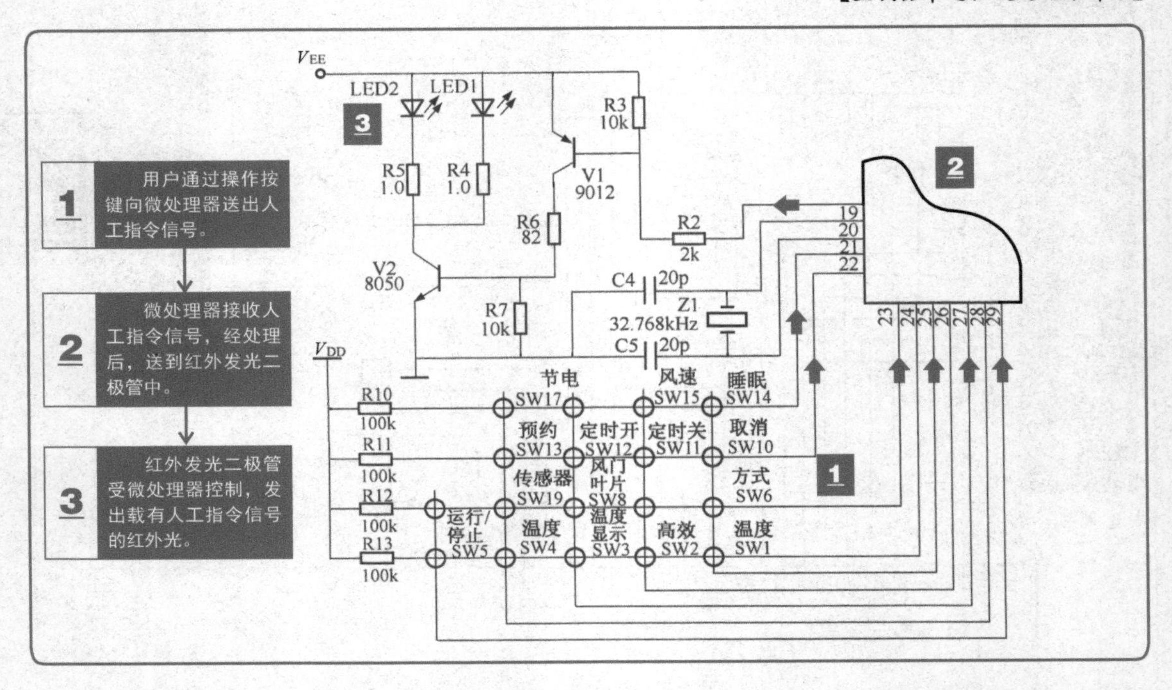

空调器遥控接收和显示电路部分中接收电路部分主要用来接收由遥控发送电路送来的红外信号；显示电路主要是在微处理器的驱动下显示当前空调器的工作状态。

【空调器中遥控接收和显示电路部分】

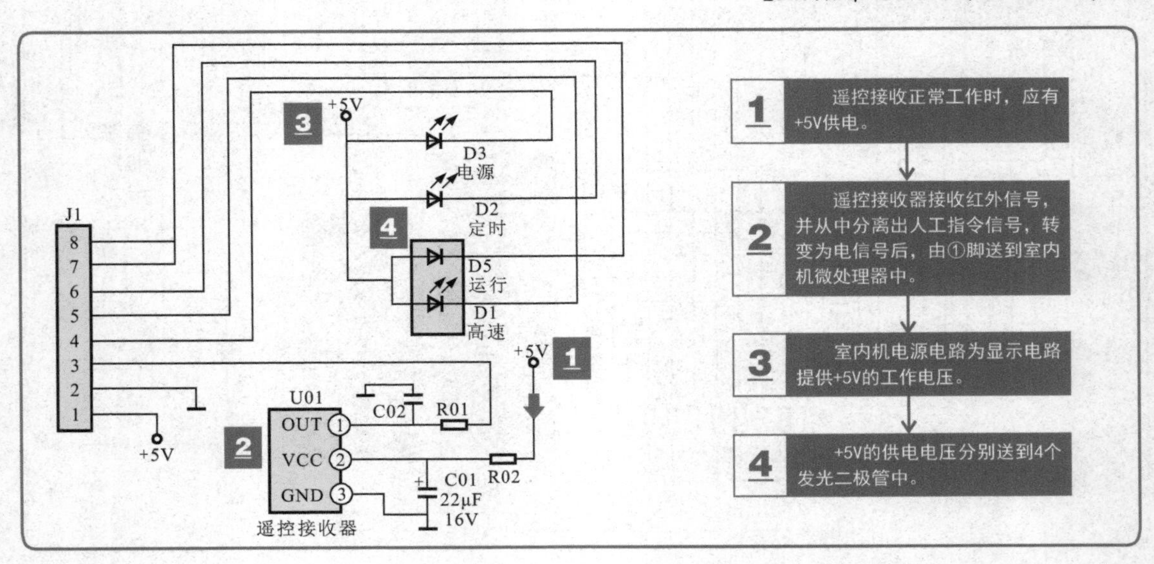

4. 空调器通信电路的识读训练

通信电路主要用于空调器室内机和室外机电路板之间传输数据。主要是由室内机发送光耦IC02（TLP521）、室内机接收光耦IC01（TLP521）、室外机发送光耦PC02（TLP521）、室外机接收光耦PC01（TLP521）等构成的。

【典型空调器通信电路的结构】

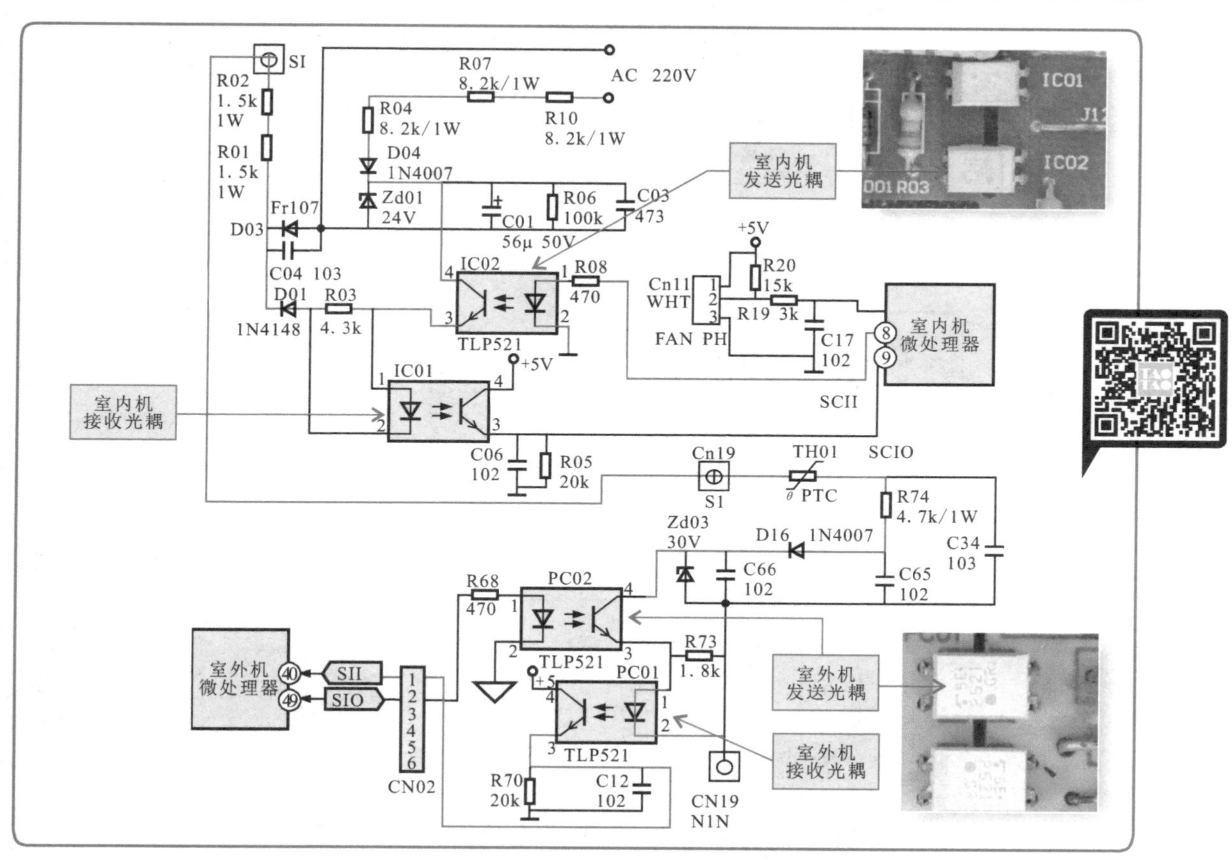

在识读通信电路时，可以根据电路中主要组成部件的功能特点和连接关系将整个电路划分成两种工作状态，即由室内机向室外机发送信号、由室外机向室内机反馈信号两种状态进行识图。

【室内机向室外机发送信号】

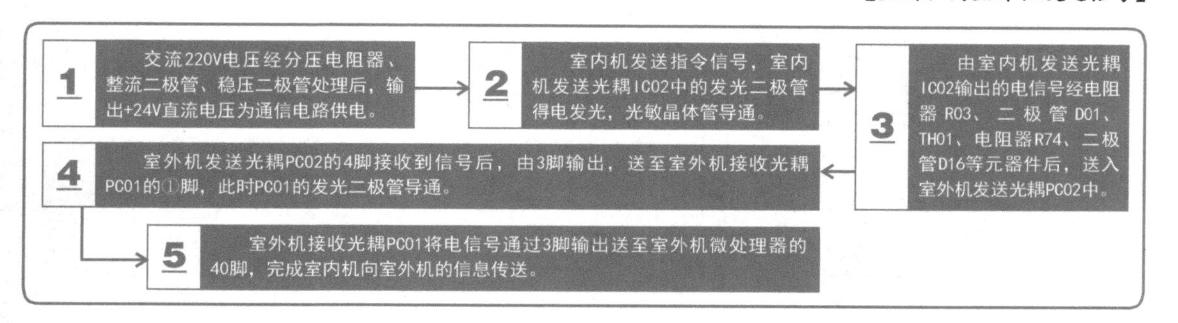

【室内机向室外机发送信号（续）】

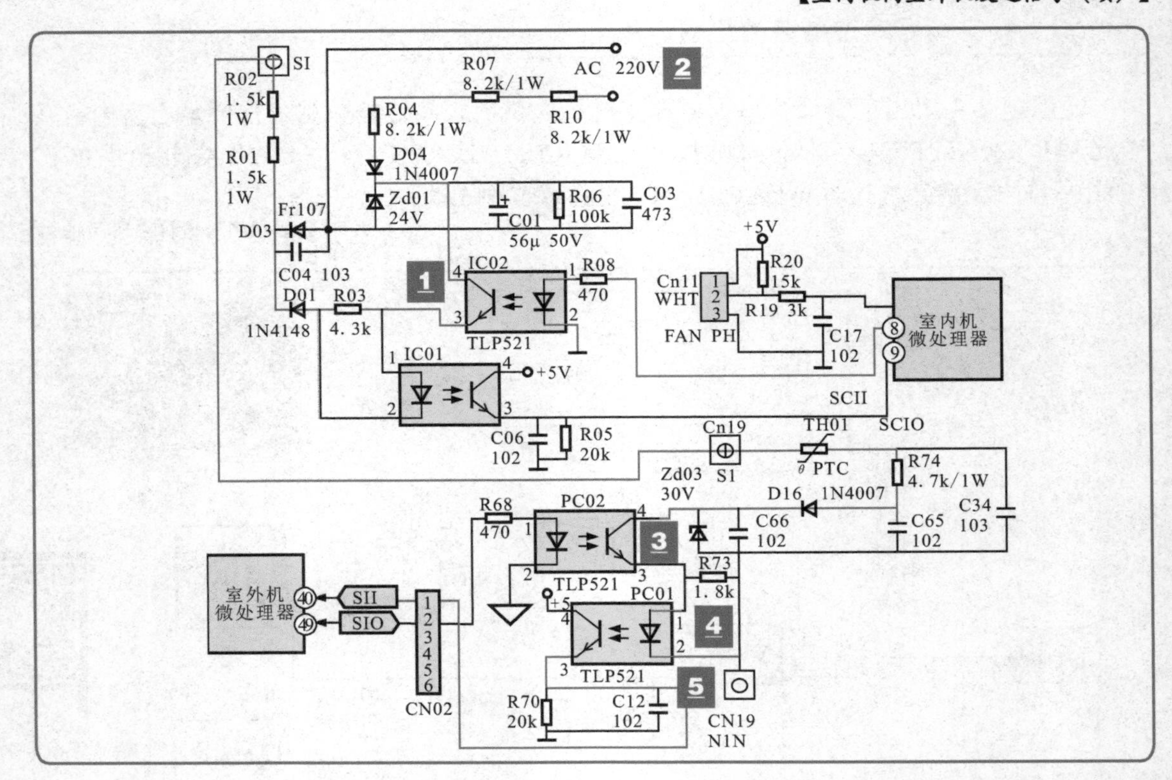

【室外机向室内机反馈信号】

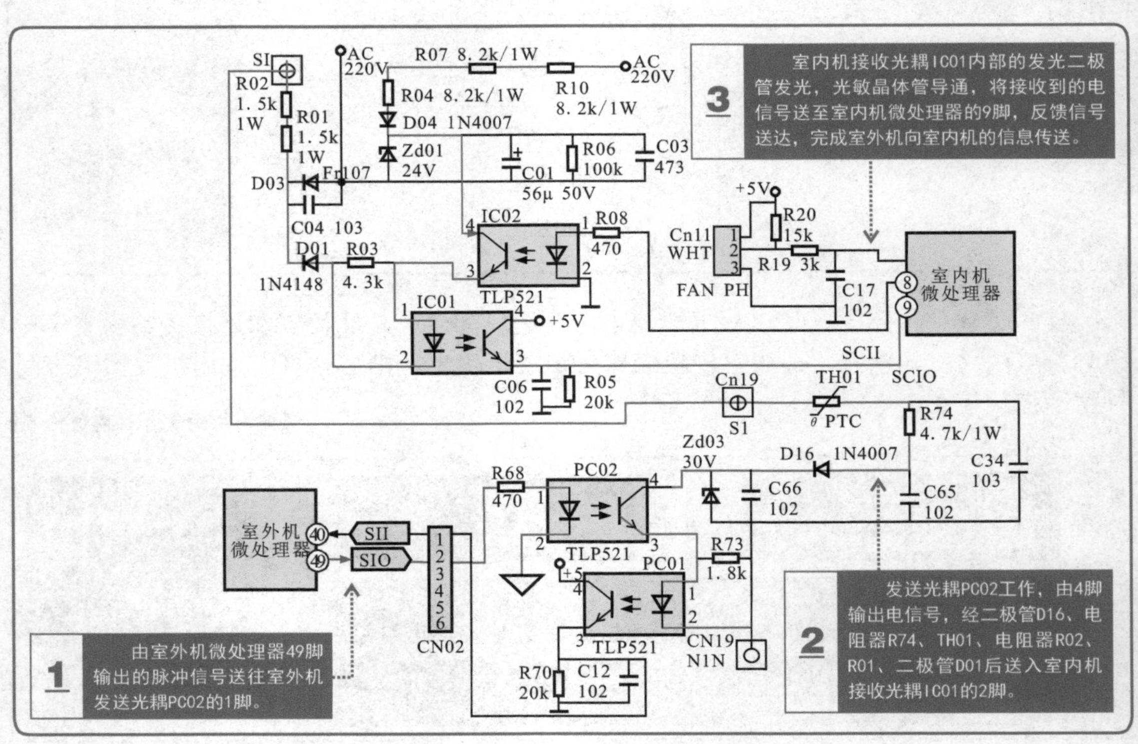

9.3 通信产品实用电路的识读训练

9.3.1 电话机电路的识读训练

1. 电话机振铃电路的识读训练

振铃电路是主电路板中相对独立的一块电路单元，工作时与主电路板中其他电路断开。该电路主要是由叉簧开关、振铃芯片IC301（KA2410）、匹配变压器T1、扬声器BL等部分构成的。

【典型电话机振铃电路的结构】

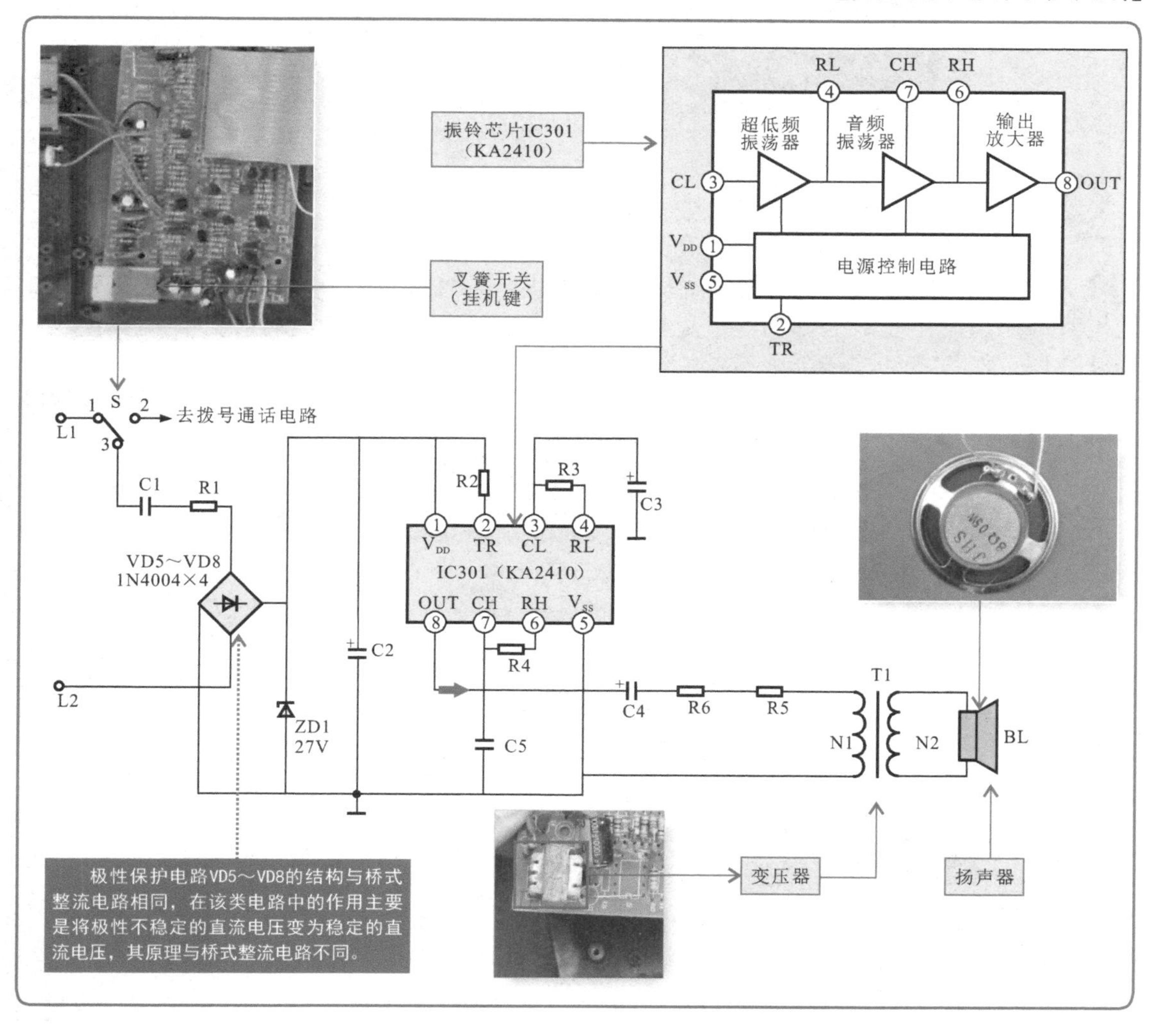

在识读电话机振铃电路时，可以根据电路中主要组成部件的功能特点和连接关系，顺信号流程完成对电话机振铃电路的识读。

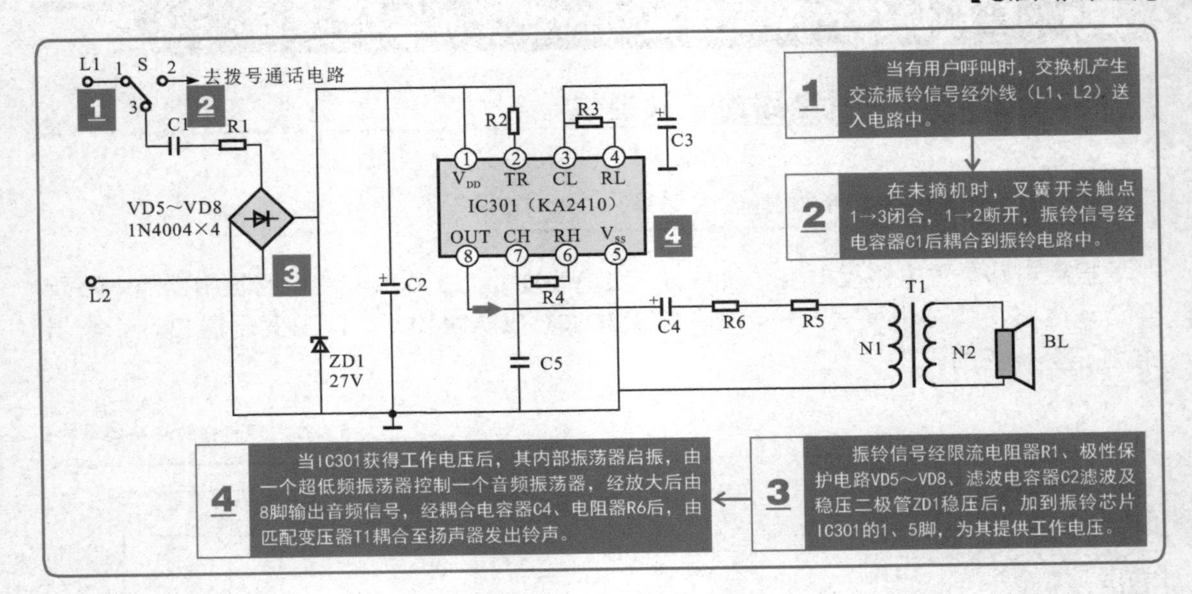

2. 电话机通话电路的识读训练

通话电路主要包括听筒通话电路和免提通话电路两部分。听筒通话电路主要是指在使用听筒的情况下完成通话功能；免提通话电路是指在不提起话机的情况下，按下免提功能键便可拨打电话或接听电话。

【听筒通话电路】

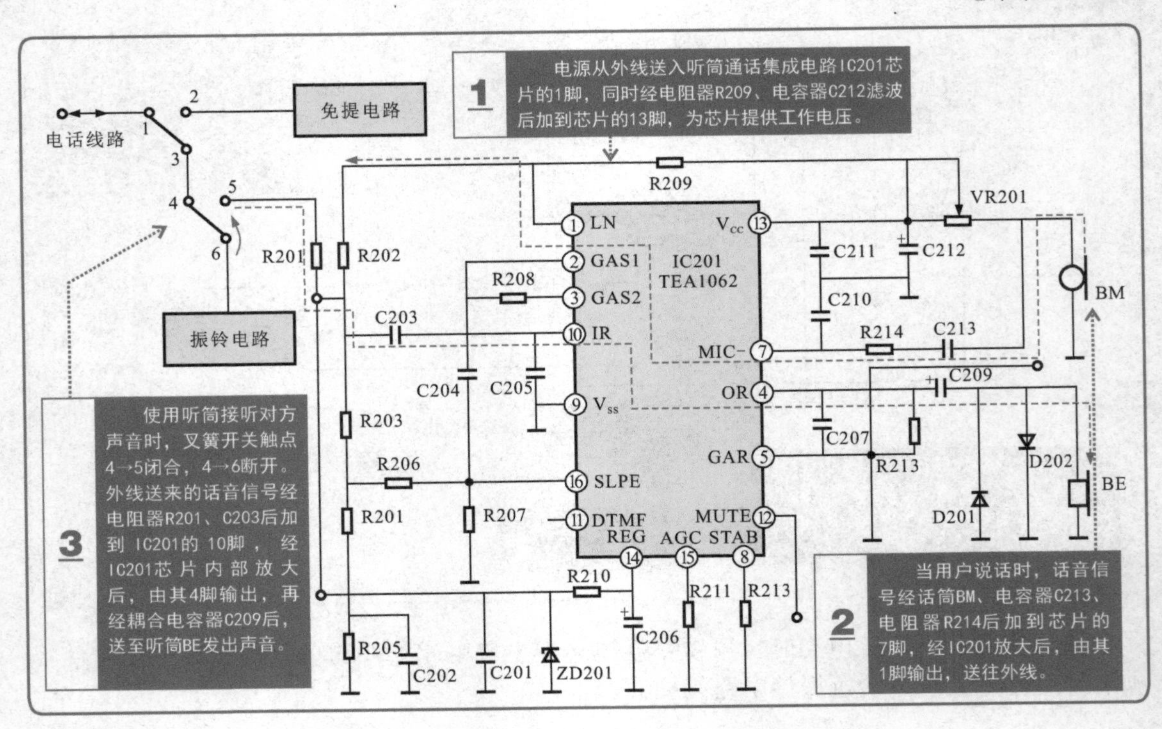

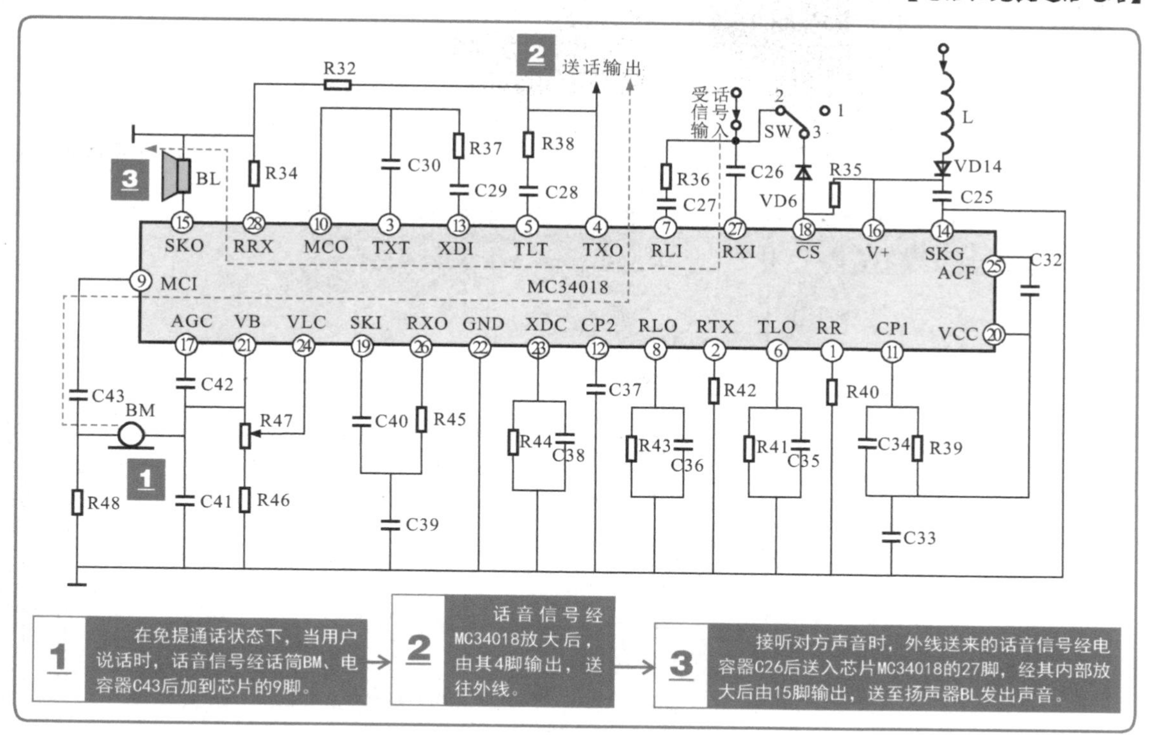

 9.3.2 传真机电路的识读训练 

1. 传真振铃信号检测电路的识读训练

振铃信号检测电路在传真机电路中，主要用来检测传真机的呼叫信号或当前的呼叫状态。

【传真振铃信号检测电路】

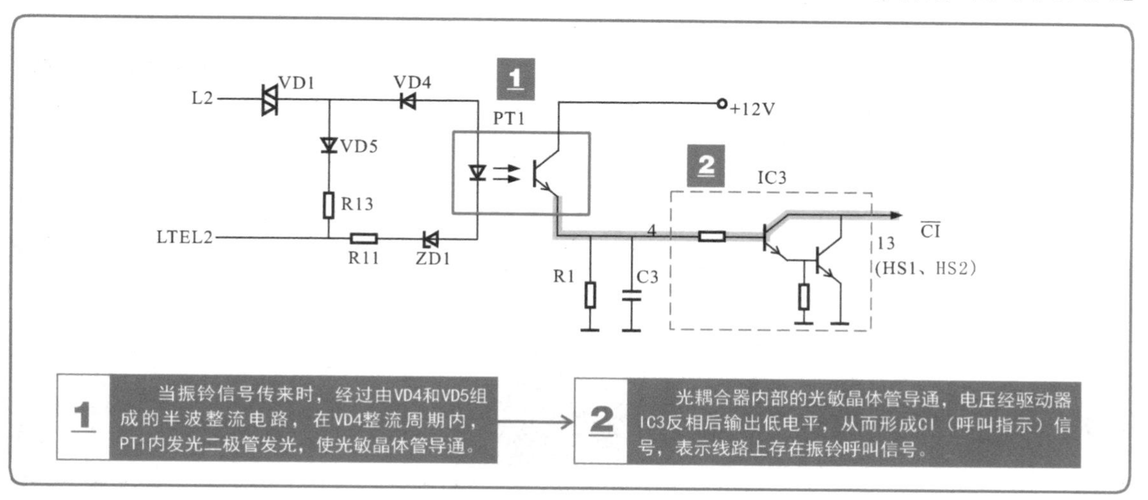

2. 传真机字车控制电路的识读训练

字车控制电路在传真机电路中，主要用于控制字车电动机正常运行。

【传真机字车控制电路】

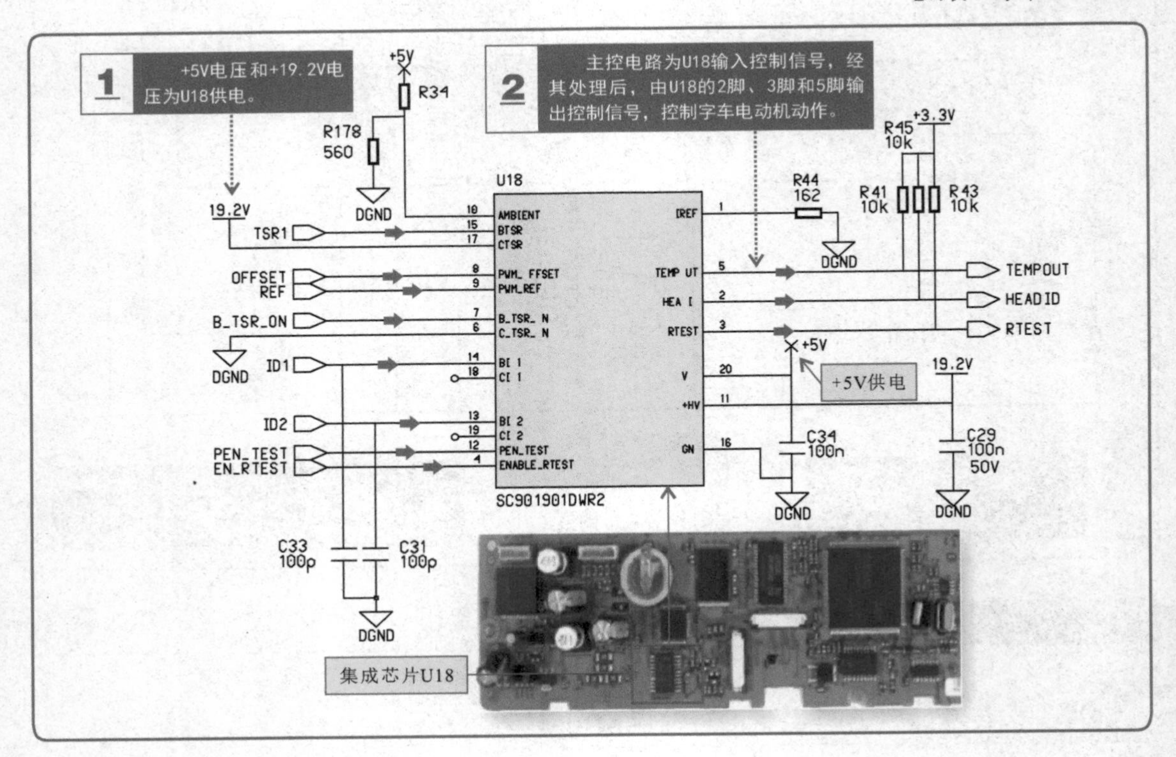

3. 传真机摘机信号检测电路的识读训练

摘机信号检测电路在传真机电路中，主要用来检测传真机的话筒是否处于摘机状态。

【传真机摘机信号检测电路】

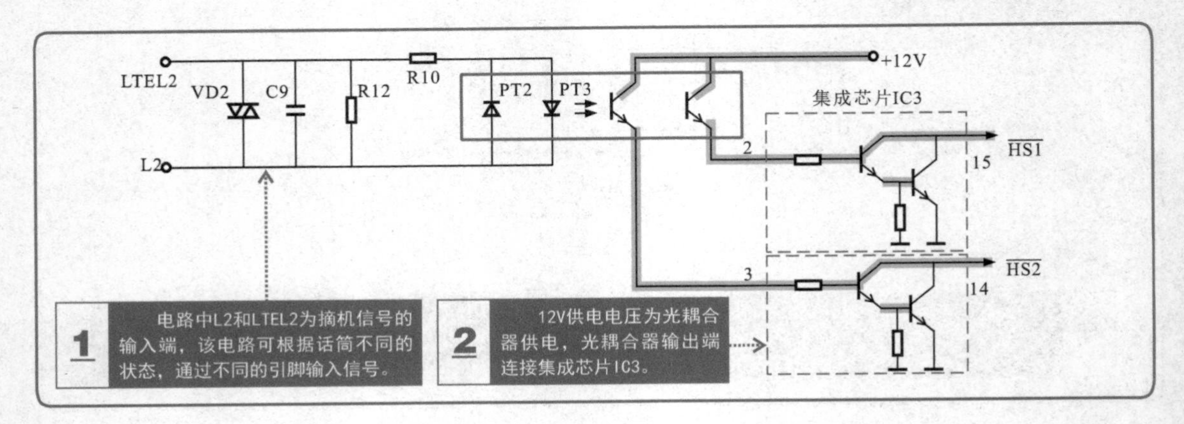